Theo Wehner (Hrsg.)

Sicherheit als Fehlerfreundlichkeit

Sozialverträgliche Technikgestaltung	Band 31

Herausgeber: Das Ministerium für Arbeit, Gesundheit und Soziales des Landes Nordrhein-Westfalen

Die Schriftenreihe „Sozialverträgliche Technikgestaltung" veröffentlicht Ergebnisse, Erfahrungen und Perspektiven des vom Ministerium für Arbeit, Gesundheit und Soziales des Landes Nordrhein-Westfalen initiierten Programms „Mensch und Technik – Sozialverträgliche Technikgestaltung". Dieses Programm ist ein Bestandteil der „Initiative Zukunftstechnologien" des Landes, die seit 1984 der Förderung, Erforschung und sozialen Gestaltung von Zukunftstechnologien dient. Der technische Wandel im Feld der Mikroelektronik und der modernen Informations- und Kommunikationstechnologien hat sich weiter beschleunigt. Die ökonomischen, sozialen und politischen Folgen durchdringen alle Teilbereiche der Gesellschaft. Neben positiven Entwicklungen zeichnen sich Gefahren ab, etwa eine wachsende technologische Arbeitslosigkeit und eine sozialunverträgliche Durchdringung der Gesellschaft mit elektronischen Medien und elektronischer Informationsverarbeitung. Aber es bestehen Chancen, die Entwicklung zu steuern. Dazu bedarf es einer breiten öffentlichen Diskussion auf der Grundlage besserer Kenntnisse über die Problemzusammenhänge und Gestaltungsalternativen. Die Interessen aller vom technischen Wandel Betroffenen müssen angemessen berücksichtigt werden, die technische Entwicklung muß dem Sozialstaatspostulat verpflichtet bleiben. Es geht um sozialverträgliche Technikgestaltung.

Die Schriftenreihe „Sozialverträgliche Technikgestaltung" ist ein Angebot des Ministeriums für Arbeit, Gesundheit und Soziales, Erkenntnisse und Einsichten zur Diskussion zu stellen. Es entspricht der Natur eines Diskussionsforums, daß die Beiträge die Meinung der Autoren wiedergeben. Sie stimmen nicht unbedingt mit der Auffassung des Herausgebers überein.

Theo Wehner (Hrsg.)

Sicherheit als Fehlerfreundlichkeit

Arbeits- und sozialpsychologische Befunde für eine kritische Technikbewertung

Westdeutscher Verlag

Die Deutsche Bibliothek – CIP-Einheitsaufnahme

Sicherheit als Fehlerfreundlichkeit: arbeits- und sozialpsychologische Befunde für eine kritische Technikbewertung / Theo Wehner (Hrsg.). – Opladen: Westdt. Verl., 1992
  (Sozialverträgliche Technikgestaltung; Bd. 31)
  ISBN 3-531-12379-3
NE: Wehner, Theo [Hrsg.]; GT

Der Westdeutsche Verlag ist ein Unternehmen der Verlagsgruppe Bertelsmann International.

Alle Rechte vorbehalten
© 1992 Westdeutscher Verlag GmbH, Opladen

Das Werk einschließlich aller seiner Teile ist urheberrechtlich geschützt. Jede Verwertung außerhalb der engen Grenzen des Urheberrechtsgesetzes ist ohne Zustimmung des Verlags unzulässig und strafbar. Das gilt insbesondere für Vervielfältigungen, Übersetzungen, Mikroverfilmungen und die Einspeicherung und Verarbeitung in elektronischen Systemen.

Umschlaggestaltung: Hansen Werbeagentur GmbH, Köln
Druck und buchbinderische Verarbeitung: W. Langelüddecke, Braunschweig
Gedruckt auf säurefreiem Papier
Printed in Germany

ISBN 3-531-12379-3

Inhalt

Vorwort 7

I. Anspruch und Geltungsbereich des Forschungsansatzes

Theo Wehner
Fehlerfreie Sicherheit -
weniger als ein günstiger Störfall 14

II. Wissens- und Bewertungsstrukturen von industriellen Arbeitstätigkeiten und kritischen Ereignissen

Theo Wehner, Jürgen Nowack und Klaus Mehl
Über die Enttrivialisierung von Fehlern:
Automation und ihre Auswirkungen als
Gefährdungspotentiale 36

Theo Wehner und Jürgen Nowack
Zur Einblickstiefe in Fehlhandlungen und Arbeitsbedingungen
Eine Wissensanalyse bei Facharbeitern mit und ohne
Unfallerfahrung 57

III. Erlebnis-, Argumentations- und Handlungsstrukturen von Sicherheitsexperten und Laien

Norbert Richter und Theo Wehner
Emotionale Einstellungen in der
Sicherheits- und Technikdebatte -
Eine konnotative Begriffsanalyse
bei Laien und Experten 79

Helmut Reuter und Theo Wehner
Prägnanztendenzen in der Diskussion
von Technik und Sicherheit -
Ein textanalytischer Vergleich zwischen
Sicherheitswissenschaft und Technikkritik 101

Theo Wehner, Helmut Reuter und Zora Franko
Meinungen und Ansichten von Laien und Experten
zu sicherheitsbezogenen Normpassagen 115

Hans-Jürgen Dahmer und Theo Wehner
Sicherheitsbedürfnisse und Handlungskompetenzen
in betrieblichen Verbesserungsvorschlägen 141

IV. Ganzheitliche Aspekte zum Forschungsgebiet - Ein Essay

Helmut Reuter
Sicherheit als offenes System -
Versuch einer Konturierung 168

Die Autoren des Bandes 251

Vorwort

Manche meinen / lechts und rinks / kann man nicht vel-wechs-ern / werch ein Illtum.

Man stelle sich vor, der wissenschaftlichen Fehlerforschung und allen voran den Anwendern in der Sicherheitswissenschaft wären die zitierten Zeilen von Ernst Jandl hinreichend vernehmlich und oft vorgetragen worden. Man stelle sich weiter vor, der zu erwartende erste Impuls der Forscher, das Stichwort Irrtum und den darausfolgenden ergonomischen bzw. sicherheitspädagogischen Imperativ herauszuhören, hätte weichen können dem tatsächlichen Impuls, der in diesen Zeilen steckt. Stellte man sich dies vor, die Fehler- und psychologische Sicherheitsforschung heute wäre eine andere.

Sie wäre längst sensibel geworden für den Sinn, den Nutzen, die Chancen und den Genuß, der im Verkehren, Verwechseln, Vertauschen, also im Fehlermachen liegt.

Ernst Jandl, und mit ihm eine ganze Reihe experimentell bzw. dadaistisch arbeitender Künstler, zeigt uns, daß die Ästhetik und Kreativität der Sprache (des Handelns) dort besonders deutlich erlebt werden kann und mitunter erst dort entsteht, wo beispielsweise Laute und Buchstaben (Handlungssequenzen und -teile) bewußt verkehrt oder unbewußt verkehrte aufgedeckt werden. Diese Gewißheit und dieses Erlebnis, welches entsteht, indem der Künstler verdeckt, um zu enthüllen, wird durch die Rückübersetzung wieder vollständig aufgehoben. Das Ergebnis von Korrekturen ist in einem solchen Fall dann Zerstörung und keinesfalls Richtigstellung.

Könnte es so nicht überhaupt sein? Wäre es nicht möglich, daß beispielsweise dort, wo noch Handlungsfehler möglich sind und begangen werden, eine Verstehens- und Erlebnisebene zugänglich wird, die uns über keinen anderen Weg zugänglich ist?

Könnte es nicht sein, daß Verfehlungen wie Richtungsweiser in das Verstehen hindeuten? Richtungsweiser deshalb, weil man sich natürlich auch nicht mit diesem Verstehenszugang über das Verborgene hinwegsetzen kann. Denn auch dies - Unbegreiflichkeit wachzuhalten - steckt in Jandls Zeilen: Er überschrieb sie mit *Lichtung* und läßt uns, die wir nun seine Regel zur Schaffung ästhetischer und kreativer Erfahrung verstanden zu haben glauben, damit zurück, ob er sie auch für die Titelproduktion angewandt hat und uns *Dichtung* vorlegen, *Richtung* weisen oder doch *Lichtung* in grauer, nichthinterfragter Normativität zeigen möchte.

Seit über 10 Jahren suchen wir (mal in größeren Gruppen, mal allein; in Kontinuität mit meinem Freund und Lehrer Michael Stadler) nach Anhaltspunkten für die skizzierte Position und deren Übertragbarkeit auf eine Theorie des fehlerhaften Handelns. Der vorliegende Sammelband ist nun keinesfalls Ausdruck dafür, die Suche abgeschlossen zu haben, sondern möchte zum Mitsuchen anregen. Diese Aufforderung können wir heute vertreten und verantworten und darüber hinaus

Hinweise für den Suchraum geben. Obwohl es sich bei der Publikationsreihe um Abschlußberichte handelt, ist das Thema selbst keinesfalls abschließend behandelt.[1] *Werkstattberichte* wäre die treffendere Bezeichnung, müßten sich nicht die Geldgeber entlasten und ehemalige Mitarbeiter eigene Wege gehen dürfen (wozu Abschlüsse sinnvolle Anlässe bieten). Bei dem angekündigten Einblick in die *Forschungsstatt* stehen solche Arbeiten (aus zwei Projekten) im Vordergrund, die den Grundgedanken mit Problemen des psychologischen Arbeitsschutzes und der psychologischen Sicherheitswissenschaft in Verbindung zu bringen versuchen. Von dort nämlich ist bisher wenig Verständnis, allenfalls zurückhaltende Skepsis gegenüber der hier vertretenen Position zu konstatieren: *Sicherheit als Fehlerfreundlichkeit* wirkt auf viele Experten kontraintuitiv.[2]

Daß dies in anderen einzelwissenschaftlichen Forschungsgebieten keinesfalls so ist, will der *erste Teil* des Bandes aufzeigen. Dabei wird auf die Linguistik und Sprachforschung (dem ältesten Fehlerforschungsgebiet) zurückgegriffen und dort nach paradigmatischen Kernsätzen gesucht, die den Grundgedanken stützen. Zusätzlich wird in diesem Teil das Prinzip der Fehlerfreundlichkeit im Sinne der metaphorischen Betrachtung illustriert und die Verbindung der so verstandenen Handlungsfehleranalyse zur Sicherheitswissenschaft abgeleitet. Dies geschieht in Analogiebildung bzw. gedanklicher Verlängerung der Fehlerforschungsergebnisse: Aus systemtheoretischer Sicht werden Fehler und Unfälle zu den aussagekräftigsten Ereignissen bzgl. der kognitiven Handlungsorganisation einerseits und der technisch-organisatorischen Funktionsweise andererseits. Beide Ereignisse geben Einblick in die Kompetenzen bzw. in die Randbedingungen des systemischen Geschehens und in das Ordnungsgefüge; Einblick, der ansonsten nicht möglich wäre. Unterschiede bestehen auf der Ebene der aus den Ereignissen resultierenden Konsequenzen: Den Fehlenden (lebendigen Systemen) gelang es über lange Zeit und über verschiedene Technologiestufen hinweg, die Konsequenzen harmlos zu halten und individuell zu bewältigen. Beim Unfall ist per definitionem die Fallhöhe so zu beurteilen, daß der Schaden institutionell behandelt und kollektiv reflektiert bzw. begrenzt werden muß. Zunehmend (mit der Anreicherung von Komplexität technischer Systeme) gilt für fehlerhafte Handlungen jedoch auch, daß Harmlosigkeit nicht mehr ohne weiteres herzustellen gelingt und Fehlhandlungsbedingungen zu

---

1 Aus Platzgründen mußte darauf verzichtet werden, alle empirischen Arbeiten, die in den Projekten entstanden sind, vorzustellen. Eine Arbeit zu subjektiven Fehlertheorien bei Fluglehrern etwa wird gesondert publiziert (Hoffmann, F. & Wehner, T. (1991). *Subjektive Fehlertheorien bei Fluglehrern* (Bremer Beiträge zur Psychologie). Bremen: Universität, Studiengang Psychologie) und vermag u. a. zu dokumentieren, daß sich definitorische Aspekte der Fehlerproblematik bei Theoretikern und Praktikern keinesfalls unterscheiden, Praktiker vielmehr den Anspruch auf einen wissenschftlichen Umgang mit dem Problem erheben können bzw. diesem Anspruch in der Praxis gerecht werden.
2 Hier werden teilweise die Ergebnisse aus zwei Projekten vorgestellt: Im Landesprogramm Mensch und Technik wurde ein damals ebenfalls in Bearbeitung befindliches BMFT-Projekt (01 HK 175 2) um den entscheidenden Aspekt neuer Technologien erweitert.

Gefährdungspotentialen werden (vgl. *Teil II.* des Buches). Dies macht den programmatischen Ruf nach fehlerfreundlichen Systemauslegungen notwendiger denn je.

Sowohl bei der Stützung des Grundgedankens als auch bei der Übertragung auf die Sicherheitswissenschaft wird auf das Referieren theoretischer Hintergründe verzichtet, dies geschah teilweise an anderer Stelle (vgl. Wehner & Mehl, 1987; Wehner & Reuter, 1990; Wehner & Stadler, 1990) und muß in umfassender Weise einem späteren (dem Abschluß näherkommenden) Bericht vorbehalten bleiben. Es fehlt auch eine eigene theoretische Standortbestimmung; der erste Teil will schließlich motivieren und nicht in erster Linie vermitteln. Zum theoretischen Standpunkt deshalb hier nur soviel: Wir verstehen uns als phänomenologisch orientierte Handlungstheoretiker, wobei die jeweils konkreten empirischen Arbeiten aus der Kulturhistorischen Schule (Wygotski, Leontjew, Lurija) und der Gestalttheorie (Wertheimer, Köhler aber auch Lewin) abgeleitet werden. Dadurch, daß Handlungen nur im situativen Zusammenhang verstehbar werden und das Geheimnis des Handlungsprozesses nicht etwa durch die isolierte Analyse psychologischer Konstrukte aufzuklären ist, ist es notwendig, zusätzliche Anleihen beispielsweise bei der ökologischen Psychologie aber auch bei der Selbstorganisationstheorie zu machen. Fehler, so die Arbeitshypothese, machen uns aufmerksam auf:

* Inkompatibilitäten zwischen Bedürfnis und Kontext,
* die Dynamik der Situation,
* Kräfte im topologischen Feld,
* Wirkungen von Gestaltgesetzen und
* die spontane Ordnungsbildung.

Zusammenfassend will der erste Teil auf die Einheit von Störfall und Normalfall (in Mensch-Maschine-Systemen), von Wahrheit und Irrtum (im Erkenntnisprozeß) sowie auf die Einheit von richtig und falsch (auf der Handlungsebene) hinweisen. Die sich anschließenden empirischen Arbeiten sollten demzufolge auch vor allem an dem Anspruch des Grundgedankens und an der handwerklichen Durchführung bzw. der methodischen Umsetzung gemessen werden und weniger an der theoretischen Explikation.

Im *zweiten Teil* des Bandes wird die Relation zwischen Handlungsfehlern und Unfällen bestimmt, indem die Unterschiede und Gemeinsamkeiten der Bedingungsprofile analysiert werden. Damit wird die in der Sicherheitsforschung übliche Ideologie - Fehler sind nicht nur teuer, sondern auch gefährlich - hinterfragt. Wenn mit dem Konzept der *potentiellen Vitalität fehlerhaften Handelns* Entwicklungsmöglichkeiten und Chancen zur Kompetenzerweiterung suggeriert werden, dann muß der Geltungsbereich dafür abgesteckt werden. Zu zeigen ist etwa, daß dort, wo keine Fehler begangen und/oder reflektiert werden, ein Entwicklungsstillstand und Kompetenzverlust eintritt und damit letztlich erst

Gefährdung entsteht. Obwohl die beiden zu diesem Teil zählenden Studien Erkundungscharakter haben (und ausschließlich industrielle Montage-, Wartungs- und Instandhaltungsarbeiten analysiert wurden), erlauben sie generalisierende Aussagen: Fehler und Unfälle sind keine homogenen Ereignisse. Ein hoher Automatisierungsgrad (die Vernetzung und Kopplung von Systemkomponenten) führt jedoch zur Enttrivialisierung des Fehlers und birgt damit Gefahren, die mit der Sozialisationserfahrung der Handelnden nicht übereinstimmen. Das Ergebnis menschlicher Entwicklungsgeschichte und individueller Lernerfahrung kann als Trivialisierung von Fehlerkonsequenzen verstanden werden, der Stand der Hochtechnologie als deren Enttrivialisierung.

Im *dritten Teil* stellen wir Studien zu Erlebnis-, Einstellungs-, Argumentations- und Handlungsstrukturen von Sicherheitsexperten und Laien vor. Diese können isoliert als sozialwissenschaftliche Grundlagenarbeiten zur Sicherheits- und Technikdebatte aufgefaßt werden und sind auch für unsere Forschungsgruppe Bausteine zur Theoriebildung. Dabei berichten wir keinesfalls nur hypothesenkonforme Ergebnisse: Die erste Studie des dritten Teils zeigt, daß die von uns angestrebte positive Konnotierung des Fehlerbegriffs weder bei Sicherheitsingenieuren, Ingenieuren noch bei Nichttechnikern als emotionale Einstellung vorliegt: Als beherrschbar wird er erlebt, der Fehler, wenn er auch in Verbindung mit neuen Technologien zur Gefahr werden kann, die auf der handwerklichen Technologiestufe (zumindest für die Laien) noch nicht in diesem Ausmaß bestand.

Natürlich läßt sich bei den Arbeiten auch ein direkter Bezug zum Fehlerthema herstellen. Die Analyse von sicherheitsbezogenen betrieblichen Verbesserungsvorschlägen nahmen wir vor allem deshalb vor, weil wir vermuten, daß Mängelwahrnehmung und Problemlösung entscheidend von den individuellen, lokalen Sicherheitsbedürfnissen und Fehlererfahrungen abhängen und dort ihren Ursprung haben, wo eben Verfehlungen möglich sind, reflektiert werden und Veränderungspotentiale freisetzen. Auch wenn die berichtete Studie keine endgültige Antwort darauf gibt, weist sie Richtungen, braucht aber keinesfalls nur unter der Fehlerforschungsperspektive gelesen zu werden; sie gibt ebenso Hinweise für die Dequalifizierungsdebatte und für partizipative Ansätze in der Arbeitspsychologie. Damit ist auch angedeutet, daß sich die vorliegenden Studien nicht ausschließlich an Sicherheitsexperten wenden, sondern gleichermaßen an Arbeitspsychologen, Technik- und Humanwissenschaftler.

Den Abschluß des Bandes (*Teil IV*) bildet der *Versuch einer Konturierung* des gesamten Themas und damit eine theoretische Synthetisierung der gedanklichen und empirischen Details. Dies geschieht in der Tradition des Essays und zwar in der Bedeutung des ursprünglichen Wortsinns: *Etwas soll in Bewegung gebracht werden.*

Die analytisch geglückten und überzogenen Trennungen werden dabei wieder aufgehoben, wobei jedoch die Neukomposition weit davon entfernt ist, rezeptartige Vorschläge zu unterbreiten. Dies wird ohnehin an keiner Stelle des Buches versucht: *Enttabuisierung* des Fehlerereignisses und ein emanzipatorischer Umgang mit nicht intendierten Resultaten ist der Anspruch, der, wenn er von den Praktikern angenommen und verstanden wird, auf dem Hintergrund ihrer Erfahrung Praxis werden kann, die wir weder vorzeichnen noch ausfüllen können.

Möglichen Mißverständnissen soll zum Schluß dennoch vorgebeugt werden. Die Ergebnisse der Überlegungen und der nachfolgenden Studien versuchen nicht, den Fehler zu *adeln* oder ein Plädoyer für das *Gegen-Richtige* zu halten (wenn überhaupt, dann würden wir im Sinne von Karl Valentin nach *falschen Fehlern* suchen). Genausowenig soll durch die Enttabuisierung des Fehlers zur Annahme einer zivilisatorischen Herausforderung aufgerufen werden. Weder die Suggestion von Harmlosigkeit noch die Propaganda für die Annahme eines Restrisikos (der Wunsch nach Furchtlosigkeit vor Gefahr) sind Absicht des Forschungsansatzes und der Interpretationsfiguren.

Wenn ein Ideal aufscheint, dann ist es nicht das von der gefährdungsfreien Welt (aber auch nicht das einer Welt, die Restrisiko blind akzeptiert), vielmehr denken wir an Arbeits- und Lebensbedingungen, die das Aneignen eines angemessenen Umgangs mit Gefahren auf der individuellen Ebene als Qualifizierungsziel vorsehen bzw. auf der technischen Ebene, in Gefahren einen Bewertungsmaßstab erkennen: *Menschlich versagt* haben in diesem Sinne dann am allerwenigsten diejenigen, die tatsächlich am Ende der Kette handeln, eher all jene, die das individuell nicht zu bewältigende Szenario planen, mit technischen Hilfsmitteln unterstützen, es kontrollieren und juristisch überprüfen; aber auch jene, die es durch ihre Nachfrage (um nicht ohne weiteres von Bedürfnissen zu sprechen) legitimieren, die es kennen, befürchten oder auch nur ahnen.....

Das Buch entstand unter Mitarbeit von

Frank Bodenstein
Egon Endres
Karin Dirks
Friedrich Hoffmann
Raymund Ohrmann
Klaus Peter Rauch
Erhard Tietel
Ulrike Wehner

sowie durch die redaktionelle Unterstützung von

Ute Bannister
Petra Kralemann
Christiane Reuter
Klaus Steinfatt

Hamburg-Harburg, Frühjahr 1991 *Theo Wehner*

I.
Anspruch und Geltungsbereich des Forschungsansatzes

Fehlerfreie Sicherheit -
weniger als ein günstiger Störfall

Theo Wehner

1. Zur fehlerkundlichen Praxis

Selbst Goethe, der 1820 die erste phänomenologische Studie über "Hör-, Schreib- und Druckfehler" vorlegte und dabei ein Niveau erreichte, hinter das viele Fehlerforscher späterer Jahre zurückfielen, denkt in der Konsequenz doch nur daran: "wie man einem solchen Übel, durch gemeinsame Bemühung der Schreib- und Drucklustigen, entgegenarbeiten" kann (Goethe, 1820, S. 303). Er schlägt vor, danach zu sehen: "aus welchen Offizinen die meisten inkorrekten Bücher hervorgegangen (sind)"; denn: "eine solche Rüge würde gewiß das Ehrgefühl der Druckherrn beleben; diese würden gegen ihre Korrektoren strenger sein; die Korrektoren hielten sich wieder an die Verfasser, wegen undeutlicher Manuskripte, und so käme eine Verantwortlichkeit nach der anderen zur Sprache" (Goethe, 1820, S. 303). Diese Form der fehlerkundlichen Praxis ist bis heute lebendig geblieben, ohne das vermeintliche Übel tot zu kriegen. Die psychologische, pädagogische oder ingenieurwissenschaftliche Fehlerforschung (über alle Zeiten und Schulen hinweg) will eliminieren, und zwar grundsätzlich, indem sie das Übel an der Wurzel zu packen vorgibt und mit der Letztursache all dessen, woran wir angeblich laborieren, aufräumen möchte: dem *menschlichen Versagen.*

Im Vorgriff auf dieses Ziel scheint man sich daran gewöhnt zu haben, das *errare humanum est* nicht länger als Beschreibungskategorie menschlichen Seins zu verstehen, die es bei der Gestaltung konkreter Lebensbedingungen (in ihrem sine qua non) immer wieder neu zu bedenken und zu berücksichtigen gilt; stattdessen versteht man mehrheitlich heute *Irren ist menschlich* als Ausspruch, der lediglich einen - wenn auch mitunter gravierenden - Mangel konstatiert. Solcherart reduziert wird der ursprüngliche Gehalt, der in der Aussage steckt, unkenntlich, das in ihr Bedenkenswerte ignorierbar und die Chance, das Beschriebene gar als Auszeichnung (vgl. Guggenberger, 1987) zu interpretieren, nahezu vertan.

Unser Anliegen ist es, diesem Reduktionismus und dem damit verbundenen Anspruch einer ideologisierten Gesinnungs- und Normenethik entgegenzuwirken und für die Wissenschaft von den Fehlern und Irrtümern den Blickwinkel zu erweitern - was auch bedeutet, deren bisher weitgehendes Verkennen eines Bewußtseins- und Ordnungsprinzips des fehlerhaft Handelnden aufzudecken. Der Fehler birgt - so unsere Grundauffassung - potentielle Vitalität, die Integration in den Alltag verlangt und nicht Elimination aus der Welt. Eine menschengerechte Pädagogik, eine humanadäquate Gesundheits- oder Therapiekonzeption, die Ableitung einer Sicherheitsphilosophie und eine sozialverträgliche Technikgestaltung sollten dementsprechend nicht auf Fehlervermeidung, sondern auf Fehlerfreundlichkeit setzen.

Bevor wir das Prinzip der Fehlerfreundlichkeit näher bestimmen, sei ein philosophischer Exkurs zum Thema vorgenommen.

2. Der philosophische Beitrag: Eine Fehlerethik

Bei der philosophischen Berücksichtigung des skizzierten Anspruchs steht nicht die erkenntnistheoretische Praxis im Vordergrund. Obwohl dort keineswegs mehr unterstellt wird, der Erkenntnisirrtum sei die Fortsetzung des Sündenfalls oder ein Defekt der Methoden des Urteilens und Schließens, wirkt die These von der *"Wahrheit des Irrtums"* (Mittelstraß, 1987) provokant: Vermeidung von Falschheit und Irrtum ist auch der Praxisanspruch der Philosophie.

Wir werden im weiteren dennoch nicht versuchen aufzuzeigen, daß auch der Erkenntnisprozeß (gleich dem alltäglichen Handeln) eine subjektive Leistung ist und von daher ohnehin nur von subjektivierter Wahrheit gesprochen werden kann, vielmehr stellen wir - als philosophischen Beitrag zum Thema - Aspekte aus der Strukturanthropologie und Strukturontologie von Heinrich Rombach (1971, 1987) vor, die es erlauben, die klassische Normenethik in eine positive Fehlerethik umzukehren. Die bei Rombach (1971) vertretene *"Ethik der Positivität* verlangt, daß alles verbessert und gebessert wird, und zwar immer nur in dem Umfang des konkret Erreichbaren. Aber freilich auch so, daß das konkret Erreichbare nicht in seinem vorweg gegebenen Anschein genommen wird, sondern erst in der entschlossenen Aufnahme eines 'Weges' - der Entscheidung der Wirklichkeit selbst überlassen bleibt. Das auf dem 'Wege' Ermöglichte ist immer sehr viel mehr als das 'im Zustand' Mögliche" (Rombach, 1987, S. 373 f).

Die *absolute Positivität* (neben dem Prinzip der *absoluten Solidarität*) "kommt ohne jegliche Anschuldigung aus. Sie sieht freilich Fehler und vielleicht mehr und tiefere als die bisherige Anschuldigungsethik gesehen hat. Sie versteht die Fehler aber als Chancen der Besserung, nicht als Verhinderungen einer Vollendung. Auch die Fehler sind positiv, gerade diese, wenn sie zu Anlässen höherer Vernötigung und damit überhaupt erst einer ausgreifenden Selbstfindung werden. Darin liegt freilich ein höherer Anspruch als der der klassischen Ethik. In letzterer brauchte man nur das Geforderte zu tun, in der ersteren muß man weit über das Geforderte hinaus das nicht möglich Erscheinende, sich aber doch 'von selbst' Ergebende tun. Das Von-Selbst steht höher als das Selbst" (Rombach 1987, S. 374). So gesehen kehrt sich die klassische Ethik um: "Sie wird geradezu zu einer *Fehlerethik*, nicht zu einer Ethik der Fehlerlosigkeit. Sie wird zu einer *Ethik der Endlichkeit* und der Veränderung, nicht der Unendlichkeit und des Unveränderlichen. Sie wird zu einer *menschlichen Ethik*, nicht zu einer Gott gleichen Ethik. Sie wird zu einer Hoffnung, nicht zu einem Besitz. Sie stellt den Menschen in den Dienst der Welt, nicht etwa die Welt in den Dienst und unter die Herrschaft des Menschen" (Rombach 1987, S. 373).

3. Fehlerfreundlichkeit als Prinzip

Im Anschluß an diese philosophische Bestimmung soll nun der Begriff der Fehlerfreundlichkeit in seiner Wirksamkeit als Prinzip vorgestellt werden.

3. 1. Zur Herkunft des Begriffes

Wir zitieren hier ausführlich die Biologen Christine und Ernst Ulrich von Weizsäcker (1985, 1986), die den Begriff Mitte der siebziger Jahre einführten.[1]

Fehlerfreundlichkeit war zunächst eine Vokabel, die eine Einsicht in charakteristische Probleme der modernen Technik zusammenfaßte. Weiterer Umgang mit diesen Einsichten führte aber alsbald in Erörterungen, die nicht der Technikdiskussion, sondern der theoretischen Biologie zuzuordnen sind. Es zeigte sich, daß biologische Systeme in hohem Maße fehlerfreundlich sind. Beim Vergleich von lebenden mit nicht-lebenden Systemen fällt zunächst einmal auf, wie fehleranfällig die *ersteren* sind. Man vergleiche etwa eine Katze mit einem Stein oder einem Fluß, welche weder von innen noch von außen in nennenswertem Umfang von Fehlern geplagt sind. Dennoch sind organische Systeme, insbesondere auch Einzelorganismen, *fehlertoleranter* als etwa klassische Maschinen: Man vergleiche ein Auto, dem etwas Zuckerwasser ins Benzin gemischt wurde mit einer Katze, der z. B. Hartgummi, Verfaultes oder Scharfkantiges ins Fressen beigemischt wurde. So geht der Automotor irreparabel kaputt während das lebende Tier durch Schnüffeln, Tasten, Beäugen und Probebeißen die meisten Fehler aussortiert.

Aber, wie gesagt, auch Steine und Flüsse sind fehlertolerant. Der entscheidende Unterschied zwischen Steinen und Lebewesen ist nicht die *Fehlertoleranz*, sondern die *Fehleranfälligkeit* der Lebewesen. Die Synthese von Fehlertoleranz und Fehleranfälligkeit macht die den Lebewesen eigene *Fehlerfreundlichkeit* aus.

In der Evolution der Organismen scheint nun Fehlerfreundlichkeit eine genauso wichtige Rolle zu spielen wie "Tüchtigkeit": Fitness. Der Evolutionsfaktor Selektion bezieht sich auf die Tüchtigkeit und sorgt dafür, daß diese sich fortzeugt. Mutation und Isolation beziehen sich auf Fehlerfreundlichkeit und sorgen dafür, daß diese sich fortzeugt. Erfolgreich sind Arten und Ökosysteme, die beides haben: Tüchtigkeit und Fehlerfreundlichkeit. Tüchtigkeit bezieht sich eher auf die Vergangenheit ("Tüchtig waren die, deren Nachkommen heute noch leben"), Fehlerfreundlichkeit ist

---

[1] Auch bei der Entwicklung von neuen Organisationskonzepten taucht der Begriff heute auf (als eine "Tugend" der Postmodernen), ohne gedanklich oder gar theoretisch begründet zu werden. Auf der Ebene des Plädoyers jedoch deckt sich der dort mit dem hier vertretenen Anspruch: "'Fehlerfreundlichkeit' impliziert, daß 'Fehler' nicht mehr als Verluste abgebucht werden. Wo die Differenz 'richtig' und 'falsch' ihre scharfen Konturen verliert, können 'Fehler' kein Grund mehr sein für mechanisch einsetzende Bestrafungs- und Belehrungsaktionen, sondern sie müssen aufgewertet werden und immer auch als Lern- und Veränderungschance begriffen werden. Um zu verhindern, daß 'Fehler' vertuscht oder verheimlicht werden, ist es notwendig, in der Unternehmenskultur ein Vertrauensverhältnis aufzubauen, das es zuläßt, daß 'Fehler' offen angesprochen werden". (Bardmann & Franzpötter, 1990, S. 431)

eher auf die Zukunft und ihre Überraschungen bezogen.
Tüchtigkeit und Fehlerfreundlichkeit stehen in einem komplementären Verhältnis zueinander. Beide sind unerläßlich, aber begrenzen einander gegenseitig: Übergenaue Fitness für eine gegebene Situation ist ein Mangel an Fehlerfreundlichkeit und läuft auf Stagnation und Versagen bei neuen Herausforderungen hinaus. Ein Übermaß an Fehlerfreundlichkeit bzw. deren Komponente Fehleranfälligkeit ist der Mangel an Tüchtigkeit und führt zum Zusammenbruch des Systems. (v. Weizsäcker, 1990, S. 108 ff)

3. 2. Anwendung und Wirksamkeit auf der biologischen Ebene

Um zur weiteren Konkretisierung nicht die fehlerfreundlichen Evolutionsmechanismen Mutation, Rezessivität und Isolation zu diskutieren und damit weit in die Biologie vorzudringen, wählen wir ein Beispiel, daß das Prinzip auf der vollendeten systemischen Ebene verkörpert: die Blutstillung und Wundheilung.

Die Reaktionskinetik dieses enzymatischen Geschehens (Gefäßverengung, Absinken des Blutdrucks etc.) sorgt dafür, daß Mikrotraumen (wie Stoßen, Kratzen oder Zahlfleischbluten), die im Kindesalter täglich auftreten und auch beim Erwachsenen grundsätzlich möglich sind, nicht zu einer Verblutung führen, sondern zum Großteil gar nicht bewußt wahrgenommen und behandelt werden müssen. Die individuelle motorische Fertigkeitsentwicklung braucht damit keine absolute Fehlervermeidung (das sich unbeabsichtigte Stoßen an einem Sportgerät gehört als nicht intendiertes Ereignis hierzu) anzustreben, sondern kann die nächste Zone der Entwicklung oder Differenzierung von Bewegungsprogrammen einleiten, ohne hierfür bereits ausreichende Kompetenz zu besitzen. Die Ausbildung von Gefahrenkognition und die Einschätzung von Risiken werden somit zentral, nicht jedoch die grundsätzliche Vermeidung unerwünschter Ereignisse. Dieser Absolutheitsanspruch muß nur dort erfüllt werden, wo Gerinnungsstörungen vorliegen. Bei der klassischen Hämophilie (aber auch bei vielen anderen Gerinnungsdefekten) können kleinste Verletzungen lebensbedrohlich werden, weil die mehrfach gesicherten Schutzvorrichtungen (Gleichgewicht von Inhibitoren, Fehlen spezifischer Gerinnungsfaktoren etc.) außer Kraft gesetzt sind und eben geringfügige Gefäßschädigungen eine schrankenlose Blutung auslösen können, die mit dem Leben nicht vereinbar sind und die sofortige sowie kontinuierliche medikamentöse Behandlung benötigen.

3. 3. Die Übertragung und Wirksamkeit auf der Werkzeugebene

Nachdem die Begriffsherkunft genannt und der Geltungsbereich von Fehlerfreundlichkeit in der Biologie, dem Anwendungsgebiet ihrer Begründer, exemplifiziert wurde, soll im folgenden der Begriff fruchtbar gemacht werden für die soziale und technische Übertragung: Hier bedeutet Fehlerfreundlichkeit in erster Linie eine Haltung, nämlich die der bewußten Hinwendung zum und nicht der Abwendung vom Fehler und in zweiter Linie die Wirksamkeit eines Prinzips, das vor allem der aktiven Handlungskontrolle von Fehlerkonsequenzen dient und nicht der Fehlervermeidung oder deren ausschließlicher Korrektur. Damit sind auch die Voraussetzungen und der Effekt des programmatischen Anspruchs genannt: Ein fehlerfreundliches System bzw. Milieu muß Aneignungschancen bieten. Dies gelingt jedoch nur, solange die Folgen von Fehlern harmlos gehalten werden können, d. h. der individuelle und kollektive Schaden (und nicht etwa das Risiko) mit sozialen oder technischen Mitteln begrenzt werden kann.

Daß darüber hinaus die Fähigkeiten zu handeln - sich Handlungsmöglichkeiten anzueignen - nicht standardisierbar sind und nicht grundsätzlich perfekt vorliegen bzw. auf Knopfdruck abgerufen werden können, sondern den situationalen Bedingungen angepaßt werden müssen, findet als Vorerfahrung und Ausdruck von Wissen seinen herausragenden Niederschlag im Bumerang: Jene Bumerangart (der sog. Kaili Westaustraliens), die auch zur Jagd verwandt wird, erweist sich nur dann als Kehrwiederkeule, wenn der Werfer sein eigentliches Ziel und damit die Intention und das Motiv des Handelns verfehlt. Ziel ist es schließlich, die beobachtete Beute zu treffen, einen Vogel, der wegen des irregulären und artifiziellen Fluges des Bumerangs nicht die Waffe gegen ihn *erkennt*.

In der Konstruktionsweise und im Handhabungsprinzip des Bumerang steckt die Einsicht, daß Metareflexion durch die Verfehlung möglich ist und diese damit zur Entwicklungsvorraussetzung und notwendigkeit wird.

Fehlerfreundlichkeit erweist sich hierbei nicht nur dadurch, daß die Folgen des Fehlens harmlos bleiben, sondern (wegen der situativen Anpassungschancen) positiv gewendet werden können und somit ein Maximum an Flexibilität und ein Minimum an Starrheit der motorischen Fertigkeit erzielt werden. Dabei kommt die gesamte Interaktion ohne externe Sanktion aus: Das Verfehlen zumindest wird nicht von außen bestraft.

3. 4. Achtung ABS[2] - Ein Negativbeispiel

Die Erwähnung des Antiblockiersystems (ABS) könnte eigentlich in einer Fußnote geschehen, weil das hier vergegenständlichte technische Prinzip der Fehlerbeherrschung ein Negativbeispiel für Fehlerfreundlichkeit ist, wenn es nicht allzu häufig spontan assoziiert oder auch von prominenter Stelle als geglückte Übertragung gefeiert würde.

Der Anspruch des Systems ist es, negative Konsequenzen (Verlust der Lenkeigenschaften eines Fahrzeuges wegen blockierter Räder) eines fehlerhaft ausgeführten Bremsvorgangs (starr und nicht intervallmäßig) zu verhindern. Während in Ausnahmesituationen ein optimaler Bremsvorgang auch dem geübten Kraftfahrer nicht zuverlässig gelingt, handelt es sich bei einer technischen Realisierung der Bremsunterstützung um keine besondere Herausforderung, vielmehr um eine klar

---

2 Diesen Hinweis gibt es heute bereits als Aufkleber käuflich zu erwerben; er transportiert Ironie und Schicksal, wie die Ausführungen zeigen werden.

definierbare und algorithmisierbare Aufgabe. Hier ist die fehlerhafte Handlung geradezu erforderlich, um die Sicherheitswirkung zu entfalten: Fehlerresistenz ist das Resultat des technischen Artefakts. Die Fehleranfälligkeit des Kraftfahrers wird als Mangel akzeptiert und an die Gewissenhaftigkeit des technischen Systems delegiert. Eine aktive Handlungskontrolle von Fehlerkonsequenzen wird nicht nur nicht mehr benötigt, sondern vollständig überflüssig, auch dort, wo sie bereits rudimentär, unter kontrollierten Bedingungen, entwickelt war.

Als Aneignungsbarriere und keinesfalls als Aneignungschance erweist sich das System auf der Ebene der Fertigkeitsentwicklung. Ob ein solcher Fertigkeitsverlust in Kauf zu nehmen wäre, wenn zumindest die unerwünschten Konsequenzen der Fehlhandlung durch das ABS harmlos gehalten würden, braucht noch nicht diskutiert zu werden; die Konsequenzen bleiben nicht harmlos. Schadensbegrenzung auf der einen Seite erweist sich als Risikokompensation (Wilde, 1986) auf der anderen Seite, so daß man konsequenterweise von Elendserhaltung sprechen müßte. Nicht nur, daß durch die Starrheit und universelle Anwendung des Prinzips spezifische Situationen, in denen ein ABS-unterstützter Bremsvorgang fehlindiziert ist, unbewältigt bleiben, es werden neue Gefahrenpotentiale (auf der Verhaltensebene) geschaffen. Dies wurde in einer methodisch herausragenden Studie (in einem Taxiunternehmen) von Aschenbrenner, Biehl und Wurm (1989) gezeigt:

> Insgesamt sprechen die Ergebnisse dieser Untersuchung insofern für Risikokompensation, als zumindest unter den Bedingungen des Großstadtverkehrs kein Gewinn an Sicherheit nachzuweisen war. Die signifikanten Verhaltensunterschiede bei den Fahrern lassen sich im Sinne der Risikohomöostasetheorie Wildes als unerwünschte Anpassung an verbesserte technische Möglichkeiten interpretieren. (S. 159 f)

Die Fahrweisen der mit und ohne ABS ausgerüsteten Taxifahrer wurden von geschulten Beobachtern registriert und ergaben folgendes Bild:

> Die fünf signifikanten Verhaltensunterschiede, die sich ergaben, deuten auf eine offensivere, risikoreichere Fahrweise der ABS-Fahrer: sie neigen stärker als die Fahrer der Vergleichsfahrzeuge dazu, Kurven zu schneiden, sie halten die Fahrspur nicht so exakt ein, ihre Voraussicht über den Verkehrsablauf ist geringer, sie verhalten sich beim Einordnen weniger angepaßt, und sie verursachen häufiger Konfliktsituationen. (S. 158)

Sicherheit erweist sich in dem hier diskutierten Beispiel primär als Suggestion. Allenfalls ist die Schutzfunktion für spezifische Situationen erhöht, während andere Situationen ausgeblendet bleiben und die individuelle Aneignung der Gefahr verhindert wird. Diese Beurteilung gilt selbstverständlich nur solange, wie die Suggestion wirkt. Ändert sich das Sicherheitsbewußtsein dadurch, daß der spezifische Geltungsbereich des technischen Systems präzise bestimmt und danach gehandelt wird, dann besteht auch wieder die Notwendigkeit zur Kompetenzanreicherung und Fertigkeitsentwicklung.

3.5. Tower und Pilot - Ein Anwendungsfall

Um das phänomenologische Verständnis unseres Forschungsansatzes weiter zu verdeutlichen und gleichzeitig zu veranschaulichen, daß mit Fehlerfreundlichkeit weder ein isoliertes Werkzeug noch ein technisches Artefakt gemeint ist, sondern eine systemische Charakterisierung, sei eine weitere Situationsschilderung angeführt: Ein hochkompetenter Fluglehrer berichtete von einem Vorfall, der katastrophal hätte enden können, wenn nicht eine Fehlinterpretation der Anweisung eines Fluglotsen durch den Pilot von diesem selbst noch rechtzeitig erkannt und korrigiert worden wäre. Der Pilot stand mit seiner Propellermaschine in Warteposition, um die Starterlaubnis für den Heimflug vom Tower in Empfang zu nehmen. Daß dies sobald als möglich geschehen möge, daran war ihm gelegen, weil Wetterveränderung und Dunkelheit bevorstanden. Die Situation indes sah anders aus und entsprach keinesfalls seinen Bedürfnissen und Erwartungen: ein Düsenjet nach dem anderen rollte auf die Startbahn und bekam die Ausfluggenehmigung, während er sich "wie vergessen vorkam" und aufgrund der "technischen Überlegenheit der vermeindlichen Konkurrenten" seine Bedürfnisse (sie waren dem Fluglotsen natürlich implizit bekannt) nicht ernstgenommen wähnte. Dann meldete sich die mittlerweile ersehnte Stimme des Fluglotsen mit den Worten: "good bye, Jack". Obwohl der Pilot hierin eine unkorrekte Starterlaubnis erkannte, führte er sie - im bewußt geführten Monolog - auf den, sicher auch dem bevorstehenden Wochenende zuzuschreibenden, saloppen Umgang auf dem Fliegerhorst zurück und leitete seinen Startvorgang ein. Dazu gehörte, als individuelles Handlungsritual, daß er - beim Anrollen - noch sein Kartenmaterial (er studierte es grundsätzlich während der Wartezeit) in einem Seitenfach verstaute. Um dies zu tun, mußte er sich relativ weit vorbeugen, so daß die Rollbahn in sein peripheres Blickfeld geriet und er eine startende Maschine, kurz vor der Abzweigung zu seiner Intersection wahrnahm und seinen Startvorgang sofort abbrach. Im gleichen Augenblick wurde ihm die tatsächliche Mitteilung des Fluglotsen bewußt: "stand-by, Jack!" hatte sie gelautet und war als soziale Gesprächsabsicht oder Beschwichtigung und nicht als Anweisung gemeint.

Obwohl an dem Beispiel auch grundsätzlichere Aspekte der Fehlerforschung erläutert werden könnten (die von Fehlerforschern unterschätzte Bedeutung der emotionalen Befindlichkeit; das Zuviel und gerade nicht das häufig diagnostizierte vermeindliche Fehlen von Aufmerksamkeit etc.), soll hier nur die situationale bzw. kontextuelle Einbettung herausgestellt werden: Während die Sprache durchaus als fehlerfreundlich bezeichnet werden kann, gilt dieses Merkmal, wie die Situationsschilderung gezeigt hat, u.U. in der technisch-organisationalen Einbettung nicht mehr. Wir wissen heute, daß das Auftreten von sprachlichen Fehlleistungen weder von fehlender Kompetenz noch von zu geringer Performanz des Sprechers und ebenfalls nicht vom Entwicklungsniveau abhängt: Der lapsus linguae begegnet uns auf allen semiotischen Ebenen und in allen denkbaren Situationen, sowie bei unterschiedlichster Expertise (selbstverständlich verschieben sich die quantitativen und qualitativen Relationen dabei). Ferner weiß man, daß ein Großteil sprachlicher

Fehler in der sozialen Kommunikation weder bewußt wahrgenommen, geschweige denn korrigiert wird; ja häufig genug kommt es vor, daß sich der Korrekturversuch eines vermeindlichen Versprechers als Verhörer entpuppt und umgekehrt.

Die geschilderte Situation ist nicht ausreichend auf der sprachlichen Ebene zu klären, sondern nur durch die Analyse des gesamten Umfeldes näher zu bestimmen. Die Ganzheitlichkeit der Kommunikationsbeziehung, in der sprachliche Fehlleistungen harmlos gehalten und die Sprechintention aufgrund unzähliger Rückmeldemöglichkeiten verfolgt werden kann, ist es, die in der artifiziellen Informationsvermittlung, hier zwischen Fluglotsen und Pilot, verändert ist. Diese Veränderung wird als Enttrivialisierung von Fehlerkonsequenzen bezeichnet und in einer der empirischen Studien dieses Buches operationalisiert und überprüft.

4. Zur fehlerkundlichen Methodologie

Eine lange Tradition als Forschungsgegenstand hat der Fehler vor allem auf dem Gebiet der Sprachwissenschaft. Wenngleich auch hier, wie eingangs durch das Goethe-Zitat angedeutet, in der fehlerkundlichen Praxis ein kritisierbarer Reduktionismus vorherrscht und in der Anwendung, wie das letzte Szenario zeigt, die Analyseeinheit erweitert werden muß, so läßt sich doch in der Sprachwissenschaft besonders klar und traditionsreich eine innovative fehlerkundliche Methodologie nachweisen. Es sind die Linguisten und Sprachforscher, die die Vitalität, analytische Bedeutung und Funktion sprachlicher Fehlleistungen empirisch und analytisch aufgearbeitet oder zumindest erkannt haben. Wir haben uns deshalb entschieden, im folgenden einen einzelwissenschaftlichen Einblick in dieses Gebiet zu geben und dabei gleichzeitig unseren eigenen Ansatz durch die Auswahl und Kommentierung paradigmatischer Kernsätze (vgl. Ohrmann & Wehner, 1989) zur Erforschung sprachlicher Fehlleistungen weiter auszuformulieren. Auch wenn es wegen des Anwendungsbezugs der Fehlerforschung zur Sicherheitswissenschaft näher gelegen hätte, die zu kommentierenden Kernsätze zumindest aus der angewandten Psychologie zu entnehmen (in Ohrmann & Wehner, 1989, sind solche auch aufgelistet), schienen uns die verfügbaren Arbeiten doch zu heterogen. Selbst für eine genuin psychologische Teildisziplin wie etwa die Problemlösepsychologie beginnt erst jetzt die umfassende Integration des Themas in Überblicksarbeiten, so daß hier demnächst (oder doch bereits bei Dörner, 1989?) ein Überblick über den methodologischen und erkenntnistheoretischen Nutzen von Fehleranalysen gegeben werden kann.

4. 1. Sprachproduktion und Sprachwandlung

Bereits von den ersten - heute noch anerkannten - Sprachforschern wird nicht nur mit Blick auf sprachliche Fehlleistungen, sondern auch mit Blick auf Abweichungen vom Usus eines besonders klar erkannt:

> Jede Neuerung der Sprache, die mehr ist als eine regelmäßige neue Verwendung vorhandener Mittel, wollen wir als Abänderung bezeichnen im Gegensatze zu den so zu sagen constitutionellen Weiterbildungen. Jede derartige Abänderung nun war ursprünglich fehlerhaft. (Gabelentz, v.d., 1891, S. 428)

Auch wenn hier zwischen generalisierenden Aussagen: "Die eigentliche Ursache für die Änderung des Usus ist nichts anderes als die gewöhnliche Sprechtätigkeit" (Paul, 1880, S. 32) und differenzierteren Äußerungen unterschieden werden kann: "Jede Veränderung der Norm ist zwar ursprünglich ein Fehler, aber nicht aus jeder Abweichung von der Norm wird eine Veränderung der Norm" (Juhasz, 1970, S. 34), kann doch grundsätzlich davon ausgegangen werden, "daß die Resultate des Versprechens ganz das gleiche Bild darbieten, wie diejenigen sprachlichen Neubildungen, die durch Dissimilation, Wortkreuzungen usw. entstehen" (Sperber, 1914, S. 56 f). Von daher nimmt es nicht wunder, daß einer der prominentesten Fehlerforscher, der Indogermanist Meringer, zum Ende des vorigen Jahrhunderts vor einer unangemessenen negativen Etikettierung sprachlicher Fehlleistungen warnte: "Man muß sich hüten, den Sprechfehler als etwas pathologisches aufzufassen" (Meringer & Mayer, 1895, S. VII) und an anderer Stelle feststellte: "Das Versprechen ist eine gewöhnliche Erscheinung vom Kindesalter bis zum Greisenalter, niemand ist dagegen gefeiht" (Meringer, 1908, S. 6). Dennoch wurde Differentialdiagnostik betrieben, die schon sehr früh zu der Erkenntnis führte: "Mit der Intelligenz der Schreibenden scheint (...) die Häufigkeit ihrer Fehler in keinem Zusammenhang zu stehen" (Stoll, 1913, S. 125). Dieses Ergebnis wird durch eine andere Forschergruppe bestätigt: "Der rechtschreibschwache Schüler unterscheidet sich vom rechtschreibunauffälligen in erster Linie durch das Ausmaß, nicht aber durch die Eigenart seiner Fehler" (Wieczerkowski & Rauer, 1979, S. 58).

Diese *Eigenart* wiederum folgt keinesfalls kontingenten Bedingungen: "Der Zufall ist beim Versprechen vollkommen ausgeschlossen, das Versprechen ist geregelt" (Meringer, 1908, S. 3). Dies wird durch viele Fehlersammlungen bestätigt. Für die Gruppe der Morphemersetzungen[3], eine der häufigsten Versprecherarten, fand Wiese (1987) folgendes:

> Es kommt kaum vor, daß ein Morphem durch ein beliebiges anderes ersetzt wird. (...) Für jedes Morphem ist aber die Zahl der Morpheme, die in keiner formalen oder semantischen Beziehung zu ihm stehen, sehr viel größer als die Zahl der ähnlichen Morpheme. Daher ist die gemachte Beobachtung nicht erklärbar, wenn bei der Morphemersetzung nach einem Zufallsprinzip ausgewählt würde. Die Beobachtung wird aber erklärbar, wenn angenommen wird, daß die Morpheme im Lexikon vielfache Beziehungen zueinander eingehen. (S. 47)

Diese Einsichten legten es nahe, einen Nutzen für die wissenschaftliche Feh-

---

3 Je ein Beispiel von Morphemersetzungen mit formalen und semantischen Beziehungen: "Manchmal weiß ich, was meine *Fehler* (statt Finger) tippen"; "läuft das auf auditive Rückkopplung *zurück* (statt hinaus)". (Wiese, 1987, S. 47)

lerforschung zu propagieren. Dies wurde und wird von den unterschiedlichsten Forschungsgruppen getan:

> Wenn das Versprechen gewissen Regeln folgt, dann ist es der Ausfluß konstanter, immer vorhandener Ursachen, und wir können in einen Sprechmechanismus hineinblicken, der uns ohne das Versprechen vollkommen geheimnisvoll geblieben wäre. (Meringer, 1908, S. 3)

> (...) involuntary errors may lay bare certain aspects of the speech production system which are hidden in normal, errorless speech. (Baars & MacKay, 1979, S. 105)

Welchen Einblick dieses methodisch verstandene Fenster in die Sprachstruktur nun gewährt, läßt sich hier nicht mehr vertretbar zusammenfassen, so daß nur einige Aspekte hervorgehoben werden können. Von einer Beliebigkeit des Auftretens von Fehlern muß genausowenig ausgegangen werden wie von der Beliebigkeit in der Abwandlung des fehlerhaften Resultates: "Die durch die Störung auftretende Abweichung führt nicht zu arbiträren Defekten, sondern zu einem Ausgleiten entlang der semantischen oder der phonemischen Organisation des lexikalischen Gesamtsystems" (Bierwisch, 1970, S. 405). Diese phänomenologische Aussage ließ sich auch experimentell bestätigen: "nonsense errors are significantly less likely to occur (...) than lexically real errors" (Baars, 1980, S. 314). Noch vor der Nennung möglicher und unter Umständen widerstreitender Ursachen wird damit eine Präzisierung der Fehlerforschung möglich, die in vielen parallelen Forschungsgebieten (allen voran der psychologischen Sicherheitsforschung) bis heute aussteht: "Hence 'performance analysis' would seem a more appropriate name than 'error analysis'" (Svartvik, 1973, S. 8). Mit diesem programmatischen Ansatz relativieren sich nicht nur Definitionsbemühungen und in noch stärkerem Maße das inflationäre Anwachsen von Klassifikationen und Klassifikatiönchen[4], es wird vielmehr möglich, nach einer Ordnungsstruktur bzw. Sequenzbildung der Geschehensabläufe und damit nach dem Verstehen einer umfassenderen Einheit als dem isoliert aufgetretenen Fehler zu suchen: Das Forschungsinteresse muß dazu "von den Resultaten auf die Vorgänge selbst verlegt (werden)" (Cherubim, 1980, S. VII).

Wer nun noch, nachdem Zufall, Intelligenz und Beliebigkeit bei der Bildung sprachlicher Fehlleistungen zurückgewiesen wurden, geneigt ist, Sprache im Lichte ihres Werkzeugcharakters zu sehen, der kommt relativ leicht zu der ansonsten kontraintuitiven Aussage: "Fehler sind Ausübungen von Fähigkeiten" (Keller, 1980, S. 42). Dieser Standpunkt ermöglicht nun nicht nur eine Enttabuisierung fehlerhafter Ereignisse, sondern macht klar: "Fehlerhaft und falsch ist ein soziales und kein linguistisches Urteil" (Steinig, 1980, S. 123).

Es sollte wundern, wenn nur für die Bewertung sprachlicher Fehlleistungen gilt,

---

[4] Wie läßt sich auf eine infinite Zahl von Fehlermöglichkeiten eine finite (und publikationsfähige) Zahl von Kategorien finden? Ein vielleicht noch für die Sprachforschung lösbares Problem, da sie sich auf die Basis linguistischer Einheiten (Laut, Morphem, Wort) beziehen kann. Für Handlungen oder Denkprozesse gelingt eine solche Analogie keinesfalls.

daß sie nichts Wesensimmanentes, Systemeigenes birgt, sondern vom Beobachterstandpunkt aus definiert wird und von hier aus verifizierbar ist; wobei selbstverständlich ist, daß der fehlerhaft Handelnde sein eigener Beobachter werden kann und werden muß, wie die Arbeit von Wehner und Nowack (in diesem Buch) zeigt.

Vor diesem Hintergrund werden die Fragen nach dem Agens oder den Ursachen möglich: "Woher also die Lebenskraft der falschen Form?" (Sperber, 1914, S. 76). Dort, wo bei der Ursachenanalyse Fehler im Lichte ihres Systemcharakters betrachtet wurden, werden sie als Abweichungen von Regeln, dort, wo der Handlungscharakter betont wird, als Wirkungen psychischer (zum Teil auch physiologischer) Mechanismen charakterisiert. So wird vom "Hereinwirken von Nebenvorstellungen" (Offner, 1896, S. 444) bzw. dem "Vorhandensein von Assoziationsstörungen" (Egenberger, 1913, S. 7) und damit dem frühen Gewand der Aufmerksamkeitsdefizite ausgegangen oder aber bereits ein multikausales Geflecht unterstellt:

> Die beim Abschreiben vorkommenden Schreibfehler lassen sich auf die größere Sprachgeläufigkeit, die R a n s c h b u r g sche Hemmung gleicher und ähnlicher Elemente, die Perseveration, welche als Vor- und Nachwirkung auftritt, und auf reproduktive Nebenvorstellungen als ihre psychologischen Ursachen zurückführen. (Stoll, 1913, S. 131)

Aktuell sind Erklärungsansätze, die Hypothesen zur Energie und Dynamik des Geschehens aufstellen. So kommt Sperber zu dem Ergebnis, daß dort, "wo nicht Artikulationserleichterung in betracht kommt keine anderen Beweggründe außer den Affekten mitgespielt haben könnten" (1914, S. 76):

> In einer großen Gruppe von festwerdenden Sprachfehlern erfordert die neue Form weniger Aufwand an Artikulationsenergie und Aufmerksamkeit, wie z.B. bei der zahlreichen Gattung der Dissimilationen. Wenn immer wieder statt des ursprünglich richtigen *Kloblauch* die dissimilierte Form *Knoblauch* gesprochen wurde, bis sich diese leichter sprechbare Form schließlich durchsetzte, so hat sich hier die individuelle Trägheit der großen Masse geltend gemacht, die wohl der letzte Grund des Widerstandes gegen Neuerungen ist. (Sperber, 1914, S. 68)

Daß das fehlerhafte Resultat energetisch günstiger ist als das geforderte und intendierte, wird auch experimentell bestätigt: "statistical analysis of intrusions showed that the intruding word (or phrase) was simpler (e.g. time to organize a program) than the initial one at the segment, syllabic, lexical, and at two syntactic levels" (MacKay, 1973, S. 785).

Da auch wir eine energetische Hypothese favorisieren, verlassen wir an diesem Punkt die Diskussion von Arbeiten zur sprachlichen Fehlerforschung und zeigen, daß hierzu auch Befunde aus anderen Teildisziplinen vorliegen, jedoch genuin mit der Fehlerforschung in Verbindung gebracht werden können.

So kommt etwa Kluwe (1990, in Druck) in seinen Überblicksarbeiten zu Denkfehlern beim Problemlösen und Entscheiden zu dem zusammenfassenden Eindruck:

> Die erörterten Analysen von Unzulänglichkeiten menschlicher Informationsverarbeitung zeugen

von einer grundlegenden Tendenz zur Vereinfachung, zur Ökonomie des Denkens sowie zum Festhalten an erworbenen und verfügbaren Sichtweisen. (Kluwe, 1990, S. 142)

Diese Schlußfolgerung ist, wie die o. a. Befunde und solche aus den Anfängen der Fehlerforschung zeigen, nicht neu: In seinem Buch "*Die Gleichförmigkeit in der Welt*" berichtete Marbe (1916, S. 58), "daß eine große Anzahl von Individuen unter bestimmten Bedingungen diejenigen Bewegungen bevorzugt, die schneller ausführbar und die subjektiv bequemer sind". Er weist darauf hin, daß dieses Prinzip nicht nur in den Gebieten "der wohl überlegten Willenshandlungen" von Bedeutung sei, sondern vor allem auch dort, wo "automatisch gewordene Betätigungen" ausgeführt werden. Seemann (1929), der sich mit der Analyse von Rechenfehlern beschäftigte, versuchte das von Marbe postulierte Prinzip zu benennen und stellte eine Analogiebetrachtung zur theoretischen Mechanik her, indem er das *Hamiltonsche Prinzip* als Erkärung anführte, nach welchem sich ein System von Körpern aus dem Ausgangszustand A in den Endzustand B mit dem geringsten Aufwand an Energie bewegt (vgl. Poincaré, 1914). Auch wenn die Analogiebetrachtung heute angezweifelt werden kann, sind die angeführten Befunde interessant, aktuell und erklärungsbedürftig.

4. 2. Konsequenzen für die eigene Methodologie

Durch das Studium der hier in Auszügen widergegebenen fehlerkundlichen Arbeiten (und weiterer; vgl. Ohrmann & Wehner, 1989) fanden wir die Intention unseres Grundgedankens bestätigt und waren in der Lage, Prämissen für die eigenen fehlerkundlichen Arbeiten (für den Bereich des Handelns) zu präzisieren. Sie lassen sich wie folgt benennen:

* Handlungsfehler treten weder zufällig noch regellos auf.
* Im routinisierten Gebrauch von Handlungsprogrammen und nicht unter pathologischen Situationsbedingungen begegnen uns die Fehler.
* Die Abweichung vom intendierten Ziel ist kein arbiträres (Nonsens-) Gebilde, sie weist vielmehr eine Tendenz zum Richtigen auf und ist ein vollgültiger psychischer Akt.
* Der Fehler ist der aussagekräftigste Fall für die Handlungsbedürfnisse, Gewohnheiten, sozialen Konventionen und situativen Gegebenheiten.
* Die spontane Ordnungsstruktur und neuartige Sequenzierung der Gewohnheitshandlung ermöglichen den Einblick in die Handlungs- und Situationsstruktur.
* Die potentielle Vitalität des fehlerhaften Handelns liegt in der Veränderung von Handlungsgewohnheiten und der Bereitstellung von Handlungsalternativen.
* Strukturoptimierungen und Energiegewinnung, Banalisierung, Bildung von Trivialprägnanzen etc. können als Nutzen und/oder Ursachen hypostasiert werden.
* Fehler sind Ausdruck von Fertigkeiten; die Bezeichnung der Ereignisse ist ein

soziales und kein strukturanalytisches Urteil.
* Bei der Fehlerbezeichnung kann auf das Resultat rekurriert, bei der Ursachenbestimmung muß der Prozeß analysiert werden.
* Der Fehler ist nur post festum zu diagnostizieren; der absoluten Prognose entzieht er sich.
* Kontextanalysen stehen im Vordergrund; Differentialdiagnostik tritt weit in den Hintergrund.
* Die Regeln und Fähigkeiten des Handelns, Fehlermachens und Korrigierens sind isomorph und nicht strukturverschieden.

Aufgrund dieser (generativ und nicht exklusiv angelegten) Prämissen versuchen wir im empirischen Forschungsprozeß einerseits Arbeitshypothesen zu überprüfen (vgl. Kap. 2 des vorliegenden Buches, aber auch neuere Arbeiten: Bannister, in Vorber.) und andererseits phänomenologisch-experimentelle Analysen zu betreiben. Während die experimentellen Befunde ausführlich dargestellt wurden (vgl. Wehner, Stadler & Mehl; 1983; Wehner, 1984; Wehner & Mehl, 1986; Wehner & Stadler, 1990), will der vorliegende Sammelband eine Verbindung zur Sicherheitswissenschaft herstellen; dazu ist nun eine Brücke notwendig und vor allem eine Abgrenzung von möglichen sicherheitspsychologischen Fragen.

5. Von der Fehler- zur Sicherheitsforschung

Wir haben die Verbindung der Handlungsfehlerforschung zur Sicherheitswissenschaft bereits an anderer Stelle aufgezeigt, so daß hier darauf zurückgegriffen werden kann (vgl. Wehner & Mehl, 1987; Wehner & Reuter, 1990). Eine Ergänzung findet nur insoweit statt, als der eigene Zugang zur Sicherheitswissenschaft von möglichen anderen Zugängen abgegrenzt wird. Dies geschieht, indem ein beeindruckendes historisches Zeugnis (die Fahrt der ersten Lokomotive), in der Verarbeitung von Ernst Bloch, zitiert wird.

5.1. Sicherheit: Von der Eigenschaftsidee zum Wertbegriff

Sicherheit war im ursprünglichen Wortsinn eine Eigenschaftsidee, eine affektiv menschliche Qualität. Securus war der unbesorgte, furchtlose Mensch, der sich sicher wähnte, auch wo er fürchten sollte. Gegen die von außen kommenden Gefahren (Sturm, Flut, Blitzschlag etc.) gab es keine Sicherheit aber auch keinen Garantieanspruch an die um Schutz gebetenen Götter. Für die substantivische Verwendung (Securitas) gilt eine Wertbesetzung, die sich zum ausschließlich normativen Begriff verfestigt hat.
Die Unbekümmertheit in der ursprünglich negativen Bestimmung (Sicherheit als

die Abwesenheit der Furcht vor Gefahr) wich nicht nur religiösen, sondern vor allem auch politischen Wertvorstellungen. Aus der Abwesenheit der Furcht vor Gefahr wird ein Sicherheitsbegriff, der die Abwesenheit von Gefahr intendiert: Aus der Eigenschaft wurde eine abstrakte Kategorie und in der Folge ein Garantieanspruch, ein institutionelles Motiv.

Für den skizzierten Wandlungsprozeß, den Kaufmann (1973) nachzeichnet und der sich in anderer Terminologie als Verdinglichungsprozeß charakterisieren läßt, ist ein qualitativer Begriffswechsel vorzunehmen: Aus dem Sicherheitsgefühl wurde ein Schutzbedürfnis. Sicherheit ist, in Form von Schutzstrategien, Ware geworden. Im Zuge der Entfaltung komplexer werdender technischer Systeme fallen Zuverlässigkeit und Sicherheit (als Beherrschung von Gefahr) mehr und mehr in eins, so daß der Begriff im technischen Zeitalter zur idée diréctrice (Kaufmann, 1973) wurde.

Dabei gilt in der Folge, daß durch die zunehmende Perfektionierung der Sicherungssysteme eine immer größere Abhängigkeit von diesen entsteht und die ursprüngliche Eigenschaft sich nicht nur zur abstrakten Idee wandelt, sondern als destruktives Ideal (Strasser, 1986[5]) erscheint.

Gegen die von außen kommenden Gefahren bedurfte es (in der vorklassischen Zeit) der Unbekümmertheit und der Erkenntnis, daß es sich um die Einheit von Sicherheit und Unsicherheit handelt, gegen die von innen kommenden Gefahren (s. unten) bedurfte es des Mythos von der Berechenbarkeit und Kontrollierbarkeit.

Die Kontrolle schafft zwar keine Sicherheit im ursprünglichen Wortsinn, suggeriert dem mit der Gefahr konfrontierten Menschen jedoch Schutz vor derselben und garantiert dem System die intendierte Leistungsfähigkeit. Dort, wo die Gefahr nicht ohne Schutzstrategien bewältigt werden kann, muß unter Umständen mit PR-Aufwand Harmlosigkeit suggeriert oder mit appellativen Maßnahmen Einsicht zu erwirken versucht werden.

Gelingen soll mit so verstandenen Schutz- und Kontrollmaßnahmen der Erhalt der Funktionstüchtigkeit. Ein Mißlingen der Schutz- und Kontrollmaßnahmen muß aus dieser Perspektive *lediglich* als ein *Versagen* derselben und keinesfalls auch als ein gescheiterter Funktionsanspruch gewertet werden. Die Dichotomie von Funktionstüchtigkeit und Versagen gilt nun nicht nur zur Beurteilung technischer Systeme, sondern auch zur Beurteilung des die Technik handhabenden Systems: des Menschen. In diesem Gefüge wird der Mensch mehr und mehr zur *unzuverlässigeren* Maschine degradiert (70% - 90% der Unfälle werden heute auf menschliches Versagen zurückgeführt); der Mensch muß *substituiert*, d. h. in Maschinenfunktion überführt werden.

---

5 Vergleiche in diesem Zusammenhang auch die Ebene des Sprichwortes (wie wir es bspw. in Wehner & Reuter, 1990 getan haben): *Schutz ohne Gewalt wird selten alt*, oder *Sicherheit gebiert Gefahr*.

5. 2. Unfall: Aussagekräftigster Fall eines Systems

In der Diderotschen Encyclopédie von 1744 wird *accident* lediglich als grammatikalischer und philosophischer Begriff abgehandelt und ansonsten mit dem Zufall synonym gesetzt: Vorindustrielle Katastrophen wurden als Naturereignisse interpretiert und die in ihnen freigewordenen Energien als von außen kommende, unkontrollierbare Faktoren attribuiert.

In der ersten Enzyklopädie aus dem Jahre 1844, die technische Systeme beschreibt, wird das Stichwort nun bereits neunseitig abgehandelt und mit Entschiedenheit vom Zufall abgegrenzt:

> Alles, was der Mensch mit seinen Händen schafft, kann einen Unfall erleiden. Aufgrund einer Art von ausgleichender Macht werden die Unfälle umso heftiger, je perfekter die Apparate werden. Aus dem Grund können die mächtigsten und perfektesten industriellen Apparaturen zu den schrecklichsten Katastrophen führen, wenn sie nicht aufs genaueste überwacht werden. (Tourneux, 1844; nach Schivelbusch, 1979)

Zwischen dem Erscheinen der Diderotschen Encyclopédie und der "Encyclopédie des chemins de fer et des machines à vapeur" und dem damit verbundenen Bedeutungswandel liegen nun keinesfalls lediglich exakte 100 Jahre, sondern die erste 1842 Europa erschütternde Eisenbahnkatastrophe auf der Strecke von Paris nach Versailles (vgl. Püschel, 1977).

In der Auseinandersetzung mit diesem ersten großen technischen Unfall ging in gewisser Weise der Glaube an die Zauberkraft des diensthabenden Ingenieurs früh verloren: Es wurde nämlich erkannt, daß das Vernichtungspotential durch den technischen Unfall gleichsam aus dem Inneren des Systems kommt und daß das Gesamtsystem gerade anhand der Dysfunktionen analysiert werden kann (vgl. Schivelbusch, 1979).

Für unseren Argumentationsfaden ist nun allerdings zudem wichtig, daß im technischen Unfall die Grenzen des Antizipierbaren und Planbaren sichtbar werden und diese Grenzen nur unter Einbezug des Hergangs auch überwunden werden können: Der Unfall wird zum Negativindikator des Zusammenspiels von Mensch und Umwelt (vermittelt durch Organisation und Technik). Negativ bewertet werden mußten in Versailles das völlige Fehlen technischer Material- und Grenzwertbestimmungen und die heute kurios anmutenden Vorkehrungen zum Schutz der Reisenden vor den bis dahin angenommenen Gefahren.

Während adäquate Schutzvorkehrungen für einen evtl. Unfall im damaligen Eisenbahnwesen gänzlich unbekannt waren (der Unfall bringt sie meist erst hervor), ging man davon aus, die Passagiere vor den Folgen einer Fehleinschätzung über die ihnen ungewohnte Geschwindigkeit während der Fahrt schützen zu müssen. Man wollte etwa verhindern, daß ein Passagier vom fahrenden Zug abspringt, weil ihm vom Fahrtwind die Kopfbedeckung weggeweht wurde: Sämtliche Wagen eines Zuges wurden deshalb während der Fahrt von außen verschlossen. Diese Vorsichtsmaßnahme erwies sich im Unfall als die eigentliche Fallhöhe, da es nach der Entgleisung kein Entkommen aus den brennenden, ineinander verkeilten hölzernen

Waggons gab. Wurden in dieser Maßnahme die organisatorischen Grenzen deutlich, so lassen sich die Grenzen der Bewältigung technischer Planbarkeit und Konstruktion an fehlenden Grenzwerten aufzeigen. Erst der Bruch einer Zugachse (der technische Auslöser des Unfalls) machte auf eine bis dahin nicht bekannte Eigenschaft des Eisens, die *Materialermüdung*, aufmerksam. Im Unfall wurde die Beanspruchbarkeit wahrnehmbar und führte in der Folge zu intensiven Materialanalysen.

Anhand der ersten technischen Unfälle ließe sich weiter aufzeigen, daß der Unfall zum aussagekräftigsten Fall über die Wirkweise und damit über das Funktionsprinzip des verunfallten Systems wird: Die Anfangs- und Randbedingungen lassen sich durch die Unfallanalyse erst vervollständigen (vgl. v. Weizsäcker, 1955). Obwohl jedoch erkannt wurde, daß sich in der Dysfunktion keine andere als die in den technischen Apparaten lenkbar und für beherrschbar geglaubte Energie entfaltet, wurde dennoch unterstellt, daß es gelingen könne, sich ausschließlich vor den Folgen der in der Dysfunktion freigesetzten Energien zu schützen. Hierin liegt eine charakteristische Blindheit des Schutzgedankens (analog dem Wunsch nach Fehlervermeidungsstrategien), nämlich die, nicht erkannt zu haben, daß Schutzvorkehrungen nur ins Ungefähre verweisen, lediglich das Bekannte und zur jeweiligen Zeit Vorstellbare berücksichtigen und die kontingenten Bedingungen dadurch keinesfalls kontrollierbar werden: Von den Schutzsystemen wird nur gesichert, womit gerechnet wird. Nicht gerechnet wurde bspw. bei der nächsten größeren Eisenbahnkatastrophe, dem Einsturz der Tay-Bridge im Jahre 1879, mit dem Zusammentreffen von horizontalen und vertikalen Belastungen, denen das Bauwerk während eines Orkans ausgesetzt sein würde. Das Versinken des damals bei weitem größten Verbindungsbauwerkes der Welt in der Flußmündung vor Dundee ist in Theodor Fontanes Ballade: *"Die Brück' am Tay"* in literarischer Form verdichtet und überliefert worden. Der Unfall erlaubte ihm eine poetische Aussage über die Brauchbarkeit von Schutzvorkehrungen zur Überbrückung unvorhersehbarer Ereignisse und unvollkommener Technik; sie mündet in den Refrain: "Tand, Tand ist das Gebilde von Menschenhand".[6]

Die Ausführungen zum Sicherheits- und Unfallbegriff können hier abgebrochen werden, waren aber notwendig, um die Parallelen und Verbindungslinien zu der von uns erforschten Grundkategorie, fehlerhafte Handlungen bei industriellen Arbeiten, aufzuzeigen.

So wie nämlich eine technikhistorische Analyse auf die Einheit von Störfall und Normalfall verweisen würde und keine einseitige Kompensation oder Perfektionierung legitimiert, wie sie durch die Sicherheitswissenschaften versucht wird, so verweist die psychologische Analyse des Handelns auf die Einheit von zielerreichenden und zielverfehlenden Abläufen: auf die Ganzheit von richtig und falsch. So wie eine ganzheitliche sicherheitswissenschaftliche Analyse keine Trennung in Funktion und Zuverlässigkeit erlauben würde, so rechtfertigt auch eine ganzheitliche Handlungsanalyse keine einseitige Pädagogisierungsstrategie zur

---

6 *Tand* wurde dabei im ursprünglichen Wortsinn von *Spielzeug* gebraucht.

Maximierung korrekter Handlungserfüllungen.

Die Forderung der Sicherheitswissenschaftler nach Fehlervermeidungskonzepten geht damit von einer Trennung aus, die aus psychologischer Perspektive nicht begründet werden kann.

5. 3. Der Geltungsbereich und der Anspruch der Übertragung

An diesem Punkt ist die Parallele zwischen den Forschungsgebieten gezogen, wobei nun noch der Geltungsbereich der Verbindungslinie abgesteckt werden soll. Dies gelingt nur durch Reduktion des multikausalen Unfallgeschehens und durch die Begründung einer herausgehobenen Analyseeinheit:

Wenn man das vermeintliche Schicksal, das persönliche Pech, die ökonomischen Bedingungen, die bekannten äußeren Umstände und die schwer zugänglichen unbewußten Anteile von der Fallhöhe des Unfalls abzieht, dann wird er zum aussagekräftigsten Fall über die Welt der Dinge bzw. das systemische Zusammenspiel zwischen der *Dingwelt* und der *Wirkwelt* auf den Menschen.

5. 3. 1. Die erste Lokomotive

Anhand eines literarischen Dokumentes soll dieser Gedanke illustriert und nahegebracht werden.

> Gar über Stephensons Debut läuft folgende wilde Legende. Soeben hatte er den ersten fahrenden Kessel aus dem Schuppen gezogen. Die Räder rührten sich und der Erfinder folgte seinem Geschöpf die abendliche Straße. Aber schon nach wenigen Stößen sprang die Lokomotive vor, immer schneller, Stephenson vergebens hinter ihr her.
>
> Vom anderen Ende der Straße kam jetzt ein Trupp fröhlicher Leute, hatten sich beim Bier verspätet, junge Frauen und Männer, ihr Dorfpfarrer darunter. Denen also rannte das Ungeheuer entgegen, zischte in einer Gestalt vorüber, die noch niemand auf der Erde gesehen hatte, kohlschwarz, funkensprühend, mit übernatürlicher Geschwindigkeit. Noch schlimmer, wie in alten Büchern der Teufel abgebildet wurde; da fehlte nichts, es kam nur etwas hinzu. Denn eine halbe Meile weiter machte die Straße eine Biegung, gerade einer Mauer entlang; auf diese fuhr die Lokomotive los und explodierte mit großer Gewalt. Drei von den Heimkehrern, wird erzählt, fielen am nächsten Tag in ein hitziges Fieber, der Pfarrer wurde irrsinnig.
>
> Nur Stephenson hatte alles verstanden und baute eine neue Maschine, auf Geleisen und mit Führerstand; so wurde ihre Dämonie auf die rechte Bahn gebracht, ja schließlich fast organisch. (...)
>
> Am Irrsinn des Pfarrers sah man, wie einer der größten Umwälzer der Technik aussah, bevor man sich daran gewöhnte und die Dämonie dahinter verlor. Nur der Unfall bringt sie zuweilen noch in Erinnerung: Krach des Zusammenstoßes, Knall der Explosionen, Schreie zerschmetterter Menschen, kurz ein Ensemble, das keinen zivilisierten Fahrplan hat. (...)
>
> Kein Weg geht zurück, aber die Krisen des Unfalls (der unbeherrschten Dinge) werden ebenso länger bleiben wie sie tiefer liegen als die Krisen der Wirtschaft (der unbeherrschten Waren).
> (Bloch, 1979, S. 160 f)

Auf dieser abstraktesten Ebene wird die Verbindung zwischen der von uns vor-

geschlagenen Fehlerforschung und der Sicherheitswissenschaft auf den Punkt gebracht: Wenn es nämlich *die unbeherrschten Dinge* sind, die die Krisen des Unfalls charakterisieren, so ist es die Psychologie, die aufgefordert ist, die Gründe für die Unbeherrschbarkeit zu studieren. Sie liegen darin - so wird hier unterstellt -, daß im Zuge der Komplizierung technischer Systeme die Fehler enttrivialisiert und die Fehlerkonsequenzen nicht mehr harmlos zu halten sind.[7] Die aktuelle Handlungskontrolle auch über Ereignisse, die nicht intendiert waren, ist verlorengegangen, zumindest auf der individuellen, u.U. sogar auf der kollektiven Ebene. Solange bei der Aneignung der Dinge die Fallhöhe des Fehlens geringer ist als sie zur Bezeichnung des Unfalls bemessen wird, solange werden sie auch beherrscht. Wird sie zu hoch, so mißlingt die Aneignung, die Dienstbarmachung und Brauchbarkeit der Dinge.

Davon soll abgelenkt werden, indem die Handhabung und organisationale Einbettung standardisiert und zusätzlich Schutzmechanismen eingefügt werden. Die normierte Ausführungsvorschrift soll die Fehler eliminieren, die Schutzkomponenten zumindest nachträglich zur Produktion von Harmlosigkeit sorgen. Diese verkürzte Sicht verschiebt die Fehlergrenze, aufzuheben vermag sie sie indessen nicht.

Literatur

Aschenbrenner, M., Biehl, B. & Wurm, G. (1989). Einfluß der Risikokompensation auf die Wirkungen von Verkehrssicherheitsmaßnahmen am Beispiel ABS. In B. Ludborzs (Hrsg.), *Psychologie der Arbeitssicherheit* (S. 150 -160). Heidelberg: Asanger.

Baars, B.J. (1980). On eliciting predictable speech errors in the laboratory. In V. Fromkin (Ed.), *Errors of linguistic performance. Slips of the tongue, ear, pen, and hand* (S. 307-318). New York: Academic Press.

---

[7] Bei der Begründung einer allgemeinen Automatentheorie nutzte v. Neumann (1967) ebenfalls den Trivialisierungsaspekt von Fehlerkonsequenzen bei lebendigen Systemen und erkannte hierin den Gegensatz zu künstlichen Automaten: "Lebende Organismen sind so gebaut, daß Fehler möglichst unauffällig und harmlos werden; künstliche Automaten dagegen sind so entworfen, daß Fehler möglichst auffallen und verheerend werden. Nach einer wissenschaftlich begründeten Erklärung für diesen Unterschied muß man nicht lange suchen. Lebende Organismen sind gut genug ausgebildet, um auch dann noch weiterzuarbeiten, wenn Funktionsstörungen aufgetreten sind. Sie sind trotz Funktionsstörungen arbeitsfähig und streben danach, später die Funktionsstörung zu beseitigen. Man könnte einen künstlichen Automaten sicherlich so entwerfen, daß er trotz einer begrenzten Anzahl von Funktionsstörungen in bestimmten, abgegrenzten Bereichen normal arbeitet. Jede Funktionsstörung jedoch stellt ein beträchtliches Risiko dar, nämlich, daß schon ein allgemeiner Degenerationsprozeß in der Maschine vonstatten geht. Man muß daher sofort eingreifen, weil eine Maschine, in die sich Funktionsstörungen eingeschlichen haben, selten dazu neigt, sich selbst wieder herzustellen, und wahrscheinlich sogar immer schlechter arbeitet" (S. 160).

Baars, B.J. & MacKay, D.G. (1979). Experimentally eliciting phonetic and sentential speech errors: methods, implications and work in progress. *Language in Society: Experimental Linguistics*, 7, 105-109.

Bardmann, T.M. & Franzpötter, R. (1990). Unternehmenskultur. Ein postmodernes Organisationskonzept? *Soziale Welt, 17*, 424-440.

Bierwisch, M. (1970). Fehler-Linguistik. *Linguistic Inquiry, 1*, 397-414.

Bloch, A. (1981). *Murphy's Law and other reasons why things go wrong*. Los Angeles: Harper.

Bloch, E. (1979). *Spuren*. Frankfurt/M.: Suhrkamp.

Cherubim, D. (1980). Vorwort. In D. Cherubim (Hrsg.), *Fehlerlinguistik. Beiträge zum Problem der sprachlichen Abweichung* (S. VII-X). Tübingen: Niemeyer.

Diderot, M. (1744). *Encyclopédie ou dictionnaire raisonné des sciences, des arts et des métiers*. Geneve: Pellet.

Dörner, D. (1989). *Die Logik des Mißlingens*. Reinbek: Rowohlt.

Egenberger, R. (1913). *Psychische Fehlleistungen*. Langensalza: Beyer & Söhne.

Gabelentz, G.v.d. (1891, 1969). *Die Sprachwissenschaft, ihre Aufgaben, Methoden und bisherigen Ergebnisse*. Tübingen: Vogt.

Goethe, J.W.v. (1820, 1914). *Hör-, Schreib- und Druckfehler*. In Gedenkausgabe der Werke, Briefe und Gespräche, Bd. 14, Schriften zur Literatur, (S. 299-303). Zürich: Artemis.

Guggenberger, B. (1987). *Das Menschenrecht auf Irrtum. Anleitung zur Unvollkommenheit*. München: Hanser.

Juhasz, J. (1970). *Probleme der Interferenz*. München: Huber.

Kaufmann, F.-X. (1973). *Sicherheit als soziologisches und sozialpolitisches Problem*. Stuttgart: Enke.

Keller, R. (1980). Zum Begriff des Fehlers im muttersprachlichen Unterricht. In D. Cherubim (Hrsg.), *Fehler-Linguistik. Beiträge zum Problem der sprachlichen Abweichung* (S. 24-42). Tübingen: Niemeyer.

Kluwe, R.H. (1990). Problemlösen, Entscheiden und Denkfehler. In C. Graf Hoyos & B. Zimolong (Hrsg.), *Enzyklopädie der Psychologie: Ingenieurpsychologie* (S. 121-147). Göttingen: Hogrefe.

Kluwe, R.H. (in Druck). Kognitionspsychologische Analysen der Unzulänglichkeiten von Menschen beim Umgang mit risikoreichen Systemen. In D. Frey (Hrsg.), *Bericht über den 37. Kongreß der DGfPs in Kiel 1990*. Göttingen: Hogrefe.

Marbe, K. (1916). *Die Gleichförmigkeit in der Welt*. München: Beck.

MacKay, D.G. (1973). Complexity in output systems: Evidence from behavioral hybrids. *American Journal of Psychology, 86*, 785-806.

Meringer, R. & Meyer, K. (1895). *Versprechen und Verlesen. Eine psycho-linguistische Studie*. Stuttgart: Göschen.

Meringer, R. (1908). *Aus dem Leben der Sprache. Versprechen, Kindersprache, Nachahmungstrieb*. Berlin: Behr.

Mittelstrass, J. (1987). Die Wahrheit des Irrtums. In D. Czeschlik (Hrsg.), *Irrtümer in der Wissenschaft* (S. 43-90). Berlin: Springer.

Neumann J. v. (1967). Allgemeine und logische Theorie der Automaten. In Kursbuch, 8. Neue Mathematik (S. 139-175). Berlin: Kursbuch-Verlag.

Offner, M. (1896). Die Entstehung der Schreibfehler. In *III. Internationaler Kongreß für Psychologie* (S. 443-445). München: Schreiber.

Ohrmann, R. & Wehner, T. (1989). *Sinnprägnante Aussagen zur Fehlerforschung* (Bremer Beiträge zur Psychologie Nr. 83). Bremen: Universität, Studiengang Psychologie.

Paul, H. (1880). *Prinzipien der Sprachgeschichte*. Halle: Niemeyer.

Poincaré, H. (1914). *Wissenschaft und Hypothese*. Leipzig: Teubner.

Püschel, B. (1977). *Historische Eisenbahn-Katastrophen. Eine Unfallchronik von 1840 bis 1926*. Freiburg: Eisenbahn-Kurier.

Rombach, H. (1971). *Strukturontologie*. Freiburg, München: Alber.

Rombach, H. (1987). *Strukturanthropologie. "Der menschliche Mensch"*. Freiburg, München: Alber.

Schivelbusch, W. (1979). *Geschichte der Eisenbahnreise*. Frankfurt, Berlin, Wien: Ullstein.

Seemann, J. (1929). Untersuchungen über die Psychologie des Rechnens und der Rechenfehler. *Archiv für die gesamte Psychologie, 69*, 1-180.

Sperber, H. (1914). *Über den Affekt als Ursache der Sprachveränderung.* Halle/S.: Niemeyer.
Steinig, W. (1980). Zur sozialen Bewertung sprachlicher Variation. In D. Cherubim (Hrsg.), *Fehlerlinguistik. Beiträge zum Problem der sprachlichen Abweichung* (S. 106-123). Tübingen: Niemeyer.
Stoll, J. (1913). Psychologie der Schreibfehler. In K. Marbe (Hrsg.), *Fortschritte der Psychologie und ihre Anwendungen* (S. 1-133). Leipzig: Teubner.
Strasser, J. (1986). Der Begriff Sicherheit. *Psychologie heute, 8,* (5), 28-36.
Svartvik, J. (1973). Introduction. In J. Svartvik (Ed.), *Errata. Papers in error analysis. Proceedings of the Lund Symposion of error analysis* (S. 7-15). Lund: University Press.
Tourneux, F. (1844). *Encyclopédie des chemins de fer et des machines à vapeur.* Paris: Renouard.
Wehner, T. (1984). *Im Schatten des Handlungsfehlers - ein Erkenntnisraum motorischen Geschehens* (Bremer Beiträge zur Psychologie Nr. 34). Bremen: Universität, Studiengang Psychologie.
Wehner, T. & Mehl, K. (1986). Über das Verhältnis von Handlungsteilen zum Handlungsganzen - Der Fehler als Indikator unterschiedlicher Bindungsstärken in "Automatismen". *Zeitschrift für Psychologie, 194,* 231-245.
Wehner, T. & Mehl, K. (1987). Handlungsfehlerforschung und die Analyse von kritischen Ereignissen und industriellen Arbeitsunfällen - Ein Integrationsversuch. In M. Amelang (Hrsg.), *Bericht über den 35. Kongreß der DGfPs in Heidelberg 1986* (S. 581-594). Göttingen: Hogrefe.
Wehner, T. & Reuter, H. (1990). Wie verhalten sich Unfallbegriff, Sicherheitsgedanke und Fehlerbewertung zueinander? In U. Pröll & G. Peter (Hrsg.), *Prävention als betriebliches Alltagshandeln. Sozialwissenschaftliche Aspekte eines gestaltungsorientierten Umgangs mit Sicherheit und Gesundheit im Betrieb* (S. 33-50). Bremerhaven: Wirtschaftsverlag.
Wehner, T. & Stadler, M. (1990). *Gestaltpsychologische Beiträge zur Struktur und Dynamik fehlerhafter Handlungsabläufe* (Bremer Beiträge zur Psychologie Nr. 85). Bremen: Universität, Studiengang Psychologie.
Wehner, T., Stadler, M. & Mehl, K. (1983). Handlungsfehler - Wiederaufnahme eines alten Paradigmas aus gestaltpsychologischer Sicht. *Gestalt Theory, 5,* 267-292.
Weizsäcker, C.F.v. (1955). Komplementarität und Logik. *Die Naturwissenschaften, 42,* 113-125.
Weizsäcker, E.U.v. (1990). Geringere Risiken durch fehlerfreundliche Systeme. In M. Schüz (Hrsg.), *Risiko und Wagnis. Die Herausforderung der industriellen Welt,* Bd. 1 (S. 107-118). Pfullingen: Neske.
Weizsäcker, C.v. & Weizsäcker, E.U.v. (1985). Fehlerfreundlichkeit. In K. Kornwachs (Hrsg.), *Offenheit - Zeitlichkeit Komplexität. Zur Theorie der Offenen Systeme* (S. 167-201). Frankfurt: Campus.
Weizsäcker, C.v. & Weizsäcker, E.U.v. (1986). Fehlerfreundlichkeit als evolutionäres Prinzip. Einschränkungen durch die Gentechnologie? *Wechselwirkung, 29,* 12-15.
Wieczerkowski, W. & Rauer, W. (1979). Psychologische Aspekte des Rechtschreibens. In H.-H. Plickat & W. Wieczerkowski (Hrsg.), *Lernerfolg und Trainingsformen im Rechtschreibunterricht* (S. 53-68). Bad Heilbronn: Jäger.
Wiese, R. (1987). Versprecher als Fenster zur Sprachstruktur. *Studium Linguistik, 21,* 45-55.
Wilde, G.J.S. (1986). Beyond the concept of risk homeostasis: Suggestions for research and application towards the prevention of accidents and lifestyle related disease. *Adccident Analysis & Prevention, 18,* 377- 404.

II.

Wissens- und Bewertungsstrukturen von industriellen Arbeitstätigkeiten und kritischen Ereignissen

Über die Enttrivialisierung von Fehlern: Automation und ihre Auswirkungen als Gefährdungspotentiale

Theo Wehner, Jürgen Nowack und Klaus Mehl

1. Der Problemhintergrund

1.1. Die Heterogenitätsannahme

In den vergangenen Jahren rückten menschliche Fehler auch im ingenieurwissenschaftlich geprägten Arbeitsschutz ins Zentrum der Betrachtung. In der bisherigen Auseinandersetzung mit Handlungsfehlern wurden hier jedoch vor allem griffige Erklärungen favorisiert, wie beispielsweise mangelnde Aufmerksamkeit. Die vorrangigen Bemühungen zur Erarbeitung von Problemlösungen bestanden insbesondere in der Suche nach universellen Fehlervermeidungskonzepten, wodurch man die Annahme als richtig voraussetzte, daß nicht nur Gleichartigkeit innerhalb von Fehlerereignissen besteht, sondern darüber hinaus Gleichartigkeit auch für die Ereignisse Fehler und Unfall gilt. Dies ziehen wir in Zweifel, denn, wenn bereits stimmt: " that errors or accidents are in no sense homogeneous" (Singleton, 1973, S. 735)[1], um wieviel unwahrscheinlicher ist dann erst die Annahme, daß Fehler und Unfallabläufe gleichartig sind?

Ein pyramidales Bedingungsgefüge von Fehlhandlungen, Beinahe-Unfällen und Unfällen konnte demzufolge auch durch die (wenngleich wenigen) empirischen Studien, die hierzu vorliegen, nicht aufgezeigt werden (vgl. Wehner & Mehl, 1987): Dort, wo Korrelationen der Bedingungsprofile (zwischen Beinahe-Unfällen und Unfällen etwa) berechnet wurden, weisen diese eine maximale Varianzaufklärung von weniger als 50% auf. Unsere Schlußfolgerung lautet daher: Unfälle sind vor allem auf Aneignungsbarrieren zurückzuführen (Streß, Arbeitszeitsysteme etc.), viel weniger dagegen auf Handlungsfehler. Bei Unfällen wirken sich Bedingungs- und Situationskonstellationen aus, die gerade nicht in fehlerhafte Handlungsresultate, sondern in folgenschwere Ereignisse, nämlich Unfälle münden.

---

[1] Singleton, der die Homogenitätsannahme unausgesprochen verwirft, bezweifelt damit nicht, daß Fehler oder Unfälle klassifizierbar sind. Nachdem er verschiedene psychologische Erklärungsansätze analysierte (Singleton, 1972), stellt er jedoch den Geltungsbereich eines einzigen Ansatzes für alle denkbaren Fälle und damit die Allgemeingültigkeit nur einer Theorie infrage: "there are many kinds of error, many different causation factors, many relevant models or theories" (Singleton, 1973, S. 735).

Vor diesem Hintergrund wird deutlich, daß sich der o.g. Blickwinkel auf den Fehler sinnvollerweise verändert. Entwicklungsmöglichkeiten und die Lernpotenz fehlerhafter Ereignisse rücken damit in den Vordergrund und es zeigt sich, daß weniger von Fehlhandlungen eine Gefahr ausgeht, als vielmehr von Situationen, in denen keine Fehler mehr auftreten dürfen. Situative und interaktive Anteile des fehlerhaften Handelns sind damit zentral, wobei individuelle Verursachungsmomente (Ermüdung, Aufmerksamkeitsfluktuation etc.) in den Hintergrund treten.

Wie die nachfolgenden Zitate zeigen, beginnt sich diese Position langsam durchzusetzen. Bislang handelt es sich dabei jedoch überwiegend um Plädoyers, da die empirischen Studien noch immer fehlen (vgl. hierzu vor allem auch das Kapitel I des Sammelbandes).

> Regarding the human role in modern systems, human errors should rather be considered to be 'unsuccessful experiments in an unfriendly environment', and design efforts should be spent on creating friendly, i.e. error-tolerant, systems. (Rasmussen, 1985, S. 1188)

> "Human error" is a convenient catch-all expression which is applied indiscriminately to a wide range of situations in which individuals are not up to the mark as operators of a machine or system. It includes errors of judgement (...) in which the operator becomes the agent of his own destruction, or that of others. But it also includes design or system-induced errors (...) in which the operator is a passive victim of circumstance. (Pheasant, 1988, S. 56)

> The basic issue is that human errors cannot be removed in flexible or changing work environments by improved system design or better instruction, nor should they be. Instead, the ability to explore degrees of freedom should be supported and means for recovery from the effects of errors should be found. (Rasmussen, 1990, S. 4)

Die Zitate sollen hier zwar nur auf konstruktive Sichtweisen gegenüber Handlungsfehlern aufmerksam machen, sie zeigen aber darüber hinaus, daß auch höchst unterschiedliche Begriffsauffassungen und damit verbunden, verschiedene Geltungsbereiche der Aussagen vorliegen.[2] Mit der Forderung nach Fehlertoleranz bzw. einer positiven Konnotierung des Fehlers ist dabei nicht gemeint, daß Fehler wünschenswerte Ereignisse seien und ihr Eintreten gar unterstützt werden sollte (dies wäre ein Plädoyer für Fehleranfälligkeit). Entscheidend ist vielmehr, daß weder die Zahl noch die Bedingungen sämtlicher Fehlermöglichkeiten antizipierbar sind. Gefordert werden deshalb tolerante Sanktionsmechanismen und die Einsicht, daß Handlungsvoraussetzungen und Handlungsanforderungen (technische und humane) bei Fehlerereignissen auf Inkompatibilitäten verweisen.

---

2 Ohne das Fehlerdefinitionsproblem hier zu lösen (vgl. Weimer, 1925; Reason, 1987), soll mit folgender Umschreibung eine Abgrenzung gegenüber anderen Auffassungen vorgenommen werden. Die Diskrepanz zwischen persönlichen Fertigkeiten und Handlungsanforderungen zeigt sich nicht im fehlerhaften, sondern im irrtümlichen Handeln. Im Irrtum ("man *befindet* sich im Irrtum") werden fehlende Handlungsvoraussetzungen sichtbar. Bei einem Handlungsfehler ("man *macht* einen Fehler") sind adäquate Handlungsvoraussetzungen vorhanden, doch wurde das intendierte Handlungsziel verfehlt. Auch wenn (auf der Metaebene) im Fehlerfall u. U. doch ein Irrtum und dem Irrtum u. U. ein Fehler zugrunde liegen kann, ist die vorgenommene Trennung für den Einstieg in eine Analyse sinnvoll.

1. 2. Die Enttrivialisierungsthese

Zum Alltagsverständnis von Fehlern gehören (neben der Unterscheidung von Fehler und Irrtum) zwei weitere Momente, die in unserem Zusammenhang relevant sind und zur Forderung nach Fehlertoleranz geführt haben: Die Momente der Harmlosigkeit und Korrigierbarkeit.

Die Entwicklungsgeschichte der Sprache, aber auch die individuelle Entwicklung motorischer Fertigkeiten zeigen, daß beide Systeme vor allem wegen ihrer Variabilität und Flexibilität und nicht wegen ihrer Starrheit überzeugen. So belegt die Sprachentwicklung besonders deutlich, daß die Auswirkungen von fehlerhaften Handlungen harmlos bleiben und gerade dadurch Korrekturen und individuelles, situationsbezogenes Lernen (als Voraussetzung jeder Entwicklung) möglich werden.

Die technischen Großunfälle der letzten Jahre dagegen zeigen überdeutlich, daß Harmlosigkeit und Korrigierbarkeit bei vielen hochkomplexen Systemen nicht realisiert wurden: Das Verwechseln von rechts und links, die Kontamination oder Perseveration von Handlungsschritten etc. führen in komplexen Systemen zu katastrophalen Folgen. Häufig genug können dabei keine Korrekturen mehr durch den Verursacher selbst vorgenommen werden, und Lernen ist nur noch auf der kollektiven Ebene möglich. Darum spricht Perrow (1984) von "Normal Accident" und Wiener (1987) von der "Enttrivialisierung" des Fehlers. Die beiden folgenden Zitate unterstützen die Position der Enttrivialisierung des Fehlers in hochvernetzten Systemen, wobei das zweite Zitat gleichzeitig den oft propagierten Hoffnungsschimmer - die weitgehende Automation - in Zweifel zieht bzw. ins rechte Licht rückt:

> Die Komplizierung der Funktionen, die seit jeher vom Menschen ausgeführt wurden, führt ganz natürlich zu einer Erhöhung der Zahl der Fehler und Versager, zur Verschlechterung der zeitlichen Kennziffern der Arbeit und zu anderen Stockungen des Arbeitsprozesses. (Nebylizyn, 1963, S. 61)
>
> It was believed that automation was going to remove human error at its source.(...) That has turned out to be wrong. One of the effects I'm afraid of is that it has detrivialized human error and has relocated it. (Automation) tunes out small errors and potentiates large ones. (Wiener, 1987, S. 1)

Die Frage der Fehlertoleranz (als Antwort auf die negativen Prognosen und Zustände) ist heute keine beliebige mehr, sondern inzwischen zum brisanten Diskussionsthema zwischen Sozialwissenschaftlern und Technikern geworden. Durch unseren Beitrag zu dem Thema wollen wir Operationalisierungen vornehmen und empirische Befunde präsentieren.

Da in unserer Arbeit die quantitativen Verschiebungen von Fehlerquoten in komplexen Systemen nicht analysiert werden, sei an dieser Stelle die Prognose von Nebylizyn durch folgende Befunde unterstützt: In einer Studie zur Quantifizierung von Störfällen aufgrund von Handlungsfehlern in Kernkraftwerken registrierte Scott 1975 (also vor Harrisburg oder gar Tschernobyl) 20% Operatorfehler bei insgsamt 143 Zwischenfällen (innerhalb eines Zeitraums von übrigens nur drei

Monaten). Husseiny und Sabri (1980) führten ebenfalls eine repräsentative Studie durch und registrierten bei der Analyse von 644 "critical incidents" eine Fehlerquote von 16%. Die Autoren bemerken lapidar und eher nebenbei, daß in "non-nuclear complex systems" die Auftretensrate von "slips" lediglich zwischen 3% und 7% liegt; Interpretationen jedoch (die etwa einen Zusammenhang von Gefahr, Fehleranfälligkeit und Schadensausmaß vermuten lassen) werden aufgrund des positivistischen Forschungsansatzes unterlassen.

2. Ziele, Konzeption und Durchführung der Studie

2. 1. Untersuchungsgegenstand

Ziel der Untersuchung ist es, den Zusammenhang von Fehlhandlungsbedingungen und Gefährdungspotentialen festzustellen und Verschiebungen in diesem Verhältnis in zwei unterschiedlich automatisierten Produktionsabschnitten zu erfassen. Als Untersuchungseinheit wurden Arbeitsschritte komplexer Instandhaltungsaufgaben in der Automobilindustrie gewählt. Diese wurden danach bewertet, ob bei der Ausführung eines Arbeitsschrittes *Gefährdungen* wahrnehmbar und/oder *Verletzungen* möglich sind, ein Material- bzw. *Sachschaden* verursacht werden könnte und/oder *Fehlhandlungsbedingungen* sowie *Ausführungsschwierigkeiten* bekannt sind. Da vorrangig das Verhältnis von subjektiv wahrgenommenen Fehlhandlungsbedingungen zu möglichen arbeitsschutzrelevanten Indikatoren interessiert, ist nur eine Auswahl von Indikatoren getroffen worden (Risiko, Qualität etc. wären denkbare weitere).

Die zu bewertenden Arbeitsschritte wurden nicht von außen, quasi objektiv zu bestimmen versucht, sondern entsprachen der subjektiven Zergliederung der Arbeitsaufgabe und damit den mentalen Repräsentationen der Handelnden. Die Bewertungseinheiten wurden also von den Untersuchungsteilnehmern (UTn) selbst generiert. Einflüsse, die sich aufgrund unterschiedlicher Aufgabenstrukturen und Fertigkeitsgrade hätten ergeben können, wurden nach Möglichkeit egalisiert. Lediglich der Automatisierungsgrad der Produktionsbereiche, in denen die Facharbeiter arbeiten, wurde variiert.

Auf einen Vergleich zwischen den subjektiven Bewertungen und evtl. objektiven Beurteilungen (Failure Questionnaire, Gefahrenindex, Unfallwahrscheinlichkeit etc.) wurde verzichtet. Dies vor allem deshalb, weil hier die Relationen zwischen den Indikatoren und nicht deren absolute Größe bestimmt werden sollen. Eventuelle Verzerrungen sind von nachgeordneter Bedeutung, da davon ausgegangen werden kann, daß sie sich, wenn überhaupt, auf alle Indikatoren gleichermaßen auswirken. Ein weiterer Grund liegt jedoch auch darin, daß die vorliegenden Studien, die einen solchen Vergleich nahelegen und vornehmen (vgl. Burckhardt, Pfeifer, Tietze, Kallina & Vogel, 1965; Dunn, 1972; Zimolong, 1979), nicht überzeugen. In der Arbeit von Zimolong (1984) wird etwa festgestellt, daß Gerüstbauer die Gefahren auf dem Gerüst und Dachdecker die Arbeiten auf dem Dach - nach Zahlen tatsächlich aufgetretener Unfälle - drastisch unterschätzen, während sie berufsfremde Tätigkeiten in ihrem Gefahrenpotential tendenziell überschätzen. Nicht gefragt wird in den genannten Studien nach den Einzeltätigkeiten (eine Ausnahme bildet hier die Untersuchung von Musahl & Alsleben, 1990) und damit nach den Situationsbedingungen und mentalen Repräsentationen (dem subjektiven Erleben) der einzelnen Arbeitshandlungen. Zusätzlich wird ein mechanistisches, monokausales Unfallverursachungsmodell (sämtliche Unfälle auf dem Gerüst sind homogen und einzig auf das Arbeiten auf dem Gerüst zurückführbar) unterstellt, während in der Literatur zur Unfallforschung (vgl. Hoyos, 1980) bereits ein systemisches Geschehen angenommen und von Multikausalität ausgegangen wird. So kann es durchaus sein, daß das Arbeiten auf dem Gerüst (die Aufgabe *an sich*) als ungefährlich erlebt wird, während die Ausführung einer spezifischen Handlungssequenz (womöglich unter Zeitdruck und/oder alleine, mit unzulänglichem Werkzeug und/oder vor bzw. nach einem Betriebsausflug) durchaus als gefährlich eingeschätzt wird, würde danach nur gefragt.

Zur Auswertung unserer Untersuchung stehen Bewertungsvektoren (einer pro Indikator, Aufgabe und UT) zur Verfügung. Um die Ausgangsfrage beantworten zu können, sind Profilähnlichkeiten bzw. Variationsunterschiede zwischen den Indikatoren (in Abhängigkeit vom Automatisierungsgrad des Produktionsbereiches) von Interesse, so daß die Berechnung von Interkorrelationen als sinnvoller Datenaufbereitungsschritt angesehen werden kann. Damit wird nach der statistischen Abhängigkeit bzw. Unabhängigkeit oder nach der Redundanz bzw. Determination zwischen Fehlhandlungsbedingungen und arbeitsschutzrelevanten Indikatoren gefragt, wobei der Automatisierungsgrad variiert wird, Aufgaben- und Personeneinflüsse egalisiert werden und die Kontrolle eventueller Verzerrungen ausgeklammert wird.

2. 2. Die Untersuchungsbereiche[3]

In einem Montagewerk der Automobilindustrie wurden gemeinsam mit Vorgesetzten aus den Instandhaltungsbetrieben zwei Untersuchungsbereiche (UB) mit je unterschiedlichem Produktionsniveau ausgewählt. Für die Untersuchung von Instandhaltungsarbeiten entschieden wir uns u. a. deshalb, weil in der unfallpsychologischen Literatur auf die Besonderheiten von Unfallhergängen bei der Ausführung dieser Tätigkeiten hingewiesen wird (vgl. Hartung, 1989).

Beide UB befinden sich im Rohbau. In diesen Produktionsabschnitten werden die Karosserien aus vorgepreßten Blechteilen mit dem Unterboden, dem Dach oder mit Querteilen verschweißt. Dies geschieht auf unterschiedlichem Automatisierungsniveau. Im ersten Untersuchungsfeld (hier als AG30 gekennzeichnet) erfolgt

---

3 Die Untersuchung wurde im Rahmen eines BMFT-Projektes (01 HK 175 2) durchgeführt. Hier wird vor allem die technologiebezogene Auswertung vorgenommen.

das Verschweißen vor allem mit freihängenden, von Hand zu führenden Punktschweißzangen. Daneben werden zwei Schweißroboter eingesetzt, die bei Störungen durch manuelles Schweißen ersetzt werden können. Das zweite Untersuchungsfeld (AG70) besteht aus einer vollautomatischen Vielpunktschweißanlage (5 Stationen von ca. 50 m Länge). Hier durchläuft der Unterboden taktgebunden die einzelnen Stationen, in denen die vorprogrammierten Schweißungen erfolgen. Die Zuführung der Teile geschieht dabei, bis auf eine Ausnahme, ebenfalls automatisch. Die Betriebsschlosser des Untersuchungsbereichs AG70 haben fast keinen Kontakt mehr zu den direkt produzierenden Arbeitern. Ihre Aufgabe besteht darin, einen störungsfreien Produktionsablauf zu sichern. Dazu ist es erforderlich, daß die Facharbeiter ständig Beobachtungsgänge machen und selbst entscheiden, wann sie eingreifen müssen. Im Untersuchungsfeld AG30 hingegen gibt es eine zentrale Werkstatt. Von dort werden die Betriebsschlosser zu einzelnen Reparatureinsätzen abgerufen. Darüber hinaus dient die Werkstatt als Aufenthaltsort und zur Werkzeuganpassung.

Jeder der in AG30 arbeitenden Schlosser hat gemeinsam mit einem Kollegen einen festen Zuständigkeitsbereich. Wir haben drei solcher Bereiche ausgewählt und vier Schlosser als freiwillige UTn gewinnen können. Das Untersuchungsfeld AG70 besteht demgegenüber aus nur einem Bereich, aus welchem drei Schlosser an der Untersuchung teilnahmen. Alle Untersuchungsteilnehmer wurden nach den folgenden Kriterien (in Absprache mit den Vorgesetzten) ausgewählt: Sie haben eine einschlägige Fachausbildung, üben keine Vorgesetztenfunktion aus und arbeiten ausschließlich und schon längere Zeit in den UBn. Im methodologischen Sinne handelt es sich damit um eine Expertenstudie.

Um das technische Niveau der Rohbauabteilungen deskriptiv oder quantitativ zu bestimmen, kann auf das "Mechanisierungsgrad-Schema" von Kern und Schumann (1970, Teil II, S. 83) oder auf die Kennziffernbestimmung nach DIN 19233 zurückgegriffen werden. Kern und Schumann differenzieren zwischen neun Niveaustufen (*reiner Handbetrieb* am unteren, *vollautomatisierte Fertigung* am oberen Ende) und prognostizierten (vgl. Kern & Schumann, 1984, S. 66) für 1990 im Karosserie-Rohbau das Erreichen von Stufe 8 (*Produktion mit teilautomatisierten Aggregatesystemen*, z.B. Transferstraßen). Diese Stufe wird tatsächlich in einigen, jedoch nicht in unserem Untersuchungsbetrieb erreicht: In AG70 kann die Stufe 6 (*Einsatz verketteter Einzelmaschinen im Sinne einer einfachen Transferstraße*), in AG30 sogar nur die Stufe 3 (*Anwendung einfunktionaler Einzelaggregate mit der Notwendigkeit permanenter manueller Arbeiten*) angenommen werden. Dabei ist zu berücksichtigen, daß in AG30 ein Wagentyp mit geringer Stückzahl gebaut wird und lediglich in AG70 Massenfertigung realisiert wird. Die Bestimmung des Automatisierungsgrades nach DIN 19233, eine unter Technikern übliche Kennzahlermittlung, drückt den Anteil der automatisierten Funktionen an der Gesamtzahl der Systemfunktionen (in Prozent) aus. Für AG70 wurde uns, entsprechend der bereits gegebenen Kennzeichnung, ein Automatisierungsgrad von 70%, für AG30 von 30% genannt. Damit sind die Unterschiede zwischen den UBn hinreichend und zufriedenstellend quantifiziert; es kann durchaus von Gegensätzen gesprochen werden.

2. 3. Die Arbeitsaufgaben

Aus den skizzierten Mechanisierungs- und Arbeitsbedingungen geht hervor, daß sich die Struktur der Arbeitsanforderungen in den beiden Untersuchungsfeldern unterscheidet. Um dennoch zu vergleichbaren Arbeitsaufgaben zu gelangen, mußte vorab durch die Untersuchungsteilnehmer selbst eine Typisierung der Anforderungen vorgenommen werden: Störungsbeseitigungen, vorbeugende Instandhaltungen, Reparatur- und Wartungsaufgaben sind die hauptsächlichen Tätigkeiten. In AG30 beanspruchen diese Aufgaben ca. 75%, in AG70 nehmen sie die Hälfte der Arbeitszeit in Anspruch (hier dominiert der Anteil der Kontrolltätigkeiten mit 30%).[4] Die von den UTn später einzuschätzenden Arbeitsaufgaben müssen also aus diesen Aufgabenbereichen ausgewählt werden. Wir wiesen jedem UT fünf Arbeitsaufgaben zu. Daraus ergibt sich folgende Verteilung: Vier Aufgaben wurden von allen (damit auch in den beiden UBn), je eine von fünf bzw. drei und drei von jeweils zwei Schlossern ausgeführt. Die Bearbeitungszeiten für die Arbeitsaufgaben (Brenner einstellen, Hydraulik- bzw. Pneumatikzylinder wechseln, Einlegefehler beheben, Schweißdraht erneuern, Tastenventil wechseln) lagen zwischen 3 und 25 Minuten; die Durchführungshäufigkeit reichte von mehrmals täglich bis einmal wöchentlich. Als Beispiel wird nachfolgend eine Aufgabe - das *Wechseln von Schweißkappen* - näher beschrieben:

> In beiden UBn müssen - als vorbeugende Instandhaltungsarbeit - die Schweißelektroden von Elektropunktschweißzangen gewechselt werden. In AG30 muß dazu eine Wasserkühlung mit Hilfe von Klemmen direkt an den wasserzuführenden Schläuchen unterbrochen und die Kappen dann mittels Zange und Hammer ab- bzw. aufgeschlagen werden. Das Durchführen einer Probepunktung und das Aufheben der Kühlungsunterbrechung beendet die Routineaufgabe, die mehrmals wöchentlich alleine durchgeführt wird und ca. 4 bis 6 Minuten Arbeitszeit beansprucht. In AG70 können die - in die automatisch arbeitende Anlage integrierten - Kappen während jeder Pause erst dann von zwei Schlossern gewechselt werden, wenn die Station "leergefahren" und die Anlage gegen unbeabsichtigtes Anfahren gesichert ist. Danach muß das Kühlwasser abgesaugt werden, um letztlich die Kappen mit Hilfe von Werkzeug zu ersetzen, wobei es erforderlich sein kann, in die Anlage zu kriechen. Nach einer Reihe von Nacharbeiten (Restwasser absaugen) und Kontrolltätigkeiten (Kappenfestigkeit prüfen) kann die Anlage entriegelt und ein Probelauf durchgeführt werden. Danach müssen weitere Schritte (Programmierung) durchgeführt werden, bevor die Anlage nach ca. 12 Minuten wieder gestartet werden kann.

Die Arbeitsaufgaben dienen in der hier beschriebenen Form noch nicht als zu be-

---

[4] Die Zahlen decken sich gut mit den Angaben von Kern und Schumann, 1984. Dort (S. 73 ff) können auch weitere Produktionsbedingungen und der Aufgabenzuschnitt im Automobilbau nachgelesen werden. Zusätzlich ist die Arbeit von Jürgens, Malsch und Dohse (1989) zentral. Hier wird die Produktionsmodernisierung im Automobilbau ebenfalls diskutiert und unser Thema verschiedentlich gestreift.

wertende "unabhängige Variablen". Wir waren vielmehr an der mentalen Repräsentation einzelner Arbeitsschritte interessiert, an *Sinn-* und *Bedeutungseinheiten*, die das aktuelle Geschehen regulieren und als tätigkeitsbegleitende psychische Struktur der Arbeitsaufgaben angesehen werden können. Nur von solchen Einheiten ist anzunehmen, daß auch authentische Einschätzungen der "abhängigen Variablen" (arbeitsimmanente und arbeitsschutzspezifische Indikatoren) vorgenommen werden können.[5] Ermittelt wurden die subjektiven Bedeutungseinheiten wie folgt: Anhand einer Modellaufgabe und einer differenzierten Instruktion baten wir die UT, jeweils eine Arbeitshandlung zu imaginieren und sie gewissermaßen mental auszuführen (ohne dabei organisatorische, physische oder psychische Besonderheiten zu berücksichtigen). Die dabei erlebten und benannten Teilschritte wurden festgehalten, in weiteren Durchgängen evtl. verändert bzw. ergänzt und zusätzlich von Vorgesetzten und Kollegen auf inhaltliche Vollständigkeit bzw. Plausibilität hin überprüft. Die Zahl der Arbeitsschritte variierte natürlich zwischen den Arbeitsaufgaben und UTn: sie lag zwischen 12 und 32. Für die Vorbereitungen der Aufgabe *Kappenwechsel* (für einen UT aus dem Untersuchungsbereich AG70) ergaben sich etwa folgende Schritte: Vorbereitung der Betriebsmittel, Anlage auf Taktende fahren, Wasserabsaugung anstellen, Verriegeln usw.

2. 4. Die Bewertungsindikatoren

Die Festlegung der Bewertungsindikatoren ergibt sich natürlich aus der Fragestellung. Gewählt wurden fünf Indikatoren, die sich gruppieren lassen in *arbeitsimmanente* Faktoren (Ausführungsschwierigkeit und Fehlermöglichkeit bei der Aufgabenbearbeitung) und *arbeitsschutzspezifische* (Gefährdung, Verletzungs- und Schadensmöglichkeit). Zu den Bedeutungen der Indikatoren im einzelnen: Die *Ausführungsschwierigkeit* eines Arbeitsschrittes sollte danach bestimmt werden, ob er "knifflige" Anteile besitzt oder problemlos ausgeführt werden kann. Beim *Gefährdungsindikator* geht es um die subjektive Bewertung von Gefahren - unabhängig davon, ob man das Gefährdungspotential durch Aufmerksamkeit oder technische Maßnahmen objektiv verringern könnte. Falls man sich bei der Ausführung eines Arbeitsschrittes potentiell verletzen oder einen Sachschaden verursachen kann, sollte dies mit den Indikatoren *Verletzungs-* oder *Schadensmöglichkeit* abgebildet werden. Subjektiv wahrgenommene (evtl. sogar erlebte oder aus Berichten bekannte) *Fehlhandlungsbedingungen* erfaßt der letzte Indikator. Zur Abgabe des Einschätzungsurteils legten wir eine 0% bis 100%-Säule vor, die dreifach unterteilt war, so daß zwischen vier Quartilen gewählt werden konnte. Selbstverständlich sind wechselseitige Einflüsse und Abhängigkeiten zwischen den fünf Indikatoren

---

[5] Begründungen sind aus der Handlungsregulationstheorie (vgl. Hacker, 1986) oder spezifischer aus dem Antizipationskonzept der Tätigkeitstheorie (vgl. Stadler & Wehner, 1985) abzuleiten.

nicht ausgeschlossen, sondern Mehrfachgewichtungen der Arbeitsschritte zugelassen. Um das Begriffsverständnis zwischen Forschern und Teilnehmern zu harmonisieren, wurden in den ersten Wochen der Untersuchung kritische Ereignisse und bekannte Gefährdungen diskutiert und vor allem das Vorverständnis von Fehlhandlungen ermittelt. Das bewußte Wahrnehmen und Reflektieren von Handlungsfehlern sollte durch das Protokollieren von detaillierten Situations- und Handlungsanalysen geschult werden (Wo kam ich her, als der Fehler passierte? Wo wollte ich hin? Wann bemerkte ich das fehlerhafte Resultat? Gibt es eine Situation, in der die fehlerhafte Handlungssequenz richtig gewesen wäre? etc.). Auch wenn sich der Arbeitsaufwand dadurch vervielfachte (die Durchführung der Studie dauerte 26 Wochen bei zwei vollen Mitarbeiterstellen), sind Artefakte und Validitätsdefizite nur über diesen Weg zu vermeiden.

Zur weiteren Erläuterung der Indikatoren dienen zwei Beispiele, die Bewertungsergebnisse teilweise vorwegnehmen, zusätzlich aber auch die Intention der Begriffsharmonisierungsphase dokumentieren: Bei dem geschilderten *Kappenwechsel* in AG30 ist z. B. bekannt, daß Schlauchklemmen verwechselt werden können. Damit jedoch ist lediglich eine Fehlhandlungsbedingung identifiziert, die allenfalls noch Ausführungsschwierigkeiten, keinesfalls aber Gefährdungspotentiale (man bekommt bei fehlerhafter Ausführung höchstens nasse Füsse) dokumentiert. Andererseits ist das Abschlagen der Kappen nicht nur relativ knifflig, es besteht auch die Möglichkeit, sich dabei zu verletzen und/oder Sachschaden zu verursachen; Fehlhandlungsbedingungen aber birgt dieser Arbeitsschritt keine: Schwierigkeiten und Gefährdung resultieren aus den Konstruktions- und nicht aus den Handlungsbedingungen.

Bevor der *Kappenwechsel* in AG70 vorgenommen werden kann, muß die Anlage verriegelt werden. Nicht zu verriegeln ist selbstverständlich als hoch gefährlich einzustufen; es sind allerdings keine Fehlhandlungsbedingungen bekannt, die ein solches "Vergessen" begünstigen könnten. Ausführungsschwierigkeiten, Verletzungs- oder Schadensmöglichkeiten werden ebenfalls nicht mit der Ausführung dieses Arbeitsschrittes in Verbindung gebracht. Die Motive für ein eventuelles Unterlassen dieses Schrittes sind also eher in organisationalen (z. B. Zeitdruck) als in handlungsstrukturalen Bedingungen zu suchen. Um solche Gründe und Motive geht es hier allerdings nicht; dies wurde auch den UTn vermittelt.

2. 5. Die Einschätzung der Arbeitsschritte

Nachdem nun in der klassischen Terminologie die unabhängigen und abhängigen Variablen festgelegt sind, kann die eigentliche Datenerhebung geschildert werden. Dazu waren alle genannten Schritte einer Arbeitshandlung auf Karten übertragen worden (unterschieden nach selbst und von Kollegen ausgeführten bzw. von Vorgesetzten genannten) und wurden nun (ergänzt durch ein Foto der Arbeitssituation zur Unterstützung der Authentizität) zur Bewertung vorgelegt. Um

Reiheneffekte auszuschließen, sollten zuerst die "unauffälligen" und im zweiten Durchgang die differenzierter zu bewertenden Arbeitsschritte auf der vierstufigen Skala eingeschätzt werden; danach die von Kollegen genannten Arbeitsschritte, die sich aufgrund stärkerer Zergliederung oder Zusammenfassung von der eigenen Unterteilung unterschieden. Begonnen haben wir mit der Ausführungsschwierigkeit, ihr folgten Gefährdung, Verletzungs-, Schadens- und Fehlhandlungsmöglichkeit. Bei den letzten drei Indikatoren wurde zusätzlich danach gefragt, ob evtl. Verletzungen, Schadens- bzw. Fehlerereignisse persönlich oder aus Berichten bekannt sind. Die Bewertungen aller Arbeitsaufgaben erfolgten in zwei Sitzungen von je 60 - 90 minütiger Dauer. Einzuschätzen waren von den Facharbeitern aus AG30 insgesamt 425 Arbeitsschritte; in AG70 betrug die Gesamtzahl 387.

3. Empirische Befunde der Studie

3. 1. Die makroskopische Ebene

Abbildung 1 zeigt exemplarisch Bewertungsprofile, auf deren differenzierte Analyse wir hier verzichten. Es handelt sich um die Arbeitshandlung *Kappenwechsel* und um die Bewertungen je eines Betriebsschlossers aus den unterschiedlichen UBn.
 Eine deskriptive Betrachtung der Verläufe und Quantifizierungen (Quersummenberechnung) erfolgen in der weiterführenden Arbeit von Mehl, Nowack und Wehner (1989a). Hier hat diese Form der Darstellung rein demonstrativen Charakter und soll lediglich mit den Daten vertraut machen bzw. zu weiteren Auswertungsfragen und Interpretationsmög-lichkeiten anregen; deshalb entfällt hier auch die gesonderte Betrachtung von sicher-heits-relevanten Handlungsschritten.

3. 2. Parametrische Auswertung

Zur Dateninspektion werden nun die Vektoren mit den Einschätzungen der Indikatoren herangezogen. Dabei geht es um die Relationen zwischen den Indikatoren und nicht um die semantischen Interpretationen, d.h. die unterschiedlichen Bewertungen der Arbeitsaufgaben. Eine Diskussion über die Bewertungsunterschiede zwischen den UTn und die Abhängigkeiten zwischen den mentalen Repräsentationen der Arbeitsaufgaben mag zwar für den Praktiker von Bedeutung sein und ist durchaus anhand der Daten möglich, für unsere Fragestellung jedoch ist diese Diskussion nebensächlich. Auf der aufgaben- und personenbezogenen Ebene wird nur gefragt, ob sich die Relationen in AG30 und AG70 verschieben oder ob sie stabil bleiben.

AG30

Determinationswerte (in %) / Interkorrelationen

	Gefährdung	Ausführungs-schwierigkeit	Verletzungs-möglichkeit	Schadens-möglichkeit	Fehlhandlungs-bedingungen
Gefährdung		18.5	49.0	21.2	0
Ausführungs-schwierigkeit	.43		22.1	5.8	4.8
Verletzungs-möglichkeit	.70	.47		31.4	1.4
Schadens-möglichkeit	.46	.24	.56		2.0
Fehlhandlungs-bedingungen	.01 n.s.	.22	.12 n.s.	.14 n.s.	

AG70

Determinationswerte (in %) / Interkorrelationen

	Gefährdung	Ausführungs-schwierigkeit	Verletzungs-möglichkeit	Schadens-möglichkeit	Fehlhandlungs-bedingungen
Gefährdung		14.4	44.9	4.4	7.3
Ausführungs-schwierigkeit	.38		13.7	11.6	25.0
Verletzungs-möglichkeit	.67	.37		1.4	4.4
Schadens-möglichkeit	.21	.34	.12 n.s.		7.8
Fehlhandlungs-bedingungen	.27	.50	.21	.28	

Abbildung 2: Interkorrelationen (unteres Dreieck) und Determinationswerte (obere Triangel) der Indikatoren über alle Teilnehmer und Aufgaben hinweg, getrennt für die Untersuchungsbereiche (AG30, df = 423; AG70, df = 385); n.s. = nicht signifikanter Korrelationskoeffizient

Mit der Anwendung der Korrelationsstatistik wird ermittelt, ob es *parallele*, *gegenläufige* oder *unabhängig* voneinander variierende *Bewertungsverläufe* zwischen jeweils zwei Indikatoren gibt. Dabei ist nicht nur die statistische Bedeutsamkeit - im Sinne der Signifikanzberechnung - sondern auch die Kovarianz der Merkmale von Interesse. Bei einer gegebenen Korrelation ermitteln wir also zusätzlich - durch Berechnung des Determinationswertes - die Redundanz der vorliegenden x- und y-Werte. Der Determinationswert ($D = r_{xy}^2$) gibt letztlich die Varianz eines Merkmals (y) an, die aufgrund des kovariierenden zweiten Merkmals (x) erklärt bzw. als redundant angesehen werden kann. Auch wenn Korrelationskoeffizienten wenig interne Validität besitzen und ein experimenteller Ansatz zur Überprüfung theoretischer Annahmen überlegen sein mag, erlaubt die Korrelationsstatistik doch, bestimmte Kausalhypothesen zurückzuweisen. Während nämlich vorhandene Korrelationen mehrere Kausalmodelle zulassen, können nicht vorhandene Korrelationen kausale Hypothesen durchaus widerlegen: diesem Gedanken wird hier gefolgt.

3. 3. Inferenzstatistische Unterschiede

Vor der personen- und aufgabenunabhängigen Auswertung muß geprüft werden, ob es Bewertungsunterschiede zwischen solchen Arbeitsschritten gibt, die von Kollegen ausgeführt oder von Vorgesetzten genannt wurden und solchen, die der eigenen Gliederung der Arbeitsaufgaben entsprechen. Ebenfalls muß geprüft werden, ob Arbeitsschritte, bei denen Schadens-, Verletzungsmöglichkeiten oder Fehlhandlungsbedingungen bekannt sind, quantitativ anders bewertet werden als solche, bei denen diese Erfahrung nicht vorliegt. Mit Hilfe eines nicht-parametrischen Tests für abhängige Stichproben wurde ermittelt, daß die Rangplatzdifferenzen zwischen eigenen und fremden Arbeitsschritten, bekannten bzw. unbekannten Ereignisauftritten bei allen UTn und Aufgaben statistisch nicht bedeutsam sind. Damit können die Bewertungsprofile aller Aufgaben betrachtet und individuelle Ausführungsstile vernachlässigt werden.

3. 4. Die korrelativen Resultate

In der Abbildung 2 sind die berechneten Korrelationskoeffizienten und Determinationswerte - getrennt nach UBn - wiedergegeben

3. 4. 1. Bezüge zwischen den arbeitsschutzspezifischen Indikatoren

Betrachten wir zuerst die Beziehungen zwischen den beiden arbeitsschutzspezifischen Indikatoren:

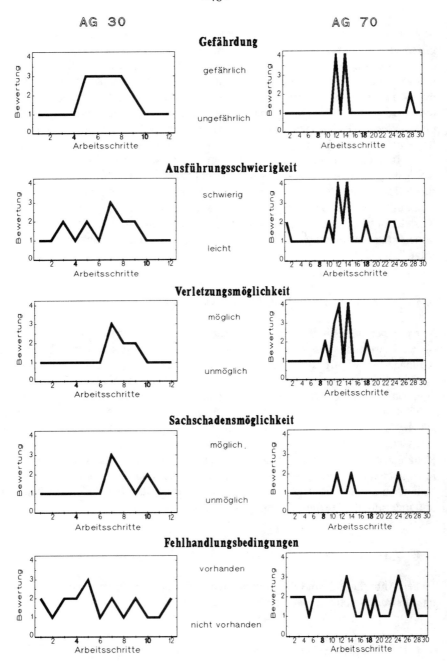

Abbildung 1: Bewertungsprofile der fünf Indikatoren für die in Schritte zergliederte Arbeitshandlung *Kappenwechsel* von zwei Untersuchungsteilnehmern aus je einem der Untersuchungsbereiche (AG30, AG70). Abszisse: Zahl der Schritte; Ordinate: Einschätzungen

In beiden UBn wurden die höchsten Korrelationskoeffizienten für die Gefährdungseinschätzung und subjektiv erlebten Verletzungsmöglichkeiten ermittelt. Der Grad gemeinsam aufgeklärter Varianz beträgt 45% bzw. 49%. Das bedeutet: In knapp 50% der Arbeitsschritte werden sowohl Gefährdung als auch Verletzungsmöglichkeiten hoch eingestuft. Diese Relation besteht nicht mehr für den Zusammenhang zwischen Gefährdung und Schadensmöglichkeit. Die Redundanz verringert sich für AG30 um mehr als die Hälfte (21%) und liegt für AG70 nur noch bei 4%.

Die Beurteilung des Gefährdungsindikators drückt damit eher den Zusammenhang "Mensch und Gefahr" als den zwischen "Gegenstand und Gefahr" aus. Dies gilt insbesondere für den Produktionsabschnitt mit dem höheren Automatisierungsgrad, womit auch gleichzeitig der erste Unterschied zwischen den UBn festgestellt ist. Innerhalb der arbeitsschutzspezifischen Indikatoren besteht eine weitere Differenz zwischen den UBn, die diese Hervorhebung zusätzlich zu stützen vermag. Für AG30 wurde zwischen Verletzungs- und Schadensmöglichkeit ein D-Wert von 31% (und damit die zweithöchste Interkorrelation überhaupt), für AG70 hingegen von nur 1,4 % (die niedrigste Interkorrelation in dem UB und die einzige nicht-signifikante Beziehung) errechnet. Schadens- und Verletzungsmöglichkeiten werden damit in AG30 noch in relativ enger, in AG70 in unabhängiger Beziehung zueinander gesehen. Bedenkt man bei der inhaltlichen Interpretation dieses Befundes, daß die Betriebsschlosser im Produktionsabschnitt AG30 einen direkten Kontakt zum Arbeitsgegenstand haben, in AG70 jedoch die jeweilige Arbeitsanforderung an der stehenden und verriegelten Produktionsanlage ausgeführt wird, so ist dieses Ergebnis plausibel (und kann als Validitätskriterium der Erhebung angesehen werden).

In AG30 fällt die Möglichkeit, sich zu verletzen auch mit der Möglichkeit, einen Schaden zu verursachen, eher zusammen als in AG70. Falls dort eine Störung, etwa beim Wiederanfahren der Anlage, auftritt, besteht vor allem die Gefahr eines Sachschadens. Aufgrund der körperlichen Trennung zwischen Anlage und Bediener ist die Verletzungsmöglichkeit jedoch nahezu ausgeschlossen.

3.4.2. Bezüge zwischen den arbeitsimmanenten Indikatoren

Die Interkorrelation zwischen den als arbeitsimmanent deklarierten Indikatoren (Fehlhandlungsbedingungen und Ausführungsschwierigkeiten) unterscheidet sich ebenfalls zwischen den UBn. Allerdings kehrt sich hier - im Vergleich zur Korrelation zwischen Schadens- und Verletzungsmöglichkeit - das Verhältnis um: In AG70 liegt der D-Wert bei 25 %, in AG30 bei knapp 5%. Hier wird deutlich, daß Fehlhandlungspotentiale und Ausführungsschwierigkeiten je nach Automatisierungsniveau variieren und nur dort einen stärkeren Zusammenhang aufweisen, wo die Komplexität der technischen Systeme zunimmt. Um den Zusammenhang zwischen dem Fehler- und dem Ausführungsindikator differenzierter zu betrachten, wurde er von korrelativen Einflüssen der verbleibenden Indikatoren bereinigt: wir errechneten Partialkorrelationskoeffizienten. Dieses Vorgehen ermöglicht es, aus den Korrelationen zwischen zwei Variablen die Einflüsse von sog. Kontrollvariablen (hier die arbeitsschutzspezifischen Indikatoren) zu eliminieren d. h. herauszupartialisieren. Berechnet man die reine Korrelation zwischen Fehlermöglichkeit und Ausführungsschwierigkeit für AG30, so ergibt sich ein Korrelationskoeffizient von .21 und damit kein Unterschied zur Partialkorrelation nullter Ordnung (.22). Für AG70 hingegen fällt der Partialkorrelationskoeffizient nullter Ordnung von .50 auf einen Partialkorrelationskoeffizienten dritter Ordnung von .38. Damit liegt auch hier der Grad gemeinsam aufgeklärter Varianz nur noch bei 14%; die Redundanz - und damit die Vorhersagemöglichkeit - wird stark verringert. Um nun den Einfluß der Kontrollvariablen Schadens- und Verletzungsmöglichkeit getrennt zu bestimmen, wurden auch noch die Partialkorrelationen erster Ordnung berechnet. Diese zeigen, daß die Determinationsabnahme von 25% jeweils zur Hälfte auf die Einflüsse von Schadens- und Verletzungsmöglichkeiten zurückgeführt werden kann. Die Koeffizienten liegen bei .43 für die Beziehung zwischen Fehlhandlungsbedingungen und Ausführungsschwierigkeiten unter Konstanthaltung der Einflüsse auf die Verletzungsmöglichkeit und bei .44, wenn der Einfluß von Schadensmöglichkeiten kontrolliert wird. Das gewählte Vorgehen zeigt generell, daß in AG70 eine stärkere Konfundierung zwischen den arbeitsschutzspezifischen Indikatoren und den Ausführungsschwierigkeiten nachgewiesen werden kann als in AG30. Hier wirken sich auf die Korrelationen zwischen Fehlhandlungsbedingungen und Ausführungsschwierigkeiten keine Einflüsse weiterer Variablen aus.

3.4.3. Die Beziehungen zwischen den Faktoren

Kommen wir nun zu den Beziehungen zwischen den Faktoren. In AG30 besteht zwar relative Unabhängigkeit zwischen Ausführungsschwierigkeiten und Schadensmöglichkeiten, nicht jedoch zwischen Ausführungsschwierigkeiten und Verletzungsmöglichkeiten. Die Korrelation liegt bei .47 und ist nahezu identisch mit den Koeffizienten für Gefährdung und Schadensmöglichkeit sowie Gefährdung und Ausführungsschwierigkeiten. Die Gleichsetzung von Verletzungsmöglichkeiten mit Gefährdung kann nun spezifiziert werden: Verletzungsmöglichkeiten resultieren - wenn auch zu einem geringen Prozentsatz gemeinsam aufgeklärter Varianz (21%) - aus Bearbeitungsschwierigkeiten einzelner Arbeitsschritte innerhalb komplexer Instandhaltungsaufgaben. Für AG70 gilt diese Aussage in eingeschränktem Maße: Der D-Wert für die Kovarianzbeziehung zwischen Ausführungsschwierigkeit und Verletzungsmöglichkeit liegt hier bei 14%. Auch wenn die zugehörigen Korrelationskoeffizienten statistisch bedeutsam sind, muß nach weiteren Abhängigkeiten und Einflüssen zwischen den Indikatoren gesucht werden.

3.4.4. Der Fehlhandlungsindikator

Noch klarer als die bereits hervorgehobenen Beziehungen tritt die Unabhängigkeit bzw. Abhängigkeit zwischen dem Fehlerindikator und den arbeitsschutzspezifischen Indikatoren in den UBn hervor: Im niedrig automatisierten Produktionsbereich besteht statistische Unabhängigkeit, im hochautomatisierten Produktionsabschnitt bestehen signifikante Beziehungen; der Grad gemeinsam aufgeklärter Varianz jedoch liegt unter 10%. Der erste Teil der Fragestellung: *Sind Fehlhandlungsbedingungen und Gefährdungspotentiale homogene Ereignisklassen?* könnte verneint werden, wenn man dem D-Wert gegenüber der statistischen Signifikanz den Vorrang einräumt. Tut man dies nicht, dann besteht in Produktionsabschnitten mit niedrigem Automatisierungsniveau zwischen Fehlhandlungsbedingungen und arbeitsschutzspezifischen Indikatoren statistische Unabhängigkeit, die in Produktionsabschnitten mit hohem Automatisierungsniveau nicht mehr nachgewiesen werden kann. In AG70 stellen damit neben den Ausführungsschwierigkeiten auch Fehlhandlungsbedingungen ein Gefährdungspotential dar. In AG30 resultieren die abstrakt wahrgenommenen Gefährdungen und konkret antizipierten Verletzungsmöglichkeiten primär aus den Ausführungsschwierigkeiten, also der noch ungenügenden Aneignung der Arbeitsaufgabe.

Ohne die theoretischen Erörterungen zu vertiefen, möchten wir - in Anbetracht der Ergebnisse - auf die Qualifizierungsdiskussion verweisen: Danach ist solchen Arbeitsschutzkonzepten der Vorrang einzuräumen, die Gefährdungen begegnen wollen, indem sie eine Verbindung zwischen arbeitsspezifischen Fähigkeiten und der angestrebten Sicherheit herzustellen versuchen. Damit wird - im Gegensatz zu appelativen Strategien - die Einblickstiefe bzw. Antizipationsweite in die konkret zu verrichtenden Tätigkeiten erhöht und eine tätigkeitsorientierte Qualifizierung angestrebt; in diese Richtung gehen auch unsere eigenen Umsetzungsbestrebungen.

3.4.5. Aufgaben- und personenbezogene Befunde

Abschließend sollen noch die aufgaben- und personenbezogenen Relationen zwischen den Indikatoren und den unterschiedlichen Automatisierungsniveaus diskutiert werden. Konkret stellt sich die Frage, ob auf diesen niedrigsten Aggregationsstufen der Aufgaben- und Personenebene

a) in AG30 (im Gegensatz zu AG70) statistische Unabhängigkeit zwischen Fehlhandlungsbedingungen und den arbeitsschutzspezifischen Indikatoren besteht;
b) in AG70 (im Gegensatz zu AG30) zwischen Verletzungs- und Schadensmöglichkeiten die geringste Determination (Nullkorrelation) vorliegt;

c) in den UBn signifikante (positive) Korrelationen zwischen Fehlhandlungsbedingungen und Ausführungsschwierigkeiten vorhanden sind und

d) zwischen subjektiv wahrgenommener Gefährdung und den eingeschätzten Verletzungsmöglichkeiten (ebenfalls in beiden UBn) die höchsten positiven Beziehungen bestehen.

Das Ergebnis der Auszählung zeigt für AG30 ein eindeutiges Bild: Es gelten alle Hervorhebungen (außer, daß für die Aufgabe 1 die höchste Korrelation zwischen Gefährdung und Schadensmöglichkeit errechnet wurde). Für den hoch automatisierten Produktionsabschnitt gelten uneingeschränkt die Hervorhebungen *c* und *b* (zwischen Verletzungs- und Schadensmöglichkeiten wurden teilweise sogar negative Korrelationen ermittelt). Die Hervorhebung *d* gilt mit zwei Einschränkungen. Die höchsten korrelativen Beziehungen wurden einmal zwischen Schadensmöglichkeit und Fehlhandlungsbedingungen und ein zweites Mal zwischen Schadensmöglichkeiten und Gefährdung ermittelt. Die Prüfung der Variabilität zwischen Fehlhandlungsbedingungen und arbeitsschutzspezifischen Indikatoren (die für AG30 Unabhängigkeit aufweist), ergibt folgendes Bild: Für zwei Aufgaben (Beheben eines Einlegefehlers; Einstellen eines Brenners) gilt statistische Unabhängigkeit zwischen Fehlhandlungsmöglichkeiten und arbeitsschutzspezifischen Indikatoren. Ebenso für zwei UT und zwar einmal für alle arbeitsschutzspezifischen Indikatoren, einmal nur für die Korrelation zwischen Fehlhandlungsbedingungen und Gefährdung. Da alles in allem von Stabilität der bereits hervorgehobenen Relationen gesprochen werden kann, soll keine aufgabenanalytische oder gar differentialdiagnostische Vertiefung vorgenommen werden.

3. 5. Ein weiterer Auswertungsschritt

Ein Einblick in die Bewertungsprofile soll zum Schluß doch noch vorgenommen werden.[6] Bei den ausgewählten Demonstrationsprofilen fällt auf, daß sie sich in ihren Verlaufscharakteristika unterscheiden. So gibt es ein-, zwei- und mehrgipflige Verläufe, die eine inhaltliche Bestimmung verlangen.

Die Frage nach den Handlungsabschnitten, auf welchen die jeweiligen Bewertungsmaxima liegen, stellt eine mögliche Objektivierung dieser Beobachtung dar. Zur Betrachtung der Handlungssequenzen haben wir die *vorbereitenden*, *zentralen* und *nachbereitenden* bzw. *kontrollierenden* Arbeitsabschnitte bestimmt. Anschließend wurde ermittelt, ob den jeweiligen Einschätzungen (auf einem oder mehreren Schritten eines Abschnittes) Bewertungen größer 1 (mit einem "+" gekennzeich-

---

[6] Die Berechnung von Übergangswahrscheinlichkeiten (Markov-Ketten) zwischen den Indikatoren steht ebenfalls noch aus. Mit welcher Wahrscheinlichkeit eine Indikatorenbewertung von gleichen oder anderen Bewertungshöhen gefolgt wird, bleibt damit vorerst unbeantwortet.

net) oder Bewertungen gleich 1 (mit einem "-" gekennzeichnet) zugrundeliegen[7].
Nach der Einteilung in Handlungsabschnitte wurden die Häufigkeiten für die acht möglichen Konfigurationen ausgezählt. Diese verteilen sich erwartungsgemäß nicht gleich, sollen jedoch nicht auf statistische Bedeutsamkeit hin untersucht werden; wir ziehen eine deskriptive Auswertung vor. Dabei reicht sogar - im Gegensatz zu der Studie des nächsten Kapitels - eine intuitive Typenkonzeption (vgl. Krauth, & Lienert, 1973) aus, die sich lediglich an der Häufigkeit der einzelnen Merkmalskombinationen orientiert und nicht an der Abhängigkeit dieser von der Auftretenshäufigkeit aller Kombinationen.

Der auffallendste Unterschied ergibt sich nicht auf der Indikatoren-, sondern wieder auf der Untersuchungsbereichsebene: Während die Kombination "+++" im Produktionsabschnitt AG70 in 43% der Fälle ermittelt wurde, liegt der Prozentsatz im niedrig automatisierten Produktionsbereich (AG30) bei 11%; hier nimmt die Konfiguration "-+-" mit 38% den ersten Rangplatz ein. Darüber hinaus tritt die Konfiguration "---" im Bereich AG70 selten auf (4%), während in AG30 knapp ein Viertel (23%) der Bewertungsprofile diese Konfiguration aufweist.

Inhaltlich läßt sich somit festhalten, daß in AG70 die Indikatoren häufiger als in AG30 in allen genannten Handlungsabschnitten hohe Einschätzungen zeigen. In dem Bereich AG30 wurden hingegen vor allem im zentralen Arbeitsabschnitt *knifflichere* Arbeitssituationen, mehr Fehlhandlungsbedingungen etc. antizipiert und entsprechend höher bewertet.

Für 23 von 100 Vektoren (aus dem niedrig automatisierten Produktionsbereich) gilt sogar, daß auf keinem der Handlungsabschnitte Einschätzungen größer als 1 vorliegen.

Die Befunde für AG30 vertiefen damit die Ergebnisse einer unserer früheren Unfallanalysen (vgl. Wehner, Nowack, Tietel & Mehl, 1989), in der ermittelt wurde, daß die Unfallverursachungsmomente in den *zentralen* Tätigkeitsanforderungen (der *eigentlichen* Aufgabenausführung) und nicht in den vor- oder nachbereitenden Aufgabeninhalten liegen.

4. Zusammenfassung

Zwei Annahmen, zu denen es bisher lediglich Plädoyers gibt, wollten wir in dieser Studie operationalisieren und empirisch überprüfen:

a) die *Heterogenitätsannahme* zieht in Zweifel, daß Fehlhandlungsbedingungen immer auch eine höhere Gefährdung darstellen;
b) die *Enttrivialisierungsannahme* hält für möglich, daß Homogenität zwischen Fehlermöglichkeit und Gefährdung mit dem Mechanisierungsgrad der Ar-

---

[7] Die Abschnittseinteilungen sind für die Aufgabe *Kappenwechsel* in der Abbildung 1 durch eine Hervorhebung (Fettdruck) der Schrittnummern gekennzeichnet.

beitsplätze wächst. Zunehmende Komplexität und Vernetzung von Anlagen führt in diesem Sinne zu qualitativ neuer Gefährdung.

Selbst bei zurückhaltender Interpretation können beide Annahmen bestätigt werden: Für Produktionsabschnitte mit niedrigem Automatisierungsniveau besteht statistische Unabhängigkeit zwischen Fehlhandlungsbedingungen und subjektiv beurteilter Gefährdung, Verletzungs- und Schadensmöglichkeit. Dieser Zusammenhang gilt nicht mehr in Produktionsbereichen mit relativ hohem Mechanisierungsgrad; Fehlermöglichkeiten werden hier zum Synonym für Gefährdung. Obwohl in beiden UBn positive Korrelationen und damit Einschätzungsähnlichkeiten zwischen Fehlhandlungsbedingungen und Ausführungsschwierigkeiten bestehen, sind diese doch im höher automatisierten UB stärker von den arbeitsschutzspezifischen Indikatoren überlagert.

Unter den arbeitsschutzspezifischen Indikatoren fällt eine weitere Automatisierungsabhängigkeit auf: die Korrelation zwischen Verletzungs- und Schadensmöglichkeit. Im niedrig automatisierten Produktionsabschnitt gilt, daß beide Indikatoren nicht getrennt sind, sondern eine (mittlere) gemeinsame Variation aufweisen. Im hoch automatisierten Rohbaubereich hingegen bestehen (für alle Aufgaben und Personen) statistische Unabhängigkeit zwischen den Indikatoren oder sogar negative Korrelationen. Die Trennung von Mensch und Maschine führt demnach nicht ohne weiteres auch zu einer Trennung zwischen Mensch und Gefahr (dies hätte zu geringen und in den UBn unterschiedlichen Korrelationen zwischen Gefährdung und Verletzungsmöglichkeiten führen müssen, was nicht der Fall ist). Die Trennung führt vielmehr dazu, daß möglicher Sachschaden nicht mit dem gleichzeitigen Eintritt von Verletzung verbunden sein muß.

5. Schlußbetrachtungen

Wenn eher fertigkeitsimmanente Bedingungen und Schwierigkeiten und nicht Fehlhandlungsbedingungen mit Verletzungsmöglichkeiten und Schadensverursachung kovariieren, dann sollten sowohl Unfallentstehungsmodelle als auch Unfallvermeidungsstrategien differenziert werden. Modelle zur Erklärung der Unfallentstehung (vgl. Skiba, 1973; Hoyos, 1980; Kirchner, 1990) gehen allgemein und trivialerweise davon aus, daß sich Gefährdungen erst dann auswirken, wenn der Mensch in den Einwirkungsbereich der Gefährdungsbedingungen tritt. Die Voraussetzungen hierfür werden vorrangig in den Verhaltensweisen und weniger in den Organisations- oder gar Systemstrukturen gesehen. Bei Kirchner (1990, S. 72) werden sie schlicht *"kritische Tätigkeitsvorraussetzungen"* genannt. Bei den weiteren Definitionsbemühungen wird nun ein Defizitmodell des Verhaltens angenommen, welches schließlich in die Gleichsetzung von "kritischen Tätigkeitsvoraussetzungen" und Handlungsfehlern mündet: "Diese sogenannten kritischen Tätigkeitsvoraussetzungen kann man daher (wegen der Differenz zwischen der realisierten Handlung und der geforderten Tätigkeit; die Autoren) auch als Handlungsfehler auffassen, wozu auch eine unterlassene Handlung gehören kann" (Kirchner, 1990, S. 72).

Diese Gleichsetzung ist, wie die ausgewerteten Daten zeigen, nicht gerechtfertigt: Ausführungsschwierigkeiten kovariieren mit Gefährdung, Verletzungsmöglichkeiten und Schadensverursachung; Ausführungsschwierigkeiten resultieren aus der noch ungenügenden Beherrschung der Arbeitsaufgaben. Meist ist es die mangelnde räumliche und zeitliche Einpassung der vorhandenen Fertigkeiten in die situativen Anforderungen, die sich als Gefährdungsbedingung darstellt (vgl. Mehl, Nowack & Wehner, 1989b). Mit zunehmendem Automatisierungsgrad jedoch stecken auch in Fehlhandlungsmöglichkeiten Gefährdungspotentiale. Fehlervermeidungsstrategien sind folglich dann zu favorisieren, wenn die Konsequenzen alltäglicher Handlungsfehler nicht harmlos gehalten werden können, sondern aufgrund der Vernetzung von Systemfunktionen bereits zu folgenschweren Resultaten führen. Diese Abhängigkeitsbeziehung läßt sich in vielen Fällen nicht mit entsprechenden Handlungsweisen kompensieren. Der Zusammenhang von Handlungsfehlern und Katastrophen kennzeichnet vielmehr Technologiekonzepte und sollte bei der Technikbewertung und Technologiefolgenabschätzung Berücksichtigung finden. Fehlhandlungsbedingungen nämlich bergen *Aneignungschancen*, die bewußt wahrgenommen und verarbeitet werden müssen, damit sie nicht zu *Aneignungsbarrieren* werden.

Dies muß ein Arbeitsschutz bedenken, der tatsächlich davon überzeugt ist, daß man nicht erst aus Schaden klug werden, sondern bereits aus Fehlern lernen kann.

Literatur

Burkhardt, F., Pfeifer, F., Tietze, O., Kallina, H. & Vogel, G. (1965). *Menschliche Faktoren der Arbeitssicherheit im deutschen Erzbergbau* (Europäische Gemeinschaft für Kohle und Stahl Doc. 4264). Luxemburg: Montanunion.

Dunn, J.G. (1972). Subjective and objective risk distribution: a comparison and its implication for accident prevention. *Journal of Occupational Psychology, 46,* 183-187.

Hacker, W. (1986). *Arbeitspsychologie. Psychische Regulation von Arbeitstätigkeiten.* Berlin: Deutscher Verlag der Wissenschaften.

Hartung, P. (1989). *Sicherheit bei Instandhaltungsarbeiten.* Berlin, Heidelberg: Springer.

Hoyos, C. Graf (1980). *Psychologische- Unfall- und Sicherheitsforschung.* Suttgart: Kohlhammer.

Husseiny, A. & Sabri, Z.A. (1980). Analysis of human factor in operation of nuclear plants. *Atomenergie, Kerntechnik, 36,* 115-121.

Jürgens, U., Malsch, T. & Dohse, K. (1989). *Moderne Zeiten in der Automobilfabrik.* Berlin, Heidelberg: Springer.

Kern, H. & Schumann, M. (1970). *Industriearbeit und Arbeiterbewußtsein.* (2 Bände). Frankfurt: Europäische Verlagsanstalt.

Kern, H. & Schumann, M. (1984). *Das Ende der Arbeitsteilung? Rationalisierung in der industriellen Produktion.* München: Beck.

Kirchner, J.H. (1990). Ein Unfallentstehungsmodell mit Ansatz zu einer direkten Gefährdungsanalyse. In C. Graf Hoyos (Hrsg.), *Psychologie der Arbeitssicherheit, 5. Workshop 1989* (S. 69-75). Heidelberg: Asanger.

Krauth, J. & Lienert, G.A. (1973). Die Konfigurationsfrequenzanalyse. Freiburg, München: Alber.

Mehl, K., Nowack, J. & Wehner, T. (1989a). *Über das Verhältnis und Zusammenwirken arbeitsschutzrelevanter und arbeitsspezifischer Indikatoren* (Bremer Beiträge zur Psychologie Nr. 82). Bremen: Universität, Studiengang Psychologie.

Mehl, K., Nowack, J. & Wehner, T. (1989b). Der Anfänger im Spannungsfeld von Informationsbedarf und Fertigkeitsentwicklung. In B. Ludborzs (Hrsg.), *Psychologie der Arbeitssicherheit, 4. Workshop 1988* (S. 198-206). Heidelberg: Asanger.

Musahl, H.P. & Alsleben, K. (1990). Gefahrenkognition bei Bergleuten: Ergebnisse und Perspektiven einer empirischen Studie. In C. Graf Hoyos (Hrsg.), *Psychologie der Arbeitssicherheit, 5. Workshop 1989* (S. 60-68). Heidelberg: Asanger.

Nebylizyn, W.D. (1963). Über die Zuverlässigkeit der Arbeit des Operateurs in automatisierten Systemen. *Probleme und Ergebnisse der Psychologie, Sonderheft Ingenieurpsychologie*, 61-71.

Perrow, C. (1984). *Normal Accidents: Living with High-Risk Technologies*. New York: Basic Books.

Pheasant, S. (1988, 21. Jan.). The Zeebrugge-Harrisburg Syndrome. *New Scientist*, S. 52-58.

Reason, J. (1987). A framework for classifying errors. In J. Rasmussen, K. Duncan & J. Leplat (Eds.), *New Technology and Human Error* (S. 5-14). London: Wiley.

Rasmussen, J. (1985). Trends in human reliability analysis. *Ergonomics, 28*, 1185-1195.

Rasmussen, J. (1990). *Learning from Experience? How? Some research issues in industrial risk management.* (Draft). Roskilde: RISO.

Scott, R.L. (1975). Recent occurances at nuclear reactors and their causes. *Nuclear Safety, 16*, 365-371.

Singleton, W.T. (1972). Techniques for determining the causes of error. *Applied Ergonomics, 3*, 126-131.

Singleton, W.T. (1973). Theoretical approaches to human error. *Ergonomics, 16*, 727-737.

Skiba, R. (1973). *Die Gefahrenträgertheorie*. Bremerhaven: Wirtschaftsverlag.

Stadler, M. & Wehner, T. (1985). Anticipation as a basic principle in goal-directed action. In M. Frese & J. Sabini (Eds.), *Goal directed behavior: The concept of action in Psychology* (S. 67-77). Hillsdale: Erlbaum.

Wehner, T. & Mehl, K. (1987). Handlungsfehlerforschung und die Analyse von kritischen Ereignissen und industriellen Arbeitsunfällen - Ein Integrationsversuch. In M. Amelang (Hrsg.), *Bericht über den 35. Kongreß der DGfPs in Heidelberg 1986* (S. 581-594). Göttingen: Hogrefe.

Wehner, T., Nowack, J., Tietel, E. & Mehl, K. (1989). Fehler und Unfälle sind keine homogene Ereignisse. In B. Ludborzs (Hrsg.), *Psychologie der Arbeitssicherheit, 4. Workshop 1988* (S. 39-48). Heidelberg: Asanger.

Weimer, H. (1925). *Psychologie der Fehler*. Leipzig: Klinkhardt.

Wiener, E.L. (1987, 23. Aug.). Automation. Routine can produce cockpit inattentiveness. *Washington Post*, S. 1.

Zimolong, B. (1979). Risikoeinschätzung und Unfallgefährdung beim Rangieren. *Zeitschrift für Verkehrssicherheit, 25*, 109-114.

Zimolong, B. (1984). Psychologische Untersuchung der Arbeitssicherheit in absturzgefährdeten Situationen. *Zeitschrift für Arbeits- und Organisationspsychologie, 28*, 50-55.

Zur Einblickstiefe in Fehlhandlungen und Arbeitsbedingungen - Eine Wissensanalyse bei Arbeitern mit und ohne Unfallerfahrung

Theo Wehner und Jürgen Nowack

1. Der Problemhintergrund

1.1. Fehlerreflexion birgt Aneignungschancen

Mit der Überprüfung der Heterogenitätsannahme und der Enttrivialisierungsthese ist vorerst nur ein sozialwissenschaftlicher Beitrag zur Fehlerforschung geleistet. Dieser soll jedoch nicht nur eine spezifisch psychologische Perspektive ermöglichen und bestehende Ideologien in den angewandten Wissenschaften und der Praxis abbauen, die erste Studie ist darüber hinaus auch eine Herausforderung für die weitere Arbeit.

Offen ist beispielsweise immer noch die Frage, auf welcher psychischen Regulationsebene ein positiver Effekt aus der bewußten Bewältigung und Verarbeitung fehlerhafter Handlungsverläufe nachgewiesen werden kann. Genau darum geht es in dieser Studie, der auf programmatischer Ebene das folgende Zitat entspricht:

> Most studies of error focus on its reduction or elimination, and there are many steps that can be taken to avoid or prevent the occurence of errors. Yet in systems of cooperative work in the real world, there is a fundamental reason why error is inevitable: such systems always rely on learning on the job, and where there is the need for learning, there is potential for error. (Seifert und Hutchins, 1989, 108f).

Die Autoren postulieren eine Wechselwirkung zwischen Lernprozessen und Fehlerpotentialen und versuchen, diese nicht zu eliminieren, sondern pädagogisch zu nutzen. Dabei erkennen sie durchaus, daß Lernende auch ohne Anleitung über diese Fähigkeiten verfügen und diese einsetzen, falls die Konsequenzen harmlos bleiben. Wir schließen uns dieser Grundposition an und untersuchen die Auswirkungen von Aneignungsprozessen auf manifest gewordene Handlungsstrukturen. Dabei handelt es sich jedoch um eine Rekonstruktion, weil wir vom Resultat ausgehen, also nicht den Lernprozeß und die dabei auftretenden Strukturverschiebungen, im Sinne einer genetischen Betrachtung, erfassen (eine solche Frage würde sich eher für ein laborexperimentelles als ein feldorientiertes Vorgehen eignen). Welche Erwartungen können an ein Lernresultat geknüpft werden, bei dem im Prozeß fehlerhafte Handlungen nicht einfach korrigiert, sondern bewußt reflektiert werden?

Wenn auf der qualitativen Seite zu erwarten ist, daß die bewußte Auseinandersetzung mit fehlerhaften Handlungsverläufen die *Einblickstiefe* und das *Kontextwissen* zur Aufgaben-, Situations- und Bedürfnisstruktur erhöht, so kann auf der quantitativen Ebene erwartet werden, daß sich Handlungsalternativen herausbilden, die die Mittel-Weg-Wahl bei der Aufgabenbearbeitung unter *neuen* Anforderungen (Umstrukturierungen; vgl. Wehner & Mehl, 1986) flexibilisieren.[1]

In der Sprache der Lernpsychologie (vgl. Galperin, 1982; aber auch Ausubel, 1974) erwarten wir ganz allgemein, daß der vitale Umgang mit Handlungsfehlern das *orientierende* und *explorierende* Verhalten der Lernenden erhöht. Von diesen kognitiven Tätigkeiten bei der Aneignung von Lerngegenständen ist bekannt, daß sie nur dann ausgebildet und umgesetzt werden, wenn die Dominanz der Zielerreichung (die resultatfixierte Leistungsbereitschaft) aufgegeben wird zugunsten von Orientierungshandlungen oder Neugierverhalten.

Diese Voraussetzung gilt auch für eine lerneffiziente Fehleranalyse: Die Ziel- bzw. Verhaltenszentrierung tritt hinter eine Geneseorientierung zurück. Nur dadurch gelangt das eigene Handeln als Wechselwirkung mit den situativen Anforderungen und momentanen Affekten in den Vordergrund und die Intention, die Zielantizipation und Leistungsorientierung in den Hintergrund: Wissenschaftliche Fehlerforschung und individuelle Fehlerbetrachtung sind Prozeßanalysen, wobei es nicht um die Kausalbetrachtung zwischen Intention und Ziel geht, sondern um die Dynamik des Ablaufs und das finale Geschehen.

Diese wenigen Andeutungen genügen bereits, um im Falle der individuellen oder pädagogischen Fehleranalyse Veränderungen auf der kognitiven Ebene der Handlungsstrukturen zu postulieren. Wir formulieren dazu folgende Arbeitshypothese:

Die Darstellungskompetenz relevanter Aspekte der täglichen Arbeitsanforderungen resultiert aus der Einblickstiefe und dem Kontextwissen zu den Aufgaben. Diese Kompetenzmerkmale werden erhöht, indem unerwartete, nicht-intendierte Handlungsresultate reflektiert und evtl. in Handlungsalternativen transformiert werden. Die mentale Verarbeitung von Fehlerszenarien ist bei der Kompetenzentwicklung der mit stärkeren Affekten beladenen Verarbeitung von Unfallabläufen und kritischen Ereignissen (Beinahe-Unfällen) überlegen. Dies vor allem deshalb, weil bei den letztgenannten Szenarien die Zielzentrierungstendenz des Handelns nicht bewußt aufgegeben und in eine Ablaufzentrierung bzw. Prozeßanalyse überführt wird. Der Handlungsablauf ist vielmehr jäh unterbrochen oder durch Notfallreaktionen verändert.

Um diese Arbeitshypothese und die dahinterstehende Modellvorstellung einer Überprüfung bzw. Erkundung zu unterziehen, wurde das nachfolgende Untersuchungsdesign entworfen.

---

[1] Für Beinahe-Unfälle und Unfälle machen wir diese Annahme nicht; und zwar aufgrund völlig anders gelagerter Affekte, die diese Ereignisse begleiten (vgl. Wehner & Mehl, 1987).

2. Ziele, Design und Durchführung der Studie

2.1. Die Untersuchungsgegenstände und Teilnehmer

Ziel der Studie ist es, die mentale Repräsentation der täglichen Arbeitsanforderungen mit all ihren handlungsbezogenen Facetten, also auch den unerwünschten oder negativen Resultaten, zu erfassen. Unter mentaler Repräsentation verstehen wir die Wissensstruktur bzw. Darstellungskompetenz zu vorgegebenen Szenarien. Aus analytischen Gründen unterscheiden wir bei der Darstellungskompetenz zwischen *Einblickstiefe* (konvergentes Wissen) und *Kontextbezug* (divergentes Wissen). Konvergentes Wissen liegt vor, wenn der Arbeiter über typische und spezifische Aspekte der Arbeitsaufgabe berichten kann, wohingegen das Wissen um die Integration (Überlappung, Abgrenzung, Ergänzung) der Aufgaben in den Produktionszusammenhang mit dem Begriff divergentes Wissen umschrieben wird. Dargestellt und analysiert werden folgende Szenarien:
* die eigentliche *Arbeitshandlung*, der Arbeitsauftrag,
* *kritische Ereignisse* bei der Ausführung und
* bekannte *Fehlhandlungsverläufe*

Das vorhandene und mit Hilfe eines Erhebungsbogens erfaßte Wissen differenziert zwischen *restringiert/elaboriert* bzw. *partialisiert/strukturiert* (Abbildung 1).

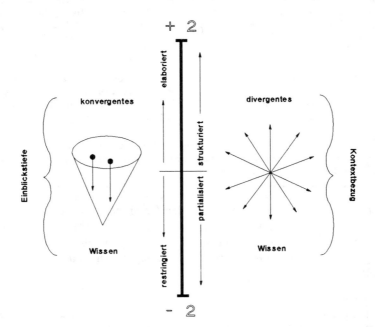

Abbildung 1: Globales Modell des mental repräsentierten Wissens zu den Erhebungsszenarien

Die Fragestellung und das Design verlangen zwar keine Personen- und Situationsauswahl; im Kontext unseres Forschungsansatzes wird jedoch das thematisierte Wissen ausschließlich von verunfallten Personen und Personen ohne Unfallerfahrung, sogenannten Forschungszwillingen, erhoben. Bei der Auswahl von Unfällen kamen nur Montageunfälle (im Automobilbau und in Kfz-Werkstätten) in Frage, bei denen kein Fremdverschulden vorlag (vgl. die nachfolgenden exemplarischen Fälle).

> Die Unregelmäßigkeiten einer Schraube (Schwergängigkeit) versuchte ein Facharbeiter beim Montieren eines Knieschutzes dadurch zu kompensieren, indem er den Druck auf den Elektroschrauber erhöhte. Dazu stellte er sein linkes Bein (das sich sonst im Wageninneren befindet) auf den Hallenboden, rutschte jedoch mit dem Schrauber ab und verdrehte sich (auch aufgrund des weitergelaufenen Bandes) das unter Belastung stehende Bein.

> Beim Montieren eines Servoschlauches in einem rechts gesteuerten Fahrzeug (d.h. in ungewohnter Arbeitsweise und unter eingeschränkter Bewegungsfreiheit) zog sich ein Arbeiter an einem Auspuffblech eine Schnittwunde (am IV. und V. Finger) zu, ohne daß weitere Unregelmäßigkeiten beim Montagevorgang wahrgenommen wurden.

> Um, im Rahmen einer ganzen Sequenz von Tätigkeiten, eine Seitenverkleidung anschrauben zu können, muß vorher ein Loch in den Fahrzeugboden geschlagen werden. Versucht man dies ohne aus dem Fahrzeug auszusteigen, muß der Hammer mit der linken Hand geführt werden. Der verunfallte Facharbeiter entschied sich (aus Gründen der Zeitersparnis) für diese Handlungsweise und schlug sich, in der Absicht den Dorn zu treffen, auf den Daumen der rechten Hand.

> Zum Ende eines Arbeitsganges muß an einem Kontrollarbeitsplatz die Motorhaube geschlossen werden. Bei dieser Nebentätigkeit verletzte sich ein Facharbeiter, weil ihm, aufgrund eines vergessenen (nicht montierten) Haubendämpfers, dieser auf den Unterarm schlug.[2]

> Beim erstmaligen Gebrauch eines neuentwickelten Drehmomentschlüssels (durch den Kraft und Zeit optimiert werden sollen) schlug einem Arbeiter (aufgrund (noch) zu großer Kraftentwicklung) der Griff des Schlüssels vor die Nase.

Während die verunfallten Personen aus den Unfallmeldebögen ermittelt wurden, wählten wir die Zwillingspersonen gemeinsam mit Vorgesetzten des jeweiligen Arbeits- bzw. Untersuchungsbereiches aus. Die Bestimmung eines Forschungszwillings orientierte sich einzig am Qualifizierungsniveau und dem parallelen Arbeitsauftrag.

---

2 Zum Kontextwissen kann hier gerechnet werden, daß der Haubendämpfer zwar im gleichen Arbeitsabschnitt montiert, aber an anderer Stelle kontrolliert wird und, daß das Schließen der Haube (zum Abschluß der eigentlichen Kontrolltätigkeiten) aus steuerungstechnischen Gründen notwendig ist (erst dann kann eine Kamerasteuerung den Weitertransport einleiten).

Die in dieser Studie ermittelten Unterschiede zwischen den Gruppen führen wir auf Arbeitsplatzstrukturen und Qualifikationsdefizite zurück. Wir nehmen dabei an, daß bei allen Untersuchungsteilnehmern (UTn) Darstellungskompetenzen fehlen können, weil eben die Arbeitsplatzstrukturen keine Einblickstiefe in die Aufgabe ermöglichen und/oder relevantes Kontextwissen nicht vermittelt wurde. Dort wo es Unterschiede zwischen den Untersuchungspaaren gibt, interessieren vorrangig die Wechselwirkungen zwischen den Erhebungsszenarien und die evtl. Relationsverschiebungen zwischen den Gruppen.

Das so spezifizierte Untersuchungsdesign macht deutlich, daß nun nicht mehr nur die Erhebung des aufgabenspezifischen Wissens und der Darstellungskompetenz zu kritischen Ereignissen und Fehlerszenarien möglich ist, sondern darüber hinaus auch das mental repräsentierte Wissen über einen erlebten bzw. aus Berichten bekannten Unfall erfaßt werden kann. Damit sind es vier Szenarien, die zur Darstellung und Analyse gelangen, wobei außerdem erfragt wird, ob zu der Arbeitsaufgabe Handlungsalternativen möglich sind und evtl. auch vermittelt bzw. angeeignet wurden.

Um die kognitive Bewertungsstruktur zur Verursachungslogik der nicht intendierten Ereignisse (Unfall, Beinahe-Situation und Fehlerverlauf) aufzeigen zu können, lassen wir mögliche Verursachungsmomente in eine Rangfolge bringen. Als Ursachenkomplexe werden vorgegeben:

* *Streß* und Hektik[3],
* *Änderungen* in der Arbeitssituation und/oder der Aufgabe oder
* fehlende Qualifikation bzw. *Ausführungskompetenz*.

Schließlich erfragen wir noch die Einstellung zu zwei Sprichwörtern: Kann man *aus Fehlern lernen* und/oder *aus Schaden klug werden*?

Eine Arbeitsplatz- oder Aufgabenanalyse sowie die Bewertung des Ausbildungs- oder Qualifizierungsstandes wurde vorerst nicht durchgeführt. Dies nicht zuletzt deshalb, weil diese Untersuchung als eine Erkundung angesehen werden muß und der Ableitung eines erweiterten Versuchsplans dient.

2. 2. Die Umschreibung der Darstellungskompetenz

Der synonyme Gebrauch von *Darstellungskompetenz* und *Wissensstruktur* soll nahelegen, daß es sich nicht um eine Wissensakquisition[4], sondern eben um die Abbildung der mentalen Repräsentation, die Handlung leitende kongnitive Struktur

---

3 Mit Streß ist der Alltagssprachgebrauch gemeint. Ansonsten müßte darauf hingewiesen werden, daß natürlich situative Änderungen als Stressoren wirken und Unfälle begünstigen können.
4 Es handelt sich aber auch nicht um eine *Wissens*analyse sensu Hoyos et al. (1991), wo sicherheitsrelevante *Daten* bzw. Fakten abgefragt wurden.

handelt. Dabei werden drei Untersuchungsbereiche akzentuiert (Abbildung 2):

* Die Darstellungskompetenz auf der *Sprachebene*,
* die *fachspezifische Kompetenz* und
* die *persönliche Darstellungsform*.

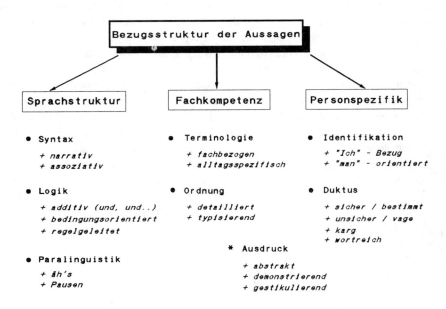

Abbildung 2: Detaillierte Struktur zur Erfassung der mentalen Repräsentation zu den Erhebungsszenarien

Bei der Abbildung der Sprachstrukturen wird zwischen einem *Erzählstil* und einer *Assoziationskette* unterschieden. Zusätzlich wird der Anteil *paralinguistischer Phänomene* (Pausen, Verstümmelungen) erhoben und zur Gesamtbeurteilung herangezogen. Zentral ist jedoch die Analyse der *logischen Struktur* der Schilderungen der Erhebungsszenarien. Während die bloße Aneinanderreihung von Einzelschritten als partialisierte Darstellungskompetenz gilt, markieren Wenn-Dann-Beziehungen oder regelorientierte Schilderungen den strukturierten Pol.

Bei der Beurteilung der Fachkompetenz wird zwischen der *Terminologie* und dem *Ordnungsgrad* unterschieden. Eine Darstellungsform, die Fachbegriffe nutzt und Arbeitsschritte klassifiziert, schätzen wir strukturierter ein als die alltagssprachliche Darstellung.[5] Zusätzlich berücksichtigen wir bei der Beurteilung der Fachkompetenz, ob die *Darstellung* auf der abstrakten *Ebene* vorgenommen

---

5 Auch wenn die UTn in knapp 80% der Fälle Facharbeiter sind, ist nicht davon auszugehen, daß etwa bei der Elektrokabelmontage auch alle Fachtermini bekannt sind (sein müssen) bzw. bei der Aneignung vermittelt wurden.

oder durch Demonstration bzw. Gestik unterstützt wird. Diese Kategorie zeigt, daß nicht nur auf die sprachliche Ebene rekurriert, sondern durch die Handlungsebene kompensiert, ergänzt oder zusätzlich gewichtet werden kann. Die Kategorie zeigt auch, daß Wechselwirkungen zwischen den Bewertungskomplexen angenommen und eben eine Gesamtbeurteilung intendiert ist. Nicht jeder Kategorie wird unterstellt, daß sie einer Polarisierung (partialisiert/strukturiert) folgt. Gleiches gilt auch für die Beurteilung des persönlichen *Duktus*: Bestimmtheit oder Wortreichtum werden nicht als Gegensätze zur Vagheit oder dem kargen Gebrauch von Worten interpretiert. Bei der Beurteilung der Personenspezifik spielt die *Identifikation* bei der Schilderung die ausschlaggebende Rolle. Die Bemerkung, daß *man* dies oder jenes so oder so ausführe, wird als wenig identifikativ, der eindeutige *Ich*-Bezug hingegen auf dieser Dimension höher bewertet.

Obwohl die Darstellungsstrukturen sprachlich erfaßt werden, können schichtspezifische Unterschiede, die sich auf den Sprachstil und die Verbalisierungsfähigkeit auswirken, dadurch gering gehalten werden, daß vorwiegend Facharbeiter an der Untersuchung teilnehmen. Eine zusätzliche Kontrolle individueller Differenzen, durch die Erhebung der sprachlichen Intelligenz etwa, entfällt.

Auf jeden Fall sollte die Erfahrung der Forscher einfließen. Selbstverständlich liegen als Voraussetzung hierfür weitreichende Kenntnisse sowohl über die betriebliche Arbeitsschutzauffassung als auch über Arbeitsplatzstrukturen vor: Die Studie wurde nach vierjähriger Betriebserfahrung und nach einer Reihe vorausgehender empirischer Arbeiten geplant, mit Praktikern diskutiert und teilweise mit diesen, auf jeden Fall jedoch mit der Unterstützung von Vorgesetzten aus den jeweiligen Untersuchungsbereichen, durchgeführt.

2. 3. Die Datenerhebung

Die Erhebung der Daten erfolgte in Reparaturbetrieben und im Montagewerk eines Automobilherstellers. Jede Erhebung wurde am Arbeitsplatz vorgenommen und dauerte ca. 30 - 55 Minuten. Alle Interviews wurden von mindestens zwei Personen geführt. In der Instruktion erkärten wir den UTn, daß wir im Rahmen eines arbeitspsychologischen Forschungsprojektes den Zusammenhang zwischen der Arbeitsaufgabe und nicht-intendierten Handlungsresultaten sowie Unfallabläufen untersuchen. Wir baten die UTn, ihre zentrale Arbeitsaufgabe zu schildern, wobei sie davon ausgehen sollten, daß wir über Vorwissen (teilweise durch die Anwesenheit eines Praktikers dokumentiert) verfügen. Es wurde betont, daß die Darstellung so umfangreich und detailliert wie nötig sein und auch Besonderheiten hervorheben sollte. Nach der Beschreibung der Arbeitshandlung (deren Angemessenheit wir größtenteils durch einen Praktiker bewerten ließen) wurde nach möglichen Handlungsalternativen gefragt. Außerdem wollten wir wissen, ob dem Handelnden kritische Ereignisse im Arbeitsfeld bekannt sind. Als kritisches Ereignis wurde ein

Arbeitsablauf definiert, bei dem ein unbeabsichtigter Handlungsschritt ausgeführt, aber noch kompensiert wurde, bevor es zu negativen Konsequenzen kam. Es handelt sich also um die klassische Definition eines Beinahe-Unfalls ("da hab' ich nochmal Glück gehabt!"). Bei der Darstellung sollte nicht nur das isolierte Ereignis, sondern der gesamte Handlungsablauf geschildert werden. Dies galt auch für die Erhebung von bekannten bzw. erlebten Fehlhandlungsverläufen. Die Darstellung von kritischen Ereignissen und Fehlerszenarien war nicht auf ein Ereignis beschränkt, sondern sollte möglichst alle bekannten Fälle erfassen. Selbstverständlich wurde die Zahl der diskutierten Ereignisse registriert, um sie später auch statistisch auswerten zu können. Zum Schluß wurde die Darstellungskompetenz bezüglich des mehrere Wochen bis Monate zurückliegenden Unfalls erhoben.

Zu den unerwünschten Szenarien gaben wir prototypische Beispiele: die *Verwechselung* einer Codenummer für die Entnahme eines Kraftstoffbehälters und das *Abrutschen* mit einem Drehmomentschlüssel, das aufgrund der angenommenen Reaktionsschnelligkeit nicht zu einer Verletzung führte.

Während die Forscher die jeweils erste Schilderung nicht unterbrachen, motivierten sie anschließend aber zu Ergänzungen und zur zusätzlichen Erläuterung von angesprochenen Details und stellten Verständigungsfragen. Der Versuch, die Schilderung durch Demonstration am Fahrzeug weiter zu erläutern, wurde zugelassen, wenn auch nicht eigens stimuliert.

Die Interviewer protokollierten die Schilderungen auf einem standardisierten Erhebungsbogen und bildeten sich nach der Befragung und einer Inspektion der Daten jeweils ein getrenntes Urteil - zwischen partialisiert (- 2) und strukturiert (+ 2). Diskrepanzen zwischen den Analytikern wurden *aus*-diskutiert (indem die unterschiedlichen Bewertungen anhand der Einzelkomplexe zu begründen waren). Daraus ergab sich ein Gesamturteil. In keinem einzigen Fall standen entgegengesetzte Ersturteile zur Diskussion; Unterschiede traten lediglich in der Differenzierung auf.

3. Ergebnisse

3. 1. Datenstruktur

Zur Auswertung liegen die Einschätzungsurteile über das mental repräsentierte Wissen der Zwillingspaare zu den Erhebungsszenarien vor.[6] Die Beurteilung

---

[6] Obwohl die mentale Repräsentation zu vier Szenarien erhoben wurde, werden hier nur drei ausgewertet. Die Unfallszenarien waren einerseits bei den Zwillingspartnern nur unvollständig (teilweise auf der Ebene von Vor- bzw. Fremdurteilen) repräsentiert und ließen andererseits von den verunfallten Personen *Zweckrationalität* erkennen, weshalb die ursprüngliche (u. U. auch offizielle) Attribution nicht in Frage gestellt werden konnte. Zudem gelang es häufig nicht, das Szenarium chronologisch zu schildern; die Erinnerung nahm ihren Ausgang vom plötzlichen und unerwarteten Handlungsablauf.

wurde unabhängig von der Feinabstufung zwischen -2 und +2 nachträglich dichotomisiert. Deshalb ist es in unserem Zusammenhang sinnvoll, von *qualitativen Variablen* auf Nominalskalenniveau zu sprechen und nur die Relation *ungleich* zuzulassen. Damit werden natürlich die Zahl zulässiger mathematischer Operationen und die Auswahl einer adäquaten Auswertungsmethode stark eingeschränkt. Dies wirkt sich vor allem dann aus, wenn nicht nur die Verteilung oder Frequenz einer Variable beurteilt, sondern die komplexe Struktur bzw. Steuerung von mehreren Kategorien (Drittvariablenkontrolle) abgebildet werden soll.

Ins Zentrum der Auswertung stellen wir die Untersuchung von Merkmalskonfigurationen und testen log-lineare Modelle, die zur multivariaten Analyse von qualitativen Daten geeignet sind. Zusätzlich werden absolute und relative Häufigkeiten der anderen qualitativen Variablen (Wissen um Handlungsalternativen, Zahl diskutierter Ereignisse, Einstellung zu den Sprichwörtern) diskutiert und das Ergebnis der Rangplatzvergabe der vorgegebenen Ursachenkomplexe zu den nichtintendierten Szenarien vorgestellt.

Insgesamt liegen Erhebungsprotokolle für 58 Zwillingspaare (33 aus Kfz-Werkstätten und 25 aus der Automobilindustrie) zur Auswertung bereit. Die zusätzlichen qualitativen Fragen konnten bei 49 Paaren (98 UTn) erhoben werden. Zur Kontrolle von Populationsunterschieden (Automobilindustrie, Kfz-Betriebe) haben wir in der Datenerhebung die Untersuchungsereignisse (Art der Montageunfälle) nach Möglichkeit egalisiert. An dieser Stelle wurden zusätzlich Paardifferenzen zwischen den Einschätzungsurteilen (getrennt für die beiden Untersuchungsgruppen) gebildet und einem nicht-parametrischen Test unterzogen: Statistisch bedeutsame Unterschiede ergeben sich nicht, so daß die Populationen im folgenden nicht getrennt betrachtet werden. Eine solche separate Auswertung ist, wie einzelne Protokolle zeigen und die unterschiedlichen Arbeitsbedingungen es nahelegen, dann sinnvoll, wenn spezifische Wissenskomponenten und damit evtl. Qualifikationsunterschiede zwischen den Untersuchungsbereichen analysiert werden sollen. Obwohl dies hier nicht beabsichtigt ist, sei doch der Eindruck mitgeteilt, daß im industriellen Bereich (im Gegensatz zu den Reparaturbetrieben) vor allem weniger Kontextwissen vorzuliegen scheint. Dies ist aufgrund der hohen Arbeitsteilung zwar nicht verwunderlich, jedoch im Hinblick auf Sicherheit, Qualität, Identifikation (Komponenten, die die mentale Repräsentation der Arbeitsaufgaben beeinflussen) von Bedeutung.

3. 2. Bivariate Zusammenhänge

Versucht man in einem ersten Schritt Gemeinsamkeiten zwischen den Gruppen zu ermitteln, so können systematische Beziehungen durch den Vergleich der erwarteten und beobachteten Zellenhäufigkeiten mit Hilfe von Chi-Quadrat-Tests gegen den Zufall geprüft werden. Die berechneten Chi-Quadratwerte zeigen jedoch lediglich die evtl. Existenz eines Zusammenhangs auf, während sie über dessen

Stärke keine Aussage erlauben. Dies wird erst durch die Berechnung eines Kontingenzkoeffizienten (CC nach Pearson) ermöglicht. Dieser wurde hier als Maß für die Straffheit des Zusammenhangs zwischen den verschiedenen Szenarien und den Gruppen gewählt. Der Koeffizient weist zwar bei völliger Unabhängigkeit der beiden qualitativen Variablen den Wert Null, bei völliger Abhängigkeit jedoch nicht den Wert 1, sondern einen von der Feldertafel abhängigen, kleineren Wert auf. Im vorliegenden Fall beträgt $CC_{max} = .707$. Die geringsten Zusammenhänge zwischen den Untersuchungsgruppen ergaben sich in Bezug auf kritische Ereignisse (.26) und Fehlhandlungsbedingungen (.30). Für die Arbeitshandlungen wurde ein Kontingenzkoeffizient von .53 und damit der höchste Wert ermittelt. Da uns die praktisch bedeutsame Größe der Koeffizienten interessiert und das Denken in Korrelationen ohnehin leichter fällt als das Interpretieren nicht normierter Koeffizienten, transformieren wir diese in eine Effektgröße ($CC_{korr} = (CC/CC_{max}) * 100$), die dann zwischen 0% und 100% variiert. Hier ergeben sich folgende Effektwerte:

* kritische Ereignisse zwischen den Gruppen = 36,8%
* Fehlhandlungsbedingungen zwischen den Gruppen = 42,4%
* Arbeitsaufgaben zwischen den Gruppen = 75,0%

Die Unterschiede sind auf der tätigkeitsimmanenten Ebene bedeutend geringer (die Straffheit ist größer) als auf der tätigkeitsbegleitenden Ebene (kritische Ereignisse und Fehlerverläufe). Auch wenn wir Wechselwirkungen zwischen den Szenarien bzw. Auswirkungen der tätigkeitsbegleitenden auf die tätigkeitsimmanenten Strukturen postulieren, kann dieses Ergebnis genutzt werden, um die Egalisierung der Personen aufgrund von parallelen Qualifikationsmerkmalen positiv zu bewerten: Die größte Gemeinsamkeit zwischen den Gruppen besteht in der Darstellungskompetenz bezüglich des Arbeitsauftrages; Unterschiede sind folglich auf der Ebene von Wechselwirkungen zu erwarten.

3. 3. Deskriptive Befunde

In der Abbildung 3 sind die prozentualen Häufigkeiten der höherwertigen Beurteilungen (elaboriert/strukturiert) für die drei Erhebungsszenarien und die beiden Gruppen wiedergegeben. Bereits bei dieser univariaten Betrachtung fallen Unterschiede deutlich auf. Während Arbeitshandlungen und Fehlhandlungsbedingungen von Personen ohne Unfallerfahrung häufiger in strukturierter Form geschildert werden, werden kritische Ereignisse von verunfallten Personen strukturierter dargestellt.[7] Der größte Unterschied zwischen den Gruppen besteht in der Darstellung

---

7 Für die verunfallten Personen ist dieser Befund so zu interpretieren, daß das Szenarium des erlebten Unfalls im nachhinein wohl als kritisches Ereignis repräsentiert und mental verarbeitet bzw. ausgewertet ist.

der Fehlhandlungsbedingungen und kritischen Ereignisse. In nur 13 von 58 Fällen (22%) berichten Personen ohne Unfallerfahrung die Fehlerszenarien in partikularisierter Form.

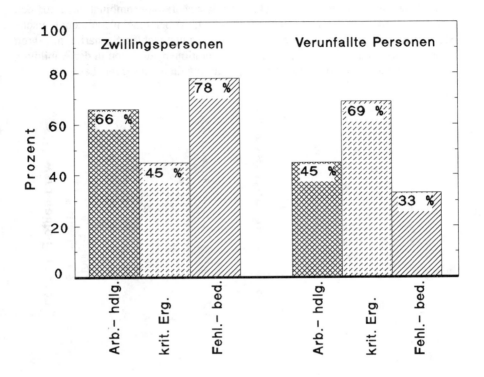

Abbildung 3: Relativierte Häufigkeiten höherwertiger Einschätzungsurteile zu den drei Erhebungsszenarien (Arbeitsaufgabe, Arb.-hdlg.; kritische Ereignisse, krit.Erg.; Fehlhandlungsbedingungen, Fehl.-bed.)

Für die Gruppe der verunfallten Personen hingegen wurde diese Bewertung 39 mal (67%) vorgenommen. Hier werden kritische Ereignisse jedoch von 40 UTn (69%) strukturiert dargestellt, während nur 26 Zwillingspartner (45%) solche Szenarien elaboriert zu schildern vermögen. Bildet man die *Oder*-Verknüpfung zwischen den beiden Szenarien (entweder strukturierte Darstellungskompetenz für Fehlerverläufe *oder* für kritische Ereignisse), hebt sich der Unterschied auf: 44 verunfallte Arbeiter (75%) und 47 Zwillingspartner (81%) stellen mindestens eines der Szenarien strukturiert dar. Erst die Ermittlung von Interaktionen zur Arbeitshandlung wird hier weiteren Einblick in die Zusammenhänge gewähren.

3.4. Analyse der Merkmalskombinationen

3.4.1. Intuitive Typenanalyse

Im nächsten Auswertungsschritt diskutieren wir Merkmalskombinationen aus den drei Variablen und deren Auftretenshäufigkeit, wobei eine phänomenologische Betrachtung im Vordergrund steht. Bei den drei untersuchten Szenarien mit ihren je zwei Ausprägungen ergeben sich 2^3 Konfigurationen, zu denen in der Abbildung 4 die beobachteten (H) und erwarteten (E) Häufigkeiten wiedergegeben sind.

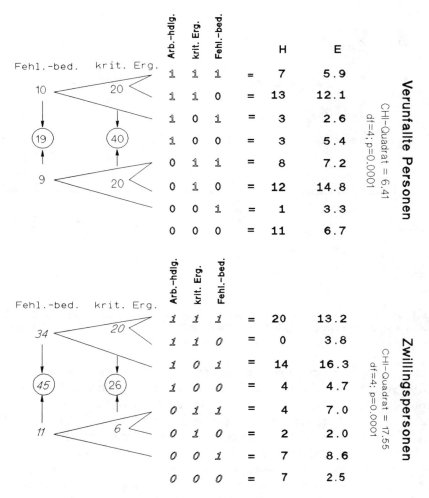

Abbildung 4: Beobachtete (H) und erwartete (E) Häufigkeiten der Merkmalskombinationen (1 = strukturierte; 0 = partialisierte Darstellung) und Chi-Quadrat-Werte zur Wirksamkeit der Gesamt-Konfigurationsfrequenzanalysen

In der Gruppe der verunfallten Personen dominieren die Konfigurationen mit strukturierter Darstellungskompetenz bezüglich der kritischen Ereignisse "x1x". Unterrepräsentiert sind hingegen diejenigen Konfigurationen, bei denen eine strukturierte Darstellung von Fehlhandlungsbedingungen "xx1" gelingt. Dieses Ergebnis kehrt sich für die Zwillingspartner um: Hier dominieren die Kategorien mit strukturierter Darstellungskompetenz für Fehlhandlungsbedingungen und Arbeitshandlungen. Die hierarchisierten Konfigurationen (eingekreiste Häufigkeiten) verdeutlichen dieses Bild: 40 verunfallte Personen (im Gegensatz zu 26 Zwillingspartnern) können kritische Ereignisse strukturiert darstellen. Jeweils 20 von ihnen verfügen zudem auch über strukturierte Darstellungskompetenzen für die eigentliche Arbeitshandlung. Für die Zwillingspartner gilt dagegen, daß 34 von ihnen sowohl die eigentliche Arbeitshandlung als auch die Fehlerszenarien und 11 zumindest die Fehlerszenarien in strukturierter Form repräsentiert haben. Für die verunfallten Personen ergibt sich wieder eine eher symmetrische Verteilung für die strukturierte oder partialisierte Darstellung der Arbeitshandlung (10 : 9) und - gegenüber den Zwillingspartnern - eine deutlich geringere Anzahl (19 : 45).

3.4.2. Unterschiedsbezogene Darstellung der Kombinationen

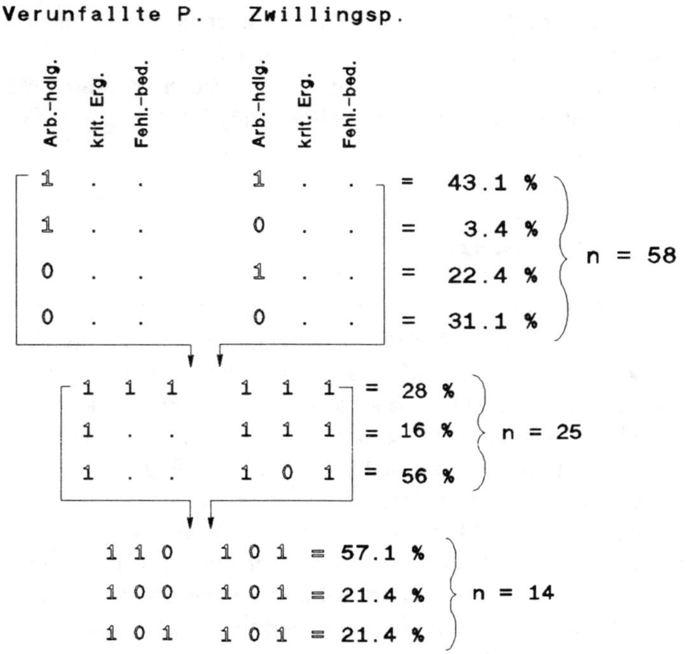

Verunfallte P. **Zwillingsp.**

	Arb.-hdlg.	krit. Erg.	Fehl.-bed.	Arb.-hdlg.	krit. Erg.	Fehl.-bed.		
	1	.	.	1	.	.	= 43.1 %	
	1	.	.	0	.	.	= 3.4 %	
	0	.	.	1	.	.	= 22.4 %	n = 58
	0	.	.	0	.	.	= 31.1 %	
	1	1	1	1	1	1	= 28 %	
	1	.	.	1	1	1	= 16 %	n = 25
	1	.	.	1	0	1	= 56 %	
	1	1	0	1	0	1	= 57.1 %	
	1	0	0	1	0	1	= 21.4 %	n = 14
	1	0	1	1	0	1	= 21.4 %	

Abbildung 5: Paarbezogene Darstellung von Merkmalskombinationen zwischen den Gruppen, bei Konkretisierung der Urteile für die Arbeitsaufgabe (oberes Drittel) und Differenzierung der anderen Szenarien in den unteren Abbildungsdritteln

Neben der gruppenbezogenen Diskussion über Darstellungskompetenzen ist natürlich auch eine fallbezogene Unterschiedsbetrachtung sinnvoll.

Dies geschieht jedoch nicht im Sinne individueller, sondern arbeitsplatzbezogener Unterschiede. Die Abbildung 5 zeigt vorerst wieder Konfigurationsbeziehungen zwischen den Gruppen und deren relative Häufigkeiten, indem nur die Darstellungskompetenz der Arbeitshandlungen konkretisiert und die beiden verbleibenden Szenarien in ihrer Ausprägung nicht spezifiziert werden (oberer Abbildungsbereich). Im unteren Teil der Abbildung 5 werden auch diese (jeweils für einen Konfigurationstyp aus dem oberen Teil) ausdifferenziert.

Auffällig sind die paarigen Darstellungskompetenzen und weniger die inversen Beziehungen zwischen den Forschungszwillingen: 43,1% der Untersuchungspaare konnten die Arbeitshandlung strukturiert darstellen und unterscheiden sich eventuell in der Darstellungskompetenz der verbleibenden Szenarien, wie der untere Teil der Abbildung 5 zeigt. Zumindest für die verunfallten Personen mit diesen Konfigurationen kann gefolgert werden, daß alleine eine hohe Darstellungskompetenz der Arbeitshandlung das Eintreten eines Unfalls nicht zu verhindern vermag; weitere externe Faktoren (Zeitdruck etc.) müßten zusätzlich untersucht werden. Ergänzt wird diese Aussage durch die Tatsache, daß sogar 28% der Untersuchungspaare (14 UTn) alle drei Szenarien strukturiert darstellen konnten. Für die konkrete Unfallursache kann damit aus den hier untersuchten Variablen - für diese Personen - keine Schlußfolgerung gezogen werden. Andererseits zeigt die Verteilung der Konfiguration "0xx", daß diese für knapp 1/3 der Paare (18 bzw. 31,1 %) zutrifft: Fehlende Darstellungskompetenz für die Arbeitshandlung führt also auch nicht *automatisch* zu einer höheren Unfallwahrscheinlichkeit, wie die Personen ohne Unfallerfahrung belegen.

3.4.3. Konfigurale Typenanalyse

Während die Diskussion der bloßen Auftretensraten einzelner Merkmalskombinationen als intuitive Typenkonzeption zu kennzeichnen ist, führt ein statistisch-taxometrisches Vorgehen zur konfiguralen Typendefinition (vgl. Krauth & Lienert, 1973, S. 30 f). Nicht das häufige oder seltene Auftreten einzelner Kombinationen wird dabei berücksichtigt, getestet wird mit der Konfigurationsfrequenzanalyse (KFA) vielmehr das Auftreten von Kombinationen aufgrund der Häufigkeit von Einzelmerkmalen unter der Nullhypothese ihrer totalen Unabhängigkeit. Dabei werden überfrequentierte Merkmalskombinationen als Typen und unterfrequentierte als Antitypen bezeichnet, oder allgemeiner - und dies ist in unserem Zusammenhang sinnvoller - als taxometrische Klassen.[8] Diese können schließlich einem Signifikanztest unterzogen werden, wobei einzelne Klassen nur dann interpretiert werden sollten, wenn die klassifikatorische Wirksamkeit der gesamten KFA (aller

---

8 Wahrscheinlichkeitsstatistisch spricht man von taxometrischen Klassen, wenn die beobachteten Häufigkeiten > oder < als die Erwartungswertschätzungen sind.

Merkmalskombinationen) nachgewiesen ist. Diese Einschränkung fordert, daß die Einzelmerkmale nicht unabhängig voneinander sind.

In dem vorliegenden Zusammenhang ist es sinnvoll, für jede Untersuchungsgruppe die klassifikatorische Wirksamkeit der beiden Gesamt-KFAn zu prüfen und dann in einer Zweistichproben-KFA (Verunfallter und Zwillingspartner) die Konfigurationsgleichheit der Gruppen zu untersuchen. Die Nullhypothese hierzu lautet: *Die Verteilung der Merkmalskombinationen in den beiden Untersuchungsgruppen ist gleich; die Proben stammen aus ein und derselben Population.* Falls diese Annahme zurückgewiesen werden kann, können wir davon ausgehen, daß sich die Merkmalskombinationen in den beiden Gruppen unterscheiden.

Für beide Einzel-KFAn gilt, daß die Verteilungen für die acht Merkmalskombinationen statistisch bedeutsam sind (vgl. die summierten Chi-Quadratwerte in der Abbildung 4) und somit Abhängigkeit zwischen den Variablen vorliegt. Die Zweistichproben-KFA liefert ebenfalls - bei einem Gesamt-Chi-Quadratwert von 20.19 und 14 Freiheitsgraden - einen p-Wert < 0.0001. Die Nullhypothese kann damit zurückgewiesen werden. Es ist von einem Unterschied in der Häufigkeitsverteilung bei den Zwillingen auszugehen.

Auch wenn einzelne taxometrische Klassen innerhalb der beiden Gruppen signifikante Unterschiede zwischen beobachteten und erwarteten Häufigkeiten zeigen (vgl. hierzu die Erwartungswerte (E) in der Abbildung 4, die einem Binomialtest unterzogen werden müßten), ist deren Interpretation von nachgeordneter Bedeutung: Hier geht es um den Nachweis von Interaktionen zwischen den Erhebungsszenarien und weniger um die Sicherung von Typen und/oder Antitypen. Zur Beantwortung dieser Frage wird das nun folgende Verfahren genutzt.

3. 5. Die Anwendung log-linearer Modelle

Da bereits in der Fragestellung angedeutet wurde, daß vor allem die Wechselwirkungen bzw. Interaktionen von Darstellungskompetenzen der analysierten Szenarien interessieren, muß nun auch ein Verfahren angewandt werden, das die simultane Analyse theoretisch relevanter Variablen vorsieht: Log-lineare Modelle (vgl. Langeheine, 1980) bieten genau diese Möglichkeit. Die hier formulierbare Zusammenhangshypothese lautet: *Die Darstellungskompetenzen für die Erhebungsszenarien sind nicht gleichwahrscheinlich; Abhängigkeiten bestehen zwischen der Darstellungskompetenz für die Arbeitshandlung und für die Fehlhandlungsverläufe.*

Zur Beantwortung dieser Hypothese wird unter Verwendung log-linearer Modelle gefragt, welche Informationen notwendig sind, um die beobachteten Zellenhäufigkeiten möglichst gut zu reproduzieren. Letztlich wird die Anpassungsgüte der Daten an ein ausgewähltes Modell getestet. Hier wird das sogenannte gesättigte (saturierte) Modell angewandt. Dieses geht von der Annahme aus, daß sich die beobachteten Zellenhäufigkeiten durch sich selbst, d. h. über die Randverteilungen, aber dennoch quasi tautologisch, perfekt anpassen lassen. Dabei kann die Stärke der Assoziation sowohl für die Haupteffekte als auch für die Interaktionskomponenten gegen den Zufall geprüft werden.

Um zu testen, auf welcher Interaktionsebene (1. bis 3. Ordnung) die Effekte des saturierten Modells null sind, wurde zur Datenanpassung der Likelihood-Ratio-Test gewählt. Die errechneten Chi-Quadratwerte zeigen für die Personen ohne Unfallerfahrung auf dem Promilleniveau signifikante Ergebnisse für Haupteffekte und für 2-Weg-Interaktionen. In der Gruppe der verunfallten Personen sind nur Haupteffekte nötig, um die Daten adäquat zu reproduzieren. Welche einzelnen Effekte bzw. individuellen Terme nun von Bedeutung sind (von der Gleichverteilung abweichen), muß mit einem Test für Partial-Assoziationen, dessen Werte ebenfalls der Chi-Quadratverteilung folgen, ermittelt werden.

Abbildung 6: Darstellung der signifikanten Haupteffekte und Interaktionen (Partial-Assozationen) zwischen den Erhebungsszenarien (getrennt für die Untersuchungsgruppen) mittels der log-linearen Analyse (saturiertes Modell)

Die simultanen Tests für die partiellen Assoziationen sind in der Abbildung 6 wiedergegeben; sie besagen (dort, wo signifikante Unterschiede ermittelt wurden) folgendes:

1) Die Zellenbesetzungen für Arbeitshandlungen und Fehlhandlungsbedingungen (bei den Personen ohne Unfallerfahrung) und für kritische Ereignisse und Fehlhandlungsbedingungen (bei den verunglückten Personen) sind - innerhalb der angegebenen Toleranzgrenzen - nicht gleichwahrscheinlich. Gleichverteilt sind hingegen die Häufigkeiten für kritische Ereignisse bei den nicht Verunglückten und für die Arbeitshandlungen in der Gruppe der verunfallten Personen.

2) Während in der Gruppe der verunfallten Personen keine Interaktionsbeziehungen signifikant sind, ist die partielle Assoziation zwischen Arbeitshandlung und Fehlhandlungsbedingungen bei den Zwillingspartnern auf dem 1%-Niveau statistisch bedeutsam. Dieser Interaktionseffekt ist demnach zur adäquaten Reproduktion der vorliegenden Daten von Bedeutung.

3) Eine 3-Variablen-Interaktion (dies zeigte bereits der Likelihood-Ratio-Test) besteht in keiner der Gruppen.
Der vorliegende Interaktionseffekt zwischen Arbeitshandlung und Fehlhandlungsbedingungen bei Personen ohne Unfallerfahrung bestätigt die Arbeitshypothese, und doch liefern die Ergebnisse weitere Aufschlüsse. So gilt für beide Gruppen (wenn auch auf unterschiedlichem Signifikanzniveau) Ungleichverteilung für die Darstellungskompetenz bezüglich Fehlerszenarien, wohingegen die Information aus der Verteilung der kritischen Ereignisse zur Datenreproduktion nur für die Gruppe der verunfallten Personen benötigt wird und für deren Partner bedeutungslos bleibt.

3. 6. Befunde der verbleibenden qualitativen Variablen

Während man annehmen könnte, daß sich Gruppenunterschiede auch auf der rein quantitativen Ebene, nämlich der Diskussion kritischer Ereignisse und Fehlhandlungsbedingungen, ergeben, zeigt die Auszählung der tatsächlich diskutierten Ereignisse keine Differenz: Im Mittel wurden 2,2 (verunfallte Personen) bzw. 2,7 (Zwillingspartner) Fehlhandlungsszenarien diskutiert, wobei die Spannweite in beiden Gruppen zwischen 1 und 3 lag. Die durchschnittliche Zahl diskutierter kritischer Ereignisse lag für verunfallte Personen bei 2,6 (Spannweite 1 bis 3) und für die Zwillingspartner bei 2,2 (Spannweite 0 bis 3). Hier, sicher aber auch an anderen Stellen der Untersuchung, müssen weitere Analysen vorgenommen werden. So könnte es durchaus sein, daß weitere Bedingungen und Ereignisse existieren, wir aber nicht den Eindruck vermittelten, eine vollständige Erfassung anzustreben. Selbstverständlich könnte es auch möglich sein, daß wir nur jeweils die virulenten (mit Affekten besetzten) Ereignisse berichtet bekamen. Da mitunter die Zwillinge unterschiedliche Ereignisse berichteten, ist diese Hypothese sogar wahrscheinlich.

Statistisch bedeutsam (ermittelt mit einem nicht-parametrischen Test für Paardifferenzen und einem festgelegten Signifikanzniveau von 0,1%) ist das unterschiedliche Wissen um Handlungsalternativen[9]: 43% der verunfallten Personen - im Gegensatz zu 67% der Zwillingspartner - verfügen über mindestens eine Handlungsalternative. Auch wenn hierzu erst eine weitere Operationalisierung und eine objektivierte Erfassung von tatsächlichen Freiheitsgraden (möglichen Ausführungsalternativen) vorgenommen werden muß, entspricht das Ergebnis den Erwartungen: Aus der bewußten Verarbeitung und Reflexion von Fehlhandlungsszenarien (wobei die tatsächliche Zahl keine entscheidende Rolle spielt) ergibt sich ein strukturierteres (konvergentes und divergentes) Wissen über die Arbeitsanforde-

---

9 Die objektiv möglichen Handlungsalternativen wurden hier nicht ermittelt. Als Alternative ist vor allem die Umorganisation von Handlungsschritten (um kritische Bedingungen optimaler zu handhaben) und weniger die vollständige Veränderung der Ausführung zu verstehen.

rungen. Konkret resultieren aus verschiedenen Situationsbewältigungen unterschiedliche Handlungsweisen. Weiteren Aufschluß hierzu gibt der Befund, daß nur 13% der verunfallten Personen aus dem Unfall eine Handlungsalternative abzuleiten vermögen, während 73% der Verunfallten, die Fehlerszenarien strukturiert darstellen können, auch über mindestens eine Handlungsalternative verfügen: Der Unfall, so die Interpretation, führt auf der individuellen Verarbeitungsebene nicht zur Generierung von Handlungsalternativen; in dem *Maßnahmenbündel* der Arbeitsschutzabteilung kommt diese Kategorie gar nicht systematisch vor, so daß in der Regel keine institutionelle Unterstützung oder Anleitung erfolgt.

Die Rangplatzzuordnung von 49 Zwillingspaaren über vermutete (vorgegebene) Ursachenkomplexe zu ausgewählten Szenarien ist in der Abbildung 7 wiedergegeben.

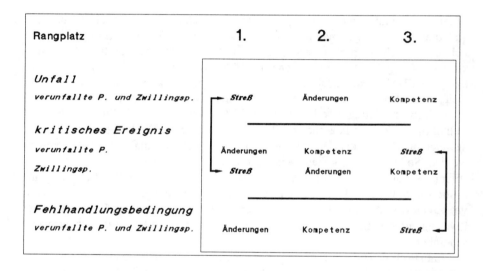

Abbildung 7: Ergebnisse der Rangplatzvergabe (1 bis 3) von Verursachungsmomenten zu den Ereignissen: Unfall, kritische Situation, Fehlhandlung; vorgenommen von 98 Personen

Hier ist von Bedeutung, daß sich die Ursachenzuschreibungen für Unfallereignisse und Fehlhandlungsbedingungen deutlich voneinander unterscheiden und für beide Gruppen gleich sind: Streß und Hektik - so die Vermutung der Personen ohne Unfallerfahrung und die Erlebnisbewertung der verunfallten Personen - markieren das Unfallgeschehen, während beim Eintritt von Handlungsfehlern die veränderten situativen Anforderungen als ursächlich angesehen werden, oder der Grad notwendiger Kompetenz (in Form von Wissen und/oder Können) noch nicht zur fehlerfreien Ausführung ausreicht. Gruppenunterschiede gibt es bei der Ursachenzuschreibung für kritische Ereignisse: Personen ohne Unfallerfahrung bewerten diese wie Unfälle. Verunfallte Personen hingegen stellen eine Parallele zu Fehlhandlungsverläufen her. Die je unterschiedlichen Bewertungen der Szenarien haben sicher nicht nur kognitive Auswirkungen, sondern auch Konsequenzen für die Handlungsebene, so daß eine weiterführende Untersuchung angeschlossen werden muß.

Wollte man die Ergebnisse im Sinne des Volksmundes zusammenfassen, so könnte man konstatieren: Personen ohne Unfallerfahrung lernen aus Fehlern; Verunglückte gehen u. U. davon aus (obwohl keine Wechselwirkung zur Arbeitshandlung vorliegt), daß man erst aus Schaden klug werden kann. Interessant ist in diesem Zusammenhang, daß bei der Einschätzung der Sprichwörter eine umgekehrte Einstellung vorliegt: 84% der Verunfallten und 69% der Zwillingspartner sind der Meinung, daß man aus Fehlern lernen kann. Die Einschätzung darüber, ob man aus Schaden klug werden könne, ist nicht nur bedeutend geringer, sondern ebenfalls wieder - bezogen auf die oben diskutierten Befunde - reziprok: 30% der verunfallten Personen und 46% der Zwillingspartner stimmen diesem Sprichwort zu: Nicht die rationale Verknüpfung, sondern eine psycho-logische Verbindung zwischen Einstellung und Kompetenz spiegelt sich in den Ergebnissen wider.

4. Zusammenfassung

Die hohe Übereinstimmung zwischen den Darstellungskompetenzen der Arbeitsaufgaben bei den Untersuchungsgruppen bestätigt die Entscheidung und die Auswahlkriterien für das Zwillings-Design. Mögliche Gruppenunterschiede in der Darstellungskompetenz verschiedener Erhebungsszenarien sind damit inhaltlich zu diskutieren.

Aufgrund der Wechselwirkung zwischen der höherwertigen Darstellungskompetenz von Fehlerszenarien und Arbeitshandlungen bei den Personen ohne Unfallerfahrung kann von dem in der Arbeitshypothese formulierten Interaktionseffekt ausgegangen werden. Für die Gruppe der Verunglückten, die - im Gegensatz zu den Zwillingspartnern - nicht Fehlhandlungsverläufe, sondern kritische Ereignisse strukturierter darstellen, konnte keine Interaktion zwischen den Erhebungsszenarien aufgezeigt werden: Ob und was sie aus dem Unfallgeschehen zu lernen vermögen, schlägt sich nicht auf der Ebene der kognitiven Handlungsstrukturierung nieder. Bei den Zwillingspartnern hingegen besteht eine Wechselwirkung zwischen der mentalen Repräsentation des Arbeitsauftrags und der der Fehlhandlungsbedingungen, die natürlich aus diesen bzw. der organisatorischen und situativen Umgebung resultieren. Ihren Niederschlag auf der Handlungsebene (der alltäglichen Praxis) findet die Interaktion in der Verfügbarkeit von alternativen Handlungsweisen zum vorgegebenen Arbeitsauftrag.

Dort, wo es also möglich ist, Fehlerszenarien zu reflektieren, weil beispielsweise Motivation, Einsicht und Zeit vorhanden sind, leisten sie einen Qualifizierungsbeitrag. Die Einblickstiefe und das Kontextwissen zu dem eigentlichen Arbeitsauftrag werden verbessert: Fehlhandlungsbedingungen können als *Aneig-*

nungschance genutzt werden. Aus der evtl. Verarbeitung von kritischen Szenarien (einer strukturierten Darstellungskompetenz) resultiert hingegen diese Interaktion zum Arbeitsauftrag nicht: kritische Ereignisse stellen u. U. eine *Aneignungsbarriere* dar.

Nur ein empirischer Befund, der die vorgelegten Ergebnisse bestätigen und zu verlängern vermag, ist uns bekannt. Im Bereich des Sports erzielte Gürtler (1988) folgendes Ergebnis: "dort, wo mehr Unfälle im Training gezählt wurden, traten weniger, vor allem aber weniger folgenschwere Unfälle im Wettkampf auf. Wenige Unfälle im Training gingen dagegen mit mehr folgenschweren Unfällen im Wettkampf einher" (S. 95).

Literatur

Ausubel, D.P. (1974). *Psychologie des Unterrichts*. Beltz: Weinheim.
Galperin, P.J. (1982). *Grundfragen der Psychologie*. Pahl-Rugenstein: Köln.
Gürtler, H. (1988). Unfallschwerpunktanalyse des Sportspiels. In E. Rümmele (Hrsg.), *Sicherheit im Sport - eine Herausforderung für die Sportwissenschaft* (S. 91-100). Köln: Strauss.
Hoyos, C. Graf, Bernhardt, U.; Hirsch, G. & Arnhold, T. (1991). Vorhandenes und erwünschtes sicherheitsrelevantes Wissen in Industriebetrieben. *Zeitschrift für Arbeits- und Organisationspsychologie, 35*, 68-76.
Krauth, J. & Lienert, G.A. (1973). *Die Konfigurationsfrequenzanalyse*. Freiburg, München: Alber.
Langeheine, R. (1980). *Log-lineare Modelle zur multivariaten Analyse qualitativer Daten*. München, Wien: Oldenbourg.
Seifert, C.M. & Hutchins, E.L. (1989). Learning within a distributed system. The Quarterly Newsletter of the Laboratory of Comparative. *Human Cognition, 11*, (4), 107-114.
Wehner, T. & Mehl, K. (1986). Über das Verhältnis von Handlungsteilen zum Handlungsganzen - Der Fehler als Indikator unterschiedlicher Bindungsstärken in "Automatismen". *Zeitschrift für Psychologie, 194*, 231-245.

III.
Erlebnis-, Argumentations- und Handlungsstrukturen von Sicherheitsexperten und Laien

Bei der Bestimmung des Untersuchungsdesigns für alle empirischen Arbeiten dieses Teils setzen wir eine gesamtgesellschaftliche Konfliktlinie um, die im Zuge der Etablierung von Einzelwissenschaften und Anwendungsgebieten entsteht und nicht nur Zuständigkeiten regeln, sondern Macht ermöglichen bzw. sichern soll: Es ist der Konflikt oder Gegensatz zwischen Experten und Laien. Der vor allem in der Sicherheitswissenschaft und dem psychologischen Arbeitsschutz sehr schnell zum Gegensatz zwischen professionell und unprofessionell, kompetent und inkompetent, entscheidungsbefähigt und entscheidungsabhängig stilisiert wird. Uns scheint es deshalb wichtig, gerade in den sozialwissenschaftlichen Studien die Unterschiede und Gemeinsamkeiten bezüglich der Affekte, Einstellungen, Argumentationsstile und Handlungskompetenzen der beiden Akteursgruppen gegeneinander zu spiegeln. Dabei gehen wir davon aus, daß mit dem Gegensatzpaar ursprünglich nicht nur Asymmetrie oder gar eine inverse Beziehung konnotiert wurde, wie dies im heutigen Alltag geschieht. Heute wird der Laie zur Unmündigkeit degradiert, obwohl er lediglich den rationalen Diskurs über die in Rede stehenden gesamtgesellschaftlichen Bewertungsaspekte nicht per berufsbezogene Sozialisation erfahren hat: Hierin ist er Laie, obwohl er von den Inhalten betroffen ist und diese selbstverständlich auch bewertet. Auch wenn von jeher Ausgrenzung beobachtet werden kann, wurde weder in der Kunst (Laienspieler, Autodidakt) noch in der institutionalisierten Religion (die Laien als zweiter Stand) oder der Jurisprudenz (Laienrichter, Schöffe) der Aspekt des Ungelerntseins als einziger pointiert, sondern die Momente des gemeinsamen Interesses und Betroffenseins gesehen. Am Ergänzenden wurde lange Zeit festzuhalten versucht, nicht zuletzt wegen einer intendierten kulturellen Vielfalt als Interesse der Intellektuellen und als ethisch-moralische Verpflichtung, als Sicherungsinteresse der Machthaber.

Von einer solchen gegenseitigen Befruchtung gehen auch wir aus, ohne dabei bestehende Unterschiede zu ignorieren. Diese bestehen jedoch nicht mehr darin, daß die eine Seite universell, d.h. mit einer Stimme spricht, während auf der anderen Vielfalt und damit Beliebigkeit herrscht oder gar darin, daß eine Seite im Besitz von Wahrheiten ist und die andere sich grundsätzlich im Irrtum befindet. Selbst der Aspekt der Durchsetzungsmöglichkeiten (nicht vielleicht der der Durchsetzungsfähigkeiten) markiert keine eindeutigen Unterschiede: Bürgerinitiativen, Selbsthilfegruppen und eben nicht zuletzt Laienspieler haben Einflußpotentiale gewonnen, die von Experten weder beansprucht noch ausgefüllt werden könnten. Unterschiede sind eben vor allem auf der Ebene der Sozialisation, und d.h. auch des Zugangs zum Wissen und letztlich auf der Ebene des Handelns, zu suchen. Diesen gehen wir hier nach und können etwa zeigen, daß sich die affektiven Einstellungen zu den Begriffen Sicherheit und Gefahr zwischen den Gruppen nicht unterscheiden und damit die Basis für einen Diskurs bieten und keinesfalls den gegenseitigen Vorwurf - die Sicherheitsdiskussion ausschließlich emotional oder ausschließlich rational zu führen - legitimieren.

Emotionale Einstellungen in der Sicherheits- und Technikdebatte - Eine konnotative Begriffsananlyse bei Laien und Experten

Norbert Richter und Theo Wehner

1. Fragestellung

Die Technikdebatte wird heute allenthalben kontrovers geführt: Innerhalb der Wissenschaft und noch vehementer zwischen Wissenschaft und Öffentlichkeit. Hier stellt sich der Diskurs über technisches Handeln immer mehr als Polarisierung dar, deren allmähliche Verhärtung in den Argumentationsrichtungen sich mit den Begriffen Rational versus Emotional beschreiben läßt. Dabei stehen diejenigen Experten, deren Forderungen nach mehr Objektivität gespeist wird aus der Überzeugung, nur mit vermehrtem wissenschaftlichem Engagement den Herausforderungen der Zukunft begegnen zu können, einer zunehmend technikpessimistischen Öffentlichkeit gegenüber, die zumindest aus einer persönlichen, emotionalen Betroffenheit heraus argumentiert.

Nach einer Längsschnittuntersuchung des Instituts für Demoskopie in Allensbach sank gerade auch unter den Jugendlichen bereits in den Jahren 1966 bis 1981 der Anteil derer, die Technik als *segensreich* beurteilten von 83% auf 23% (zit. nach Lenk, 1982, S. 24). Dieser Einstellungswandel hat wiederum die meisten Technikexperten beunruhigt, und zwar viele von Ihnen so sehr, daß sie sich dazu verleiten ließen und lassen, allzuviele technikkritische Diskussionsbeiträge mit dem Etikett *emotional* zu belegen und sie damit gleichzeitig als subjektiv und unzulänglich abzutun. Welche Chance in der gesellschaftlichen Aufarbeitung von Affekten liegen kann, muß von solchen Experten verkannt werden, deren öffentliches Hauptengagement darin besteht, immer wieder nur Rationalität für die weitere Auseinandersetzung einzuklagen und pauschal vor Emotionalität zu warnen. Zwei Expertenaussagen hierzu seien im folgenden stellvertretend zitiert:

> Ich halte es für unserer Pflicht, die rationalen Grundlagen unserer Kultur zu erhalten - wir wollen nicht zurück in den Zustand eines unaufgeklärten Volkes, das von Ayatollahs beherrscht wird. (Steinbuch, 1987, S. 158)

> Das elementare Gefühl der `Betroffenheit', das heute vielfach als letzte Instanz propagiert wird, liegt vor der intellektuellen Prüfung, die außer der Größe des möglichen Unheils auch dessen Wahrscheinlichkeit in Betracht zieht. Diese Prüfung zu unterlassen, wäre töricht und würde zur Preisgabe an sinnlose Affekte führen. (Hofstätter, 1987, S. 39)

Beklagt wird von vielen Experten zudem die große Diskrepanz, die zwischen dem sogenannten objektiven Analysewert und der subjektiven Sicht von Gefahren besteht, wobei versucht wird, die Grenzen aufzuzeigen, jenseits derer, "auf sie (die subjektiven Gefahrensichtweisen) einzugehen, nicht mehr verantwortet werden kann" (Fritzsche, 1986, S. 224). Eine sachlichere Informationspolitik, gerade auch der Medien, wird in diesem Zusammenhang gefordert, deren Schwerpunkt auf der Vermittlung der tatsächlichen Eintrittswahrscheinlichkeit von Gefahren liegen sollte. Von einigen technikkritischen Experten wird dieser Forderung jedoch mit großem Vorbehalt begegnet, da ihrer Meinung nach bei der Beurteilung von Gefahren der vorrangige Blick auf die Frage, wie wahrscheinlich das Eintreten dieser Gefahren ist, allzu schnell den Blick für das Ausmaß der Gefährdungen selber verstellt und damit auch die möglichen Folgeabschätzungen empfindlich beeinträchtigt. Deutlich ausgesprochen wird deshalb von dieser Position aus eine "Warnung vor der Wahrscheinlichkeit", so auch der Titel eines Aufsatzes im Kursbuch 85 (v. Woldeck, 1986, S. 63).[1]

Es ist unbestreitbar, die konträren fachlichen Positionen, die hier nur grob skizziert wurden, erleichtern es dem vielzitierten Mann auf der Straße nicht gerade, sich eine Orientierung bezüglich der technischen Risiken zu verschaffen. Dennoch, die Situation insgesamt gilt vielen Experten immer noch als richtungsweisend strukturiert und in absehbarer Zeit auch reibungsloser handhabbar. So äußert sich beispielsweise (leicht zynisch) der Ingenieur:

> Nachdem es heute viele Menschen gibt, welche durchaus in der Lage sind, eine Gefahr objektiv wahrzunehmen und diese rational zu beurteilen, darf doch wohl angenommen werden, daß dies auch für andere keineswegs ein als unerfüllbar zu bezeichnendes Fernziel darstellt. (Fritzsche, 1986, S. 562)

Bisher jedoch bleibt die Zulänglichkeit dieser Behauptung fragwürdig. Gerade die Ergebnisse der Risikoforschung belegen immer wieder den hohen Grad an Subjektivität in der Gefahreneinschätzung und gelten damit auch für Experten. Nach Einschätzung von Jungermann (1982) muß hier die Psychologie einsetzen und ihren Beitrag zur Risikowahrnehmung bei Laien *und* Experten leisten:

> Denn die Grenze zwischen Laien und Experten läßt sich nicht mehr säuberlich ziehen: Zum einen nämlich können sich Experten nur noch bedingt auf die `Objektivität' ihrer Methoden und Daten berufen; sie sind zwar geschulte, aber dennoch als individuelle Personen schätzende und urteilende Experten und insofern von Laien nicht ohne weiteres abhebbar. Zum anderen sind die für Entscheidungen erforderlichen Bewertungen der Implikationen einer Großtechnologie überhaupt keine Domäne, bei der die Experten so ohne weiteres zu einer priviligierten Rolle legitimiert wären; die Experten sind hier oft auch nur Laien. (Jungermann, 1982, S. 218)

Wir haben die Gedanken von Jungermann in unserer Arbeit berücksichtigt und der nachfolgenden Untersuchung die Frage zugrunde gelegt, wie sich die affektive

---

[1] Vgl. aber auch Kuhbier (1986): "Vom nahezu sicheren Eintreten eines fast unmöglichen Ereignisses - oder warum wir Kernkraftwerkunfällen auch trotz ihrer geringen Wahrscheinlichkeit kaum entgehen werden".

Seite der Einstellung von Experten und Laien zu den die Technikdiskussion wesentlich mittragenden Begriffsfeldern: Sicherheit und Gefahr gestaltet. Gibt es einen Unterschied in der emotionalen Struktur des Erlebens bei Experten und Laien bezüglich der genannten Begriffe im technischen Handeln? Wenn ja, welcher Art ist dieser Unterschied, daß ihn unterstellend ein Großteil der Expertenschaft fordert, alle emotionalen Aspekte in der Technikdebatte unberücksichtigt zu lassen bzw. Emotionalität in diesem Bereich nahezu diffamiert.

2. Gegenstand und Methode

In der vorliegenden Untersuchung soll der emotionale Eindruck der Begriffsfelder *Sicherheit* und *Gefahr* analysiert und an den beiden unterschiedlichen Projektionsebenen *Handwerk* und *neue Technologien* gespiegelt werden. Vorab jedoch eine theoretische Darstellung des affektiven Bedeutungsraums und im Anschluß daran eine Beschreibung der Methode, mit der dieser Aspekt der Bedeutung als emotionale Erlebnisdimension abgebildet werden kann.

2. 1. Der konnotative Begriffsraum

Das Wissen über die Objekte in der Welt, mit denen wir umgehen, sei es in konkreter oder abstrakter Form, ist in unserem Gedächtnis in Form von Einheiten gespeichert. Diese Einheiten werden als Begriffe (vgl. Hoffmann, 1986) bezeichnet. Damit sie jedoch *für etwas stehen* können, müssen sie für uns eine Bedeutung besitzen: Bedeutung als sinnstiftende Beziehung zwischen sprachlichen und nichtsprachlichen Tatbeständen. Die Erklärungsansätze zum Bedeutungsproblem (von Hörmann einmal scherzhaft als Pandorabüchse bezeichnet) bezüglich der semantischen Nähe von Zeichen oder Wörtern im lexikalischen Speicher reichen von Netzwerkmodellen über das Postulat sich überlappender Merkmalssätze oder Familienähnlichkeiten bis zur Idee der visuellen Vorstellungsbilder als Kodierungsform konkreter Objekte. In der wissenschaftlichen Diskussion stehen diese Modelle relativ gleichberechtigt nebeneinander. Neben diesen Ansätzen hat ein Erklärungsmodell des Neobehaviorismus vor allem wegen der Praktikabilität seiner Skalierungstechnik von Begriffsvorstellungen Bedeutung erlangt. Das von Osgood und Mitarbeitern (Osgood, 1952; Osgood, Suci & Tannenbaum, 1957) entwickelte Konzept verbindet drei Denkmodelle miteinander: Ein Raum-, ein Verhaltens- und ein Meßmodell (das Semantische Differential). Das Raummodell geht von der Annahme eines (mit dem Meßmodell empirisch gewonnenen) dreidimensionalen semantischen Raumes aus, in dem sich sprachliche Zeichen (Begriffe) entsprechend ihrer erlebten Bedeutsamkeit (Länge des Vektors) und ihrer semantischen Qualität (Richtung des Vektors) abbilden lassen. In der Verhaltenstheorie der Bedeutung von Zeichen, der *represential mediation theory*, wird der im Sprachbenutzer ablaufende Prozeß (kognitiver Aspekt) zwischen der Darbietung eines Zeichens und der dadurch bestimmten Reaktion durch einen spezifischen, eben repräsentationalen Vermittlungsprozeß, erklärt (vgl. dazu ausführlicher Hörmann, 1978, S. 92 ff; Fuchs, 1975).

Vorweg ist eine wichtige theoretische Unterscheidung bezüglich der Bedeutung sprachlicher Zeichen zu treffen. Osgood betrachtet den Prozeß der Bedeutungszumessung mit Hilfe seines Meßverfahrens in *denotativer* (lexikalischer) und *konnotativer* (metaphorischer) Hinsicht. Während sich Denotation auf die hinweisende, beschreibende Bedeutung eines Begriffes bezieht, ist mit Konnotation das gemeint, was im Sprachbenutzer bei einem Wort *mitschwingt*. Die denotative Bedeutung von Mond, um ein Beispiel von Hörmann aufzugreifen, wäre etwa: "ein unsere Erde umkreisender Himmelskörper", während der konnotative Aspekt sich eher auf Assoziationen wie: "kalt, fern, Sehnsucht, einsam" (Hörmann, 1981, S. 66) bezieht. In diesem Beispiel wird zugleich deutlich, daß sich der konnotative vom denotativen Aspekt unter anderem durch eine größere interindividuelle Varianz auszeichnet. So dürfte über die Denotation von Mond im allgemeinen Einigkeit bestehen, die Konnotation dieses Begriffes kann jedoch weit auseinandergehen. Gleichzeitig kann die Variabilität der möglichen Antworten auf wenige Dimensionen des konnotativen Begriffraumes reduziert werden. In der Frage der Qualität des konnotativen Aspektes von Bedeutungen ist Osgood nicht eindeutig. Waren für ihn ursprünglich noch beide Aspekte innerhalb eines *kognitiven Geschehens* einzuordnen, korrigierte er seine Auffassung später (Osgood, 1962) dahingehend, daß er den vom Semantischen Differential erfaßten (konnotativen) Bedeutungsaspekt einem *affektiven Vermittlungssystem* zuordnet. In der pragmatischen Verwendung des Semantischen Differentials findet sich bei Hofstätter (1955), der diese Technik für den deutschen Sprachraum entwickelt hat und die Bezeichnung Polaritätsprofil einführte, ein erster und bei Ertel (1964, 1965a,b) ein zweiter *Bedeutungswandel*. Ertel bezeichnet das von ihm entwickelte Instrument als Eindrucksdifferential (ED). Durch das ED wurde die Möglichkeit geschaffen, innerhalb eines standardisierten Verfahrens den konnotativen Begriffsraum als emotionale Erlebnisdimension aufzufassen. Das von Osgood skizzierte Meßmodell wird hier im Sinne des Eindrucksdifferentials genutzt.

2. 2. Das Eindrucksdifferential

Wie beschrieben können Wortbedeutungen denotative und konnotative Aspekte beinhalten. Wenn auch eine Trennung nicht immer eindeutig gelingen mag, steht mit der Skalierungsmethode des Eindrucksdifferentials ein standardisiertes Verfahren zur Verfügung, das es ermöglicht, die konnotative Bedeutungsseite von Begriffen - man spricht hier auch von Konzepten - abzubilden und diese als emotionale Erlebnisdimension zu interpretieren. Als Differential wird es bezeichnet, weil es hinsichtlich des assoziativ vermittelten Bedeutungsgehaltes eines Begriffes sowohl intra-, als auch interindividuell zu differenzieren vermag. Das ED besteht aus 18 Skalen[2], deren Endpunkte durch jeweils gegensätzliche Substantive (z.B.: *Helle - Finsternis*) gebildet werden, durch die das semantische Kontinuum begrenzt wird. Die Untersuchungsteilnehmer (UT) werden gebeten, ein vorgegebenes Konzept auf diesen Skalen einzuordnen und durch Ankreuzung die Nähe, die das jeweilige Konzept zu den Substantiven für sie besitzt, zu bestimmen. Verbindet man die Skalenmittelwerte eines ED, das die Mittelwerte aus den individuellen Skalenwerten einer repräsentativen Stichprobe enthält, bekommt man ein Profil. Dieses vermittelt einen Eindruck über die Konnotation der durch diese Stichprobe repräsentierten Gruppe zu dem jeweiligen Konzept. Die konnotative Ähnlichkeit oder semantische Nähe von Begriffen läßt sich dann unter anderem durch die Korrelation der Profile beschreiben. So erhält beispielsweise Hofstätter (1955) bei der Korrelation der beiden Untersuchungsbegriffe "rot" und "Liebe" den intuitiv leicht nachvollziehbaren Korrelationskoeffizienten von .89; d.h., die beiden Begriffe weisen auf der konnotativen Ebene nur knapp über 20% Variationsunterschiede (Eigenständigkeit) aus.

Neben der Betrachtung und Korrelation von Profilen lassen sich die Skalen mit Hilfe der Faktorenanalyse auf drei Dimensionen reduzieren und, wie Ergebnisse auch aus transkulturellen Untersuchungen zeigen, "als die wichtigsten Determinanten der semantischen Konnotation" (Dawes, 1977, S. 201) interpretieren. Die von Ertel (1964) eingeführten Faktorenbezeichnungen lauten (mit jeweils einem Skalenbeispiel) wie folgt: *Erregung* (Schnelligkeit - Langsamkeit), *Valenz* (Wohlklang - Missklang) und *Potenz* (Stärke - Nachgiebigkeit). Wir schließen uns hier der Ertelschen Diktion an, die sich bei der Benennung der Faktoren auf die Forschungstradition von Wundt und Lewin stützt.

Die drei genannten Faktoren kennzeichnen die Struktur des *emotionalen Erlebens*; gleichzeitig lassen sich dieser auch entsprechende *Verhaltensdimensionen* zuordnen (Ertel, 1964). So entspricht der *Erregung* die Verhaltensintensität *sich vom Leibe halten* vs. *sich zurückhalten*, der *Valenz* eine Verhaltensintention im Sinne einer *Zuwendung* vs. *Abwendung* gegenüber einem Objekt, und der *Potenz* entsprechen die Verhaltensformen der *Dominanz* vs. *Submission*. Dabei ist zu beachten, daß die Verhaltenstendenz nicht als direkte Spiegelung der Anmutungsausprägung zu verstehen ist. Gerade für den Potenzfaktor beobachtete Ertel in seinen Untersuchungen, in denen Personentypen faktorisiert wurden, ein reziprokes Verhältnis. Dies bedeutet, daß "das Submissionsverhalten vornehmlich Personen mit starker Potenz gegenüber bereitliegt, das Dominanzverhalten zeigt sich bevorzugt gegenüber Personen mit geringer Potenz" (Ertel, 1964, S. 19). Da wir beabsichtigen, die den Anmutungsqualitäten entsprechenden Verhaltenstendenzen in eine spätere Interpretation der ermittelten Daten mit aufzunehmen, sind in der

---

2 Für die Begründung der von uns in der Untersuchung vorgenommen Reduzierung auf 12 Skalen halten wir uns an Schwab (1982, S. 140), der dazu die von Ertel (1965a) angegebenen Werte für die Ladungsreinheiten der einzelnen Skalen, die Kommunalitäten und das Betagewicht heranzieht.

nachfolgenden Abbildung die geschilderten Zusammenhänge noch einmal grafisch dargestellt.

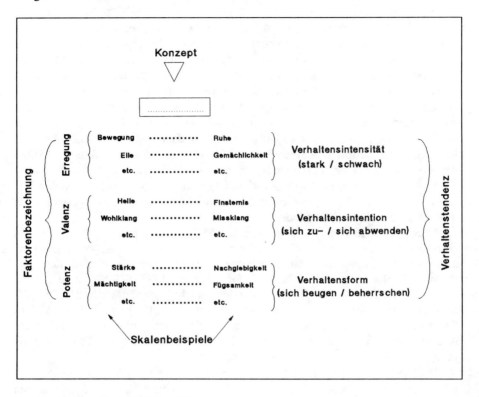

Abbildung 1: Das Eindrucksdifferential

3. Untersuchungsbegriffe

Bei dem gewählten Untersuchungsinstrument handelt es sich um ein indirektes Verfahren, bei dem nicht direkt nach den Vorstellungsaffinitäten gefragt wird, sondern diese werden erst im quantitativen Vergleich verschiedener Profile gewonnen. Dazu ist ein Gerüst erforderlich, das in unserem Fall aus den beiden Wortfeldern Sicherheit und Gefahr gebildet wird. Die Wortfelder zeichnen sich zueinander durch Heterogenität aus und innerhalb durch Homogenität.
Das Wortfeld Sicherheit umfaßt die Begriffe:

* *Sicherheit*
* *Zuverlässigkeit*
* *Geborgenheit*

Zum Begründungszusammenhang von *Sicherheit* und *Zuverlässigkeit* bemerkt Kaufmann (1973, S. 54 ff), daß der Sicherheitsbegriff im Zuge seiner normativen Aufladung mehr und mehr die ursprüngliche Eigenschaftsidee verloren hat und als "idée directrice" des technischen Zeitalters mit dem Begriff der *Zuverlässigkeit* (als Beherrschung von Gefahr im Sinne der Gebrauchstauglichkeit von Maschinen) zusammenfällt. Die Aufnahme des Begriffes *Geborgenheit* in das erste Wortfeld sehen wir u.a. durch die im öffentlichen Sprachgebrauch synonyme Verwendung zu *Sicherheit* gerechtfertigt. Die Werbung bspw. macht sich diese Verknüpfung oft zu nutze und unterstellt stereotyp ihren Produkten *Sicherheit und Geborgenheit* garantierende Potenz. Auch wenn Kaufmann dieser Gleichsetzung entgegenstellt, daß der mit dem Begriff *Geborgenheit* gemeinte Bewußtseinszustand für die Gegenwart nicht mehr typisch ist und "vergangenen sozio-kulturellen Bedingungen entspricht" (S. 141), wird dieser Begriff aufgenommen, zumal er in einem Assoziationstest zu *Sicherheit*, wie Kaufmann ebenfalls berichtet, an erster Stelle erschien (S. 228).

Da durch die Fragestellung ein Bezug zur Technik intendiert und gefordert ist (Spiegelung an den Projektionsebenen), wählten wir für das Wortfeld *Gefahr* die Begriffe:[3]

* *Gefahr*
* *Fehler*
* *Risiko*

Der Unterschied von *Gefahr* und *Risiko* zu *Sicherheit* dürfte auf der phänomenologischen Ebene nachvollziehbar sein. Die Bedeutung von *Risiko* in der Frage der technischen *Sicherheit* (gekennzeichnet durch Begriffe wie Risikofaktor, risk-assessment etc.) ist ebenfalls evident. Anders verhält es sich mit dem Begriff des *Fehlers*. Der Volksmund behauptet zwar, durch Fehler lerne man, doch wird seine potentielle Vitalität innerhalb großtechnischer Anlagen, in denen kleinste Fehler katastrophale Auswirkungen haben können, negiert. Ja er erfährt geradezu eine Tabuisierung, wenn es um technische Sicherheit geht. Darüber hinaus wird die Lernpotenz des *Fehlers* durch den zur Leerformel gewordenen Terminus *menschliches Versagen* ohnehin gebrochen. Zusätzliche Evidenz als Werte im technischen Handeln bekommen die Begriffe, mit Ausnahme der *Geborgenheit*, durch ihre zentrale Verwendung im Richtlinienentwurf "Empfehlungen zur Technikbewertung" des VDI-Ausschußes "Grundlagen zur Technikbewertung" (vgl. König, 1988, S. 140 ff).

---

[3] Würde man das Verhältnis von Sicherheit in einem sozialen Kontext untersuchen und nicht mit Technik in Beziehung setzen wollen, wären bereits die Begriffe *Unsicherheit* oder *Not* als passende Bezüge anzusehen.

Zu den benutzten Projektionsbereichen
* *Handwerk*
* *Neue Technologien*

bleibt noch anzumerken, daß diese beiden Technologiestufen wiederum aufgrund ihres Unterschiedes ausgesucht worden sind. Eine definitorische Vorgabe, etwa in Form einer Konkretisierung, wird nicht diskutiert. Die Begriffe werden hier als Metaphern gebraucht.

4. Untersuchungsgruppen

Es sollen in dieser Untersuchung Experten und Laien nach ihrem emotionalen Eindruck zu den oben genannten Begriffen befragt werden. Die Bestimmung des Expertenstatus leitet sich aus der Analyse des Wertesystems Sicherheit bei Kaufmann (1973) ab. Er unterscheidet im Sonderfall *Technische Sicherheit* zwei Bedeutungsinhalte, die als *System-* und *Betriebssicherheit* gekennzeichnet werden. Während sich der Begriff der Systemsicherheit auf die zuverlässige Funktion des technischen Systems bezieht, zielt die Betriebssicherheit auf das gesamte Mensch-Maschine-Umwelt-System.

Tabelle 1: Die Untersuchungsgruppen

Personen in:	Sozialisation	Profession
Sicherheits-ing. (S)	* Immatrikulation an der BUGH-Wuppertal[4] im FB Sicherheitswissenschaften	* Abschluß des Sicherheitslehrganges A & B der BG (laut ASiG, 1973)
Ingenieure (I)	* Immatrikulation an einer ingenieurwissenschaftlichen Fakultät	* Ausübung des Ingenieurberufes
Nicht-Techniker (N)	* Immatrikulation an einer geisteswissenschaftlichen Fakultät	* Ausübung eines geisteswissenschaftlichen Berufes

Analog dieser Unterteilung ergeben sich für die Befragung zwei Expertengruppen: Zum einen die Gruppe der *Sicherheitsingenieure*, die in der Konzeption von Betriebssicherheit in industriellen Unternehmen den gesellschaftlich normativen Charakter von *Sicherheit* am deutlichsten vertreten. Zum anderen die *Ingenieure*

---

4 Die Bergische Universität Gesamthochschule Wuppertal (BUGH) ist die einzige akademische Ausbildungsstätte mit einem Fachbereich für Sicherheitswissenschaft.

als Planer bzw. Konstrukteure technischer Systeme, für die Systemsicherheit zum Kriterium der Leistungsfähigkeit technischer Systeme überhaupt wird. Einen in diesem Sinne abgrenzbaren Laienstatus bestimmen wir für die Gruppe der in nichttechnischen Berufen Tätigen und bezeichnen sie im folgenden als *Nichttechniker*. Für alle drei Gruppen gilt, daß die sozialisationstheoretische Frage, ob eine Spezifik hinsichtlich der Einstellungsstruktur erst in der Ausübung des Berufes oder schon während der beruflichen Sozialisation ausgebildet wird, hier nicht entschieden werden kann. Somit werden die Untersuchungsgruppen verdoppelt. Die Voraussetzungen und Merkmale der Gruppenzugehörigkeit sind in Tabelle 1 einzusehen.

5. Datenerhebung

Da das von uns verwandte Untersuchungsinstrument ein standardisiertes Verfahren darstellt, diente der durchgeführte Pretest in erster Linie dazu, die Verständlichkeit der Instruktion und die Zumutbarkeit des Zeitaufwandes zu klären. Die Ergebnisse gingen in die endgültige Konzeption des Fragebogens (vgl. Richter & Bodenstein, 1989) mit ein. Dieser besteht im wesentlichen aus drei Teilen: einer Einleitung, mit der der Untersuchungsrahmen abgesteckt und ein assoziativer Kontext zum Bereich Technik hergestellt werden sollte, einer Instruktion zum Ausfüllen der einzelnen Bewertungsblätter und den acht Untersuchungsbegriffen mit dem Ertelschen Eindrucksdifferential.

Gemäß den in Tabelle 1 festgelegten Voraussetzungen wurde der Zugang zu den einzelnen Untersuchungsgruppen über verschiedene Wege gesucht. Die sich in Sozialisation befindlichen UT wurden in Seminaren der BUGH Wuppertal, der Hochschule für Technik in Bremen und in der Universität Bremen angesprochen. Für die in Profession befindlichen Personen wurde überwiegend der Weg der postalischen Befragung gewählt. Hier wurden sowohl in zufällig ausgewählten Betrieben Tätige als auch in der Forschung Arbeitende angeschrieben[5]; dabei war eine hohe Rücklaufquote von ca. 60% zu verzeichnen.

6. Ergebnisse

Das zur Auswertung vorliegende Datenmaterial umfaßt die Antworten aus insgesamt 466 Fragebögen.

Eine inferenzstatistische Prüfung der Untergruppen auf Homogenität hat stattgefunden und ist an anderer Stelle beschrieben worden (vgl. Richter & Bodenstein,

---

5 Wir danken an dieser Stelle allen Untersuchungsteilnehmern, sowie den Hochschullehrern für ihre Kooperationsbereitschaft; insbesondere Herrn Prof. Dr. Dr. W. Krüger von der BUGH-Wuppertal, der uns zusätzlich bei der Organisation eines Workshops zur Rückmeldung der Ergebnisse unterstützte.

1989, S. 78 ff). Die Ergebnisse legen es nahe, die Populationsunterschiede in der weiteren Betrachtung aufzugeben, so daß im folgenden nur noch die drei Gesamtgruppen (S: n = 228; I: n = 138; N: n = 100) analysiert werden.

In einem ersten Auswertungsschritt findet sich die korrelationsstatistische Betrachtung der Daten, in der der Frage der Heterogenität zwischen und Homogenität in den Wortfeldern nachgegangen wird. Die phänomenologische Beschreibung der zentralen Begriffsfelder *Sicherheit* und *Gefahr* bildet die zweite Auswertungsebene. Abschließend wird das Verhältnis der Projektionsbegriffe zu den Wortfeldern näher betrachtet. Innerhalb der folgenden Beschreibung liegt der Schwerpunkt auf der Darstellungsebene.

6. 1. Prüfung der Wortfelder

Der diskutierte Begründungszusammenhang bei der Begriffswahl in den beiden Wortfeldern steht in einem theoretischen, also eher denotativen Kontext. In diesem Auswertungsschritt soll untersucht werden, inwieweit die subjektiven Begriffsrepräsentationen die Homogenität bzw. Heterogenität nachzeichnen können und ob sich zusätzlich die Stichproben unterscheiden. Diese Frage ist keineswegs trivial da man sich durchaus Wortfelder vorstellen kann, die auf der denotativen Ebene weitgehend Homogenität auszeichnet und deren Konnotationen variieren. Um nun die Gemeinsamkeiten und Unterschiede aufzuzeigen, wird auf die Korrelationsstatistik zurückgegriffen.

Tabelle 2: Interkorrelation zwischen den Begriffen der Wortfelder

Begriffe \ Begriffe		Sicherheit	Geborgenheit	Risiko	Gefahr	Fehler
Zuverlässigkeit	S	.97	.91	-.86	-.87	-.92
	I	.94	.88	-.80	-.86	-.83
	N	.76	.94	-.84	-.89	-.93
Sicherheit	S		.91	-.90	-.90	-.95
	I		.94	-.92	-.95	-.91
	N		.66	-.64		-.69
Geborgenheit	S			-.93	-.95	-.96
	I			-.93	-.95	-.95
	N			-.92	-.93	-.97
Risiko	S				.99	.97
	I				.99	.95
	N				.96	.94
Gefahr	S					.97
	I					.95
	N					.95

In der Tabelle 2 sind die Ergebnisse der Interkorrelation zwischen den sechs Begriffen für die drei Untersuchungsgruppen dargestellt. Die angegebenen Werte sind auf dem 1% Niveau signifikant, freigelassene Felder kennzeichnen einen nichtsignifikanten Korrelationskoeffizienten. Bei einem ersten Blick in die Ergebnisdarstellung fallen die hohen Korrelationen auf, wobei der Anteil der Werte zwischen $\pm.90$ und $\pm.99$ überwiegt. Innerhalb der Wortfelder finden wir durchgängig positive Korrelationen, die generell auf einen homogen Erlebniszusammenhang schließen lassen. Im Gegensatz jedoch zur der eindeutig gleichen Konnotation der Begriffe des zweiten Wortfeldes (der kleinste Wert beträgt hier noch .94) zeigen sich im ersten Wortfeld interessante Gruppenunterschiede. Für die beiden Ingenieurgruppen lassen sich hier nur geringe Differenzen im erlebten Bedeutungszusammenhang erkennen. Besonders augenfällig ist die bewertete Nähe der Begriffe *Sicherheit* und *Zuverlässigkeit* (.97) bei den Sicherheitsingenieuren. Kaufmanns (1973) theoretisch begründete Hypothese, wonach diese beiden Begriffe im technischen Zeitalter zusammenfallen, scheint besonders bei dieser Gruppe auch für den affektiven Bedeutungsaspekt zu gelten. Für die Nichttechniker gilt dies in wesentlich geringerem Maße, die Korrelation beträgt hier .76. *Sicherheit* und *Zuverlässigkeit* variieren also in der Gruppe der nichttechnisch professionalisierten Personen relativ stark; lediglich 50% gemeinsamer Varianz wird durch diese Korrelation aufgeklärt. Der eventuelle Einwand, es könne sich dabei um ein Artefakt handeln, da ein anderer Kontext als der geforderte Technikbezug *konnotiert* wurde (ein sozialer etwa), läßt sich dadurch entkräften, daß auch der Geborgenheitsbegriff als eine eher psychologische Kategorie dieselbe Tendenz zeigt und sogar eine noch geringere Konnotation zu *Sicherheit* (.66) im Vergleich zu den Technikergruppen aufweist.

Der Zusammenhang von *Geborgenheit* und *Zuverlässigkeit* wird demgegenüber wieder bei allen drei Gruppen (mit Werten zwischen .88 bis .94) ähnlich hoch erlebt. Aus der Sonderstellung des Sicherheitsbegriffes resultiert die Annahme eines anderen Begriffsverständnisses bei Nichttechnikern.

Betrachten wir weiter die Abgrenzung zwischen den Wortfeldern: *Geborgenheit* und *Zuverlässigkeit* stehen bei allen Gruppen in starker Opposition zu den gegensätzlichen Begriffen, eine Ausnahme bildet auch hier wieder der Sicherheitsbegriff. Seine konnotative Beurteilung aus Sicht der Nichttechniker läßt eine scharfe Abgrenzung zu *Risiko* (-.64) und *Fehler* (-.69) nicht erkennen. Für *Gefahr* besteht sogar statistische Unabhängigkeit, wohingegen die Technikergruppen eindeutig kontrastieren (-.90 bis -.95).

Zusammenfassend kann also festgehalten werden, daß innerhalb der Wortfelder deutlich Homogenität und zwischen den Wortfeldern starke Heterogenität besteht. Damit zeigt sich, daß die denotativen Gemeinsamkeiten sich auch auf der affektiven Ebene fortsetzen. Einen Gruppenunterschied finden wir jedoch in den Bewertungen von *Sicherheit*: Die Annahme eines abgrenzbaren emotionalen Verständnisses von *Sicherheit* im öffentlich-lebensweltlichen Umgang - im Vergleich zum professionellen, betrieblich-gebundenen -, wird durch eine *weichere* Konturierung (größere Variationsbreite zu den anderen Begriffen oder größere Eigenständigkeit des Begriffes selbst) bei Nichttechnikern nahegelegt. Die Sonderstellung des Sicherheitsbegriffes für Nichttechniker kann weiter durch die Ergebnisse der Intergruppenkorrelation belegt werden: Während die Einschätzungen für die übrigen Begriffe der Wortfelder zwischen allen Gruppen mit Werten zwischen .96 bis .99 sehr hoch korrelieren, liegt der Korrelationskoeffizient für *Sicherheit* zwischen Sicherheitsingenieuren und Nichttechnikern bei .80 bzw. .79 zwischen Ingenieuren und Nichttechnikern (vgl. Richter & Bodenstein, 1989, S. 96 ff).

Aus der parametrischen Auswertungsebene sollen an dieser Stelle keine weiteren inhaltlichen Interpretationen abgeleitet werden, dazu wird die phänomenologische Ebene des nächsten Auswertungsschrittes genutzt.

6. 2. Phänomenologische Beschreibung der Untersuchungsbegriffe

Da die Beschreibung aller Begriffsprofile der beiden Wortfelder sich hier zu umfangreich gestalten würde, beschränken wir uns im folgenden auf die Profilverläufe der Begriffe *Sicherheit* und *Fehler* die aufgrund ihrer Sonderstellung von vorrangigem Interesse sind.

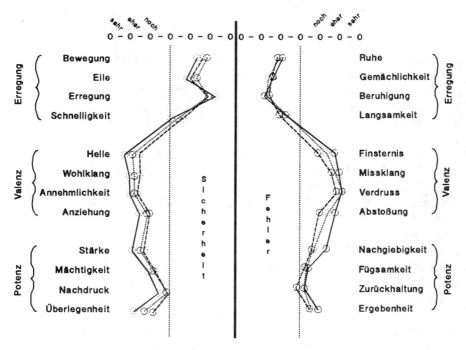

Abbildung 2: Eindrucksprofile der drei Gruppen für die Begriffe *Sicherheit* und *Fehler* (——— Sicherheitsingenieure; ····· Ingenieure; ---- Nicht-Techniker)

Dazu sind in Abbildung 2 die Mittelwerte der drei Stichproben dargestellt. Um dabei nicht nur auf die Semantik der einzelnen Skalen zurückgreifen zu müssen, wählen wir hier außerdem die Betrachtung innerhalb der Faktorenbenennungen.

Zunächst zum Sicherheitsbegriff: Auffällig ist die hohe Kongruenz der drei mittleren Begriffsprofile. Trotz des gewiß anzunehmenden Unterschiedes zwischen Ingenieuren und Nichttechnikern in der denotativen Vermittlung wesentlicher Sicherheitsaspekte, sind auf der konnotativen Ebenen keine Differenzen feststellbar; selbst Streuungsunterschiede können vernachläßigt werden, sie bewegen sich zwischen 0.7 bis 1.1. Somit scheint sich die eingangs gestellte Frage nach der Trennung von Laien und Experten hier im Sinne einer Angleichung beider Gruppen zu beantworten.

Für den Faktor Erregung ist eine Polarisierung im rechten Bewertungsspektrum zu erkennen. Der Begriff wird verstärkt mit *Ruhe* und eher nicht mit Erregung assoziiert. Aus den Valenzskalen läßt sich deutlich eine positive Konnotierung zu *Helle, Wohlklang* und *Anziehung* ablesen. Im Potenzfaktor finden wir ausgeprägt die Konnotation zu *Stärke* und *Überlegenheit.* Zusammenfassend ist der konnotative Begriffsraum von *Sicherheit* für alle Gruppen also gekennzeichnet durch einen *ruhigen, anziehenden* und *Stärke* vermittelnden Eindruck.

Betrachten wir nun den *Fehler*: Auch für diesen Begriff sind nur geringe Differenzen zwischen den Gruppen zu erkennen. Lediglich im Valenzfaktor lassen sich Unterschiede zwischen den Nichttechnikern und den beiden Ingenieurgruppen ablesen. Die negative Gefühlslage zum *Fehler* ist bei der erstgenannten Gruppe nicht so deutlich ausgeprägt. Im Gegensatz zu *Sicherheit* polarisiert der Fehlerbegriff auf den entgegengesetzten Feldern. Das heißt, er wird als *Erregung, Mißklang* und *Verdruß* auslösend erlebt. Der Profilverlauf im Potenzfaktor signalisiert eher *Nachgiebigkeit* und *Ergebenheit,* wenn auch mit schwacher Tendenz. Hierzu kann noch ergänzt werden, daß in einer Untersuchung von Bromme, Richter & Wehner (in Vorber.) die Konzepte *Fehler* und *Sicherheit* bei Therapeuten und Lehrern untersucht wurden (dabei allerdings ohne einen Technikbezug) und sich die oben geschilderten Ergebnisse bezüglich der geringen Potenz des Fehlers ebenfalls zeigen.

Bei der Interpretation dieser emotionalen Anmutungsqualitäten sollen nun die entsprechenden Verhaltensmodalitäten hinzugezogen werden. Wir tun dies sicherlich nicht in der Absicht, Verhaltensvorhersagen zu treffen, glauben jedoch dadurch die Einstellung hinsichtlich dieser Begriffe umfassender zu kennzeichnen und darüber hinaus weiteren Assoziationsraum zu erzielen.

Ausgehend vom Valenzfaktor zeigt sich dabei für den Sicherheitsbegriff deutlich eine Verhaltensintention, die in Richtung einer Zuwendung zielt. Die Intensität (Erregungsfaktor) mit der dies geschieht, zeugt von Gelassenheit. Der Potenzfaktor zeigt die Anmutungsqualität der Stärke. Wenn man nun für die entsprechenden Verhaltensformen das weiter oben geschilderte reziproke Verhältnis zugrunde legt, ergibt sich gegenüber *Sicherheit* eine Verhaltenstendenz der Submission. Das mag zunächst verwirrend oder widersprüchlich erscheinen, da Submission gesellschaftlich eher als ein negativer Verhaltenszug bewertet wird. Die Lösung ergibt sich durch eine doppeldeutige Wortverwendung, dem die deutsche Übersetzung als *Unterwerfung* nur zu einem Teil gerecht wird. Gleichzeitig können die mit Submission gemeinten Verhaltensweisen nämlich auch positiven Charakter annehmen, wenn man sie beispielsweise im Sinne eines *vertrauensvollen Anlehnens* versteht. Auf die Frage, welche dieser beiden Bedeutungen von submissivem Verhalten hier interpretiert werden kann, gibt die Ausprägung des Valenzfaktors einen Hinweis. Mit der eindeutig positiven (sich zuwendenden) Konnotierung von *Sicherheit* muß die durch die Potenzqualität dieses Begriffes nahegelegte submissive Verhaltenstendenz ebenfalls positiv interpretiert werden.

Im Gegensatz dazu zeigt sich beim *Fehler* im Valenzfaktor eine starke Abwendung, wobei sich die Sicherheitsingenieure dem *Fehler* gegenüber weiter abwenden (größere Aversion zeigen) als es die Nichttechniker tun. Dies ist sicherlich über eine professionelle Praxis der Sicherheitsingenieure zu erklären, die unter anderem Fehlervermeidungsstrategien für technische Systeme zur Anwendung bringen. Bei allen Gruppen wiederum ist diese Abwendung jedoch mit hoher Erregungsintensität verbunden. Gleichzeitig liegt für den Begriff die Verhaltensmotivation der Dominanz bereit, hier allerdings eher gekennzeichnet durch einen nachdrücklich bestimmenden Zugang mit dem Ziel, ihn *in seine Gewalt zu bringen*, ihn *beherrschen* oder - adäquater und näher an der Alltagspraxis - ihn *ausmerzen zu wollen*.

In der direkten Gegenüberstellung der beiden Begriffe stellt sich also *Sicherheit* als positives Verhaltensziel dar, dem man sich mit ruhiger Gelassenheit *anvertraut*, während man sich dem *Fehler* gegenüber mit hoher Erregungsintensität abwendet, ihm aber mit einem *Hang zur Dominanz* gegenübersteht.

Daß dem *Fehler* in der Anmutung keine Potenzqualitäten *unterlegt* werden, muß überraschen, angesichts der möglichen Konsequenzen, die sich in technischen Systemen durch Fehlverhalten ergeben können. Umsomehr, wenn man beachtet, daß bei allen übrigen Untersuchungsbegriffen die Mittelwerte im Potenzfaktor, freilich in unterschiedlichem Ausmaß, in Richtung *Stärke* und *Mächtigkeit* tendieren ($x \gtrsim 4$). Der *Fehler* wird selbst im eigenen Wortfeld durch seinen fehlenden Potenzcharakter von *Risiko* und *Gefahr* unterschieden (vgl. Richter & Bodenstein, 1989)!

6.3. Gruppenvergleich über den Determinationskoeffizienten

Nachdem die Trennung der Wortfamilien in ihren unterschiedlichen Ausprägungen gezeigt werden konnte und die Beschreibung einer konnotativen Bestimmung der zentralen Begriffe erfolgt ist, soll die Beziehung der Projektionsbegriffe *Neue Technologie* und *Handwerk* zu den Wortfeldern betrachtet werden. Dazu wird folgende Darstellungsform gewählt. Aus den ermittelten Korrelationskoeffizienten wurde der Determinationswert ($D = r^2$) gebildet. Er gibt den Prozentsatz gemeinsamer Varianz an und drückt gleichzeitig (in Ergänzung zu 100%) nicht-aufgeklärte Varianzanteile bzw. unabhängige Variation aus.

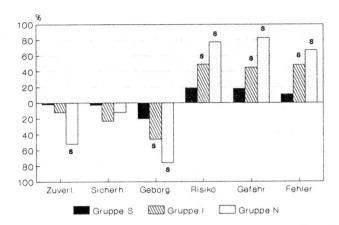

Abbildung 3: Determinationskoeffizienten[6] für den Projektionsbegriff *Neue Technologie* mit den Begriffen aus den Wortfeldern; s = signifikanter (p ≳ .0001) Korrelationskoeffizient

Aus der Abbildung 3 lassen sich die Beziehungen zwischen *Neue Technologie* und den Begriffen aus den beiden Wortferdern für alle drei Gruppen erkennen. Auffallend ist zunächst, daß die emotional positiv besetzten Begriffe *Zuverlässigkeit*, *Sicherheit* und *Geborgenheit* sowohl für Techniker als auch Nicht-Techniker in Opposition zu *Neue Technologie* stehen. Entsprechend werden die Begriffe *Risiko*, *Gefahr* und *Fehler* von allen Gruppen in Affinität zu *Neue Technologie* erlebt. Dieses Konzept scheint somit von Technikern *und* Nicht-Technikern tendenziell als *riskant, gefährlich, fehlerhaft* und *unsicher* erlebt zu werden.

Das unerwartet hohe Ausmaß der statistisch nicht-signifikanten Korrelationen zeigt dennoch eine Systematik und erkennbare Gruppenunterschiede. Während für *Sicherheit* bei keiner der drei Gruppen signifikante Werte zu finden sind und *Zuverlässigkeit* lediglich für die Nichttechniker einen statistisch bedeutsamen Zusammenhang erkennen läßt, gilt für die verbleibenden Begriffe, daß hier nur für die Sicherheitsingenieure statistische Unabhängigkeit vorliegt. Da für andere Begriffe jedoch hohe Korrelationen gefunden wurden (siehe Tabelle 2), ist das vorliegende Ergebnis interpretationsbedürftig.

Die sowohl theoretisch begründete als auch empirisch bestätigte enge Verwandtschaft von *Zuverlässigkeit* und *Sicherheit* im Kontext technischer Systeme läßt es plausibel erscheinen, warum beide Technikergruppen sich bezüglich dieser beiden Konzepte in ihrem Ankreuzverhalten ähneln. Die fehlenden Korrelationen zeigen in erster Linie, daß kein Konsens in der Erlebnisqualität vorliegt, die kon-

---

6 Da der D-Wert nur positive Werte annehmen kann, wird die Richtung der zugehörigen Korrelation in den Abbildungen, gespiegelt an der Nullebene, wiedergegeben.

notativen Bedeutungen hier somit eher als eine individuelle Bewertung und Einstellung verstanden werden müssen. In ihrer ureigensten professionellen Kompetenz, nämlich dem Herstellen von Sicherheit, zeigen die Sicherheitsingenieure für neue Technologien damit eine emotionale Distanz, die die Ingenieure und in stärkerem Maße die Nichttechniker nicht aufweisen. Besonders in den Bewertungen der Begriffe *Risiko, Gefahr* und *Fehler* wird dies deutlich. Die Affinitäten dieser Begriffe zu neuen Technologien sind bei den Nichttechnikern als hoch zu bezeichnen und weisen bei den Ingenieuren mit einem Grad aufgeklärter gemeinsamer Varianz von ca. 50% immerhin noch eine bemerkenswert hohe Übereinstimmung auf.

Nach dieser vorläufigen Interpretation geht es nun um die Projektion einer vergangenen Technologiestufe, die mit dem Begriff *Handwerk* gekennzeichnet wurde. Die Beziehung zu den Wortfamilien finden wir in der Abbildung 4 dargestellt.

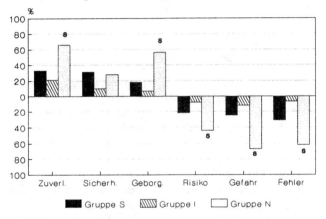

Abbildung 4: Determinationskoeffizienten für den Projektionsbegriff *Handwerk* mit den Begriffen aus den Wortfeldern; s = signifikanter (p ≤ .0001) Korrelationskoeffizient

Die Affinitäten zeigen hier genau die gegenläufige Verteilung zum vorherigen Begriff. Wiederum bei allen Gruppen mit derselben Tendenz wird *Handwerk*, insbesondere von den Nichttechnikern, mit *Geborgenheit* und *Zuverlässigkeit* assoziiert, wohingegen *Risiko, Gefahr* und *Fehler* in Opposition stehen. Für *Sicherheit* gelingt auch hier wieder in keiner Gruppe die Projektion, d.h., es liegen keine signifikanten Korrelationen vor. Während die Ingenieure bei *Neue Technologie* noch überwiegend Signifikanzen (gerade für das zweite Wortfeld) aufweisen, nähern sie sich hier den Sicherheitsingenieuren an, die für *Handwerk* ebenfalls keine statistisch bedeutsamen Erlebenszusammenhänge gegenüber den übrigen Begriffen herstellen.

Im Vergleich der beiden Projektionsbegriffe lassen sich demnach folgende Prägnanzen zusammenfassen: Die Nichttechniker assoziieren *Neue Technologie* hoch mit den Begriffen des zweiten Wortfeldes, negative Korrelationen finden wir für *Zuverlässigkeit* und *Geborgenheit*. Entsprechend dazu wird der Handwerksbegriff gegensätzlich bewertet. Für die beiden Technikergruppen sind zwar dieselben

Tendenzen erkennbar, jedoch lassen sie für *Handwerk* bei keinem Begriff eine Projektion zu. In dieser Generalität gilt dies gegenüber *Neue Technologie* nur für die Sicherheitsingenieure. Bemerkenswert ist letztlich, daß hinsichtlich des zentralen Untersuchungskonzeptes *Sicherheit* für beide Projektionsbegriffe in keiner Gruppe signifikante Korrelationskoeffizienten vorliegen.

7. Abschließende Betrachtung der Ergebnisse

Während in den vorangegangenen Abschnitten in erster Linie die Darstellung und Beschreibung der Daten im Vordergrund stand, geht es nachfolgend darum, diese im Kontext der eingangs erläuterten Fragestellung zu diskutieren.

Wir fassen zusammen: Im Mittelpunkt des Untersuchungsinteresses haben die zentralen Begriffsfelder Sicherheit und Gefahr gestanden, gespiegelt an den beiden unterschiedlichen Projektionsebenen *Handwerk* und *Neue Technologien*. Die Begriffe *Zuverlässigkeit* und *Geborgenheit* einerseits sowie *Fehler* und *Risiko* auf der anderen Seite dienten als Referenz- oder Vergleichsbegriffe. Entgegen dem üblichen Vorgehen, Einstellungen allgemein zu erheben, wurde hier gezielt nach dem emotionalen Eindruck bei zwei Technikergruppen und einer Gruppe von Nicht-Technikern gefragt.

Wie in der Einleitung betont, stellte sich die Frage eines unterschiedlichen emotionalen Erlebens zwischen diesen Gruppen. Nun zeigen die korrelationsstatistischen Ergebnisse in den Wortfeldern eher marginale Differenzen. Einzig der Sicherheitsbegriff, und das ist interessant, wird von den Nichttechnikern abweichend zu den übrigen Begriffen bewertet. Sie erleben in ihm mehr *Eigenständigkeit*, die sich in einer größeren Variation zeigt. Diesem Ergebnis liegen vermutlich heterogenere Vorstellungsinhalte bei den Nichttechnikern zugrunde. Durch eine erlebte professionelle Kompetenz gelingt den beiden Technikergruppen demgegenüber, in einem hohen Konsens, die eindeutigere emotionale Bestimmung dieses Begriffes. Weiter muß generell hervorgehoben werden, daß die denotativ begründete Auswahl und Bestimmung der Wortfelder auf der konnotativen Ebene ihre empirische Entsprechung findet.

Bemerkenswert im phänomenologischen Vergleich der Profilverläufe von *Sicherheit* und *Fehler* ist für uns die nicht erlebte Potenzqualität des *Fehlers*, während alle übrigen Begriffe diese aufweisen, allerdings mit einer, je nach Wortfeld wechselnden Valenz (Zu- oder Abwendung). Eine, im weiteren Sinne methodenorientierte, Erklärung dafür ergibt sich aus dem Umstand, daß die geforderten Konnotationen in einem technischen Bedeutungskontext erzielt wurden. Da es sich beim *Fehler* um einen *Ereignisbegriff* handelt, können seine schwachen Potenzqualitäten dadurch erklärt werden, daß er eben nicht isoliert, sondern im Kontext eines technischen Sytems konnotiert wurde, welches durch die Vorstellung eines eingetretenen Fehlverhaltens nun seinerseits Schwäche signalisiert. Die Begriffe *Risiko* und *Gefahr* können demgegenüber als *Wahrscheinlichkeitsbegriffe* ihre Eigenständigkeit stärker beibehalten. Dennoch ist die erlebte Schwäche des *Fehlers* als überraschend zu bezeichnen, betrachtet man das Katastrophenpotential und die mögliche Irreversibilität selbst kleinster Fehler in der Konstruktion und Anwendung neuer Technologien. An anderer Stelle dieses Buches wird dieser Gedanke empirisch angegeangen und gezeigt, daß der *Fehler* in hochautomatisierten Anlagen dadurch enttrivialisiert wird, daß die Fehlerfolgen nicht mehr harmlos zu halten sind. Dieses Wissen scheint auf der Erlebnisebene nicht präsent zu sein! Das Fehlen von Potenz bzw. Mächtigkeit im Erleben des *Fehlers* spiegelt hier eher den Status eines Evolutionsergebnisses wider, nämlich kein Nullfehlermodell anzustreben, sondern die Konsequenzen harmlos zu halten und damit schließlich die Bewältigung eines *Fehlers* den eigenen Könnens- und Fertigkeitsstrukturen anzupassen. In der lebensweltlichen Praxis (in unserer Untersuchung vertreten durch die Gruppe der Nichttechniker) mag dieses Ergebnis noch nachvollzogen werden, daß aber insbesondere bei den Technikergruppen durch die Professionalisierung die individuelle Erlebnisspiegelung nicht harmonisiert wird, muß zum Nach-Denken anregen; schließlich muß, wie im einzelnen auch immer geartet, ein Zusammenhang zwischen Einstellung und Verhalten angenommen werden.

In einem letzten Untersuchungsschritt wurden die Bewertungen der Wortfelder mit dem Technikkonzept, differenziert durch die Begriffe *Handwerk* und *Neue Technologie*, mit Hilfe der Korrelationsstatistik in Beziehung gesetzt. Auf Seiten der Nichttechniker deuten die Ergebnisse für *Neue Technologie* eine emotional erlebte Bedrohung an, die durch die hohe Übereinstimmung von *Risiko* und *Gefahr* mit diesem Begriff belegt werden kann. Demgegenüber weist *Handwerk* für diese Gruppe eher Affinität mit den Begriffen *Zuverlässigkeit* und *Geborgenheit* aus. Wenn in diesem Gegensatz auch eine gewisse *romantische Verklärung* einer vergangenen Technikepoche ihren Ausdruck gefunden haben mag, so darf in der gesellschaftlichen Auseinandersetzung um neue Technologien nicht außer acht gelassen werden, daß die als real erlebten Risiken sozialer Akteure und Bewegungen damit auch Realität geworden sind (vgl. Beck, 1987). Einen weitaus interessanteren Ausblick ergeben jedoch die Bewertungen der Techniker selbst. Wir haben das für die Sicherheitsingenieure festgestellte Fehlen von signifikanten Korrelationen der Wortfeldbegriffe zu den beiden Technikkonzepten (in geringerem Maße trifft dies auch für die Ingenieure zu) im Sinne einer Vereinzelung interpretiert, d. h. die Sicherheitsingenieure werden offensichtlich in der affektiven Bewertung von Technik *alleine gelassen* und auf sich *selbst zurückgeworfen*. Diese Verunsicherung auf der emotionalen Dimension spiegelt damit den "Rollenkonflikt" (Weingart, 1979) wider, in dem sich der Experte einerseits als Berater und Konstrukteur in einem technischen Feld bewähren muß und sich auf der anderen Seite selbst als Betroffener erlebt.

Der Widerspruch zwischen dem emotionalen Erleben von Technik und der vor allem von Technikerseite vertretenen Forderung nach technischem Fortschritt wird unter anderer Forschungsperspektive auch von Volmerg, Senghaas-Knobloch und Leithäuser (1985) gesehen und dort als "moralisches Dilemma" gekennzeichnet.

Dieser Rollenkonflikt kann aber nicht innerhalb der *scientific community* gelöst werden, sondern wirkt in diese hinein, wie Weingart weiter ausführt: "Die Öffentlichkeit ist bei den meist wissenschaftlichen und technischen Problemen auf das Urteil von Experten angewiesen, um zu einer halbwegs begründeteten Meinung über Risiken und Vorteile zu gelangen. Wenn die Experten jedoch genau darüber uneinig sind, verlieren sie ihre Orientierungsfunktion" (Weingart, 1979, S. 15). Auf der rationalen Ebene mag diese Formulierung zutreffen, auf der emotionalen jedoch sind die Nichtexperten durchaus in der Lage, zu einem Urteil zu gelangen. Hier scheinen es vielmehr die Experten zu sein, die einer Orientierung verlustig gegangen sind, nämlich ihrer emotionalen, wie unsere Ergebnisse zeigen. In ihrer Studie zur Expertenproblematik am Beispiel der stark polarisierenden Technologie der Kernenergie beschreibt Nowotny (1979) einen Typus, der sich durch einen starken Glauben an den technischen Fortschritt und die wirtschaftliche Notwendigkeit dieser Technologie auszeichnet. Genau dieser Glaube macht "es diesen Experten beinahe unmöglich, die Nichtanwendung des rationalen Kalküls, als dessen Ergebnis die eigene Einstellung zur Kernenergie erlebt wird, nachzuvollziehen" (Nowotny, 1979, S. 126 f). Wenn es auch fern liegt, bei allen befragten Experten diese Grundeinstellung vorauszusetzen, d.h. eine Homogenität der Untersuchungsgruppen diesbezüglich zu unterstellen, wird doch in unseren Ergebnissen deutlich, daß die Gefahr eines "Abgleitens ins Emotionale" (Nowotny, 1979, S. 140) bezüglich der Technikkonzepte auf Seiten der Experten antizipiert und quasi prophylaktisch jede Emotionalität verweigert wird. Aus soziologischer Perspektive kann dieses Verhalten als eine Form des Eskapismus bezeichnet werden; treffender scheint uns jedoch für diese Reaktion der gestalttheoretische Terminus zu sein: *Aus-dem-Felde-gehen*.

In einer weiteren Interpretationsfigur sieht Lübbe (1989) in politischer Hinsicht die rationalen Konsequenzen auf das schwindende Vertrauen ins Expertenurteil angesichts der Komplexität anstehender Entscheidungen in einer Zunahme von Urteilsmoratorien auf Seiten des um seine Stimme gefragten Bürgers. Diese Verweigerung eines Urteils als Ausdruck der Überforderung der eigenen Urteilskraft - das *Moratoriums-Nein* - ist demnach nicht als irrationale Reaktion zu werten, sondern als "eine rationale Reaktion, mit der man zu rechnen hat" (Lübbe, 1989, S. 221), wenn die Grenzen der Verarbeitungsmöglichkeiten von Komplexität und Änderungsdynamik in modernen Gesellschaften zunehmend überschritten werden. Ob eine solche Tendenz in unseren Ergebnissen ihre empirische Entsprechung gefunden hat, muß mit Einschränkungen belegt werden. Eine *Urteilsverweigerung* läßt sich in breiterem Maße nur für die Technikergruppen konstatieren und ebenfalls nur für den emotionalen Bereich. Ob nun der in seinem Rollenkonflikt verhaftete Ingenieur hier sensibler reagiert oder die Nichttechniker, da sie nicht professionell gebunden sind, es dadurch einfacher haben, sich emotional zu entscheiden, muß Gegenstand weiterer empirischer Forschung sein.

Legt man den verschiedenen Interpretationsmustern das Ergebnis zugrunde, daß für keine Gruppe eine signifikante Korrelation des Sicherheitsbegriffes zu den beiden Technikkonzepten gefunden wurde, erkennt man den Grad an Verunsicherung, dem die Sicherungsysteme ausgesetzt sind, obwohl genau sie Sicherheit durch Wissenschaft und Technik gewährleisten sollen. Damit ist abschließend Evers und Nowotny (1987) zuzustimmen, wenn sie als Ausblick beschreiben: "Schwindet das Vertrauen in Technik und Wissenschaft weiter, in ihre sichernden Funktionen, so wird damit die Legitimität der Industriezivilisation im Kern bedroht" (Evers & Nowotny, 1987, S. 22).

Was resultiert aus der vorliegenden Studie? Die Losung nach Entemotionalisierung in der Diskussion zwischen Experten und Laien muß zurückgewiesen werden. Der rationale Diskurs, jede Form von Aufklärung, darf die Erlebnisqualitäten nicht vernachlässigen, zumal dann nicht, wenn auf dieser Ebene noch Gemeinsamkeiten nachgewiesen werden können, was die Ergebnisse der Studie eindeutig belegen.

Literatur

Beck, U. (1987). *Auf dem Weg in die industrielle "Risikogesellschaft"*. Blätter für deutsche und internationale Politik, 2, 139-146.
Dawes, R. M. (1977). *Grundlagen der Einstellungsmessung*. Basel: Beltz.
Ertel, S. (1964). Die emotionale Natur des semantischen Raumes. *Psychologische Forschung, 2*, 1-32.
Ertel, S. (1965a). Standardisierung eines Eindrucksdifferentials. *Zeitschrift für angewandte und experimentelle Psychologie, 12*, 22-58.
Ertel, S. (1965b). Weitere Untersuchungen zur Standardisierung eines Eindrucksdifferentials. *Zeitschrift für angewandte und experimentelle Psychologie, 12*, 177-208.
Evers, A. & Nowotny, H. (1987). *Über den Umgang mit Unsicherheit*. Frankfurt: Suhrkamp.
Fritzsche, A.F. (1986). *Wie sicher leben wir?: Risikobeurteilung und -bewältigung in unserer Gesellschaft*. Köln: TÜV Rheinland.
Fuchs, A. (1975). Das Eindrucksdifferential als Instrument zur Erfassung emotionaler Bedeutungsprozesse. In R. Bergler (Hrsg.), *Das Eindrucksdifferential* (S. 69-100). Bern, Stuttgart, Wien: Huber.
Hoffmann, J. (1986). *Die Welt der Begriffe*. Weinheim: Beltz.
Hofstätter, P.R. (1955). Über Ähnlichkeit. *Psyche, 9*, 54-80.
Hofstätter, P.R. (1987). Die Angst vor der Technik. In A. Menne (Hrsg.), *Philosophische Probleme von Arbeit und Technik* (S. 24-39). Darmstadt: Wissenschaftliche Buchgesellschaft.
Hörmann, H. (1978). *Meinen und Verstehen*. Frankfurt: Suhrkamp.
Hörmann, H. (1981). *Einführung in die Psycholinguistik*. Darmstadt: Wissenschaftliche Buchgesellschaft.
Jungermann, H. (1982). Zur Wahrnehmung und Akzeptierung des Risikos von Großtechnologien. *Psychologische Rundschau, 23*, 217-238.
Kaufmann, F.-X. (1973). *Sicherheit als soziologisches und sozialpolitisches Problem*. Stuttgart: Enke.
König, W. (1988). Zu den theoretischen Grundlagen der Technikbewertungsarbeiten im Verein Deutscher Ingenieure. In W. Bungard, & H. Lenk (Hrsg.), *Technikbewertung* (S. 118-153). Frankfurt: Suhrkamp.
Kuhbier, P. (1986). Vom nahezu sicheren Eintreten eines fast unmöglichen Ereignisses - oder warum wir Kernkraftwerkunfällen auch trotz ihrer geringen Wahrscheinlichkeit kaum entgehen werden. *Leviathan, 46*, 606-614.
Lenk, H. (1982). *Zur Sozialphilosophie der Technik*. Frankfurt: Suhrkamp.
Lübbe, H. (1989). Akzeptanzprobleme. Unsicherheitserfahrung in der modernen Gesellschaft. In G. Hohlneicher & E. Raschke (Hrsg.), *Leben ohne Risiko?* (S. 211-226). Köln: TÜV Rheinland.
Nowotny, H. (1979). *Kernenergie. Gefahr oder Notwendigkeit*. Frankfurt: Suhrkamp.
Osgood, C.E. (1952). The nature and measurement of meaning. *Psychological Bulletin, 49*, 197-237.

Osgood, C.E., Suci, G. & Tannenbaum, P. (1957). *The measurement of meaning*. Urbana: University of Illinois Press.

Osgood, C.E. (1962). Studies on the generality of affective meaning systems. *American Psychologist, 17*, 10-28.

Richter, N. & Bodenstein F. (1989). *Ein Beitrag der Psychologie zur Technologiediskussion: Erhebung und Analyse der konnotativen Bewertung der Begriffe Sicherheit und Technik.* Unveröff. Dipl.Arbeit, Universität, Bremen.

Schwab, P. (1982). *Emotionalität im Arzt-Patient-Gespräch.* Unveröff. Diss., Westfälische-Wilhelms-Universität, Münster.

Steinbuch, K. (1987). Das große Unverständnis der Technik. In A. Menne (Hrsg.), *Philosophische Probleme von Arbeit und Technik.* (S. 143-160). Darmstadt: Wissenschaftliche Buchgesellschaft.

Volmerg, B., Senghaas-Knobloch, E. & Leithäuser, T. (1985). *Erlebnisperspektiven und Humanisierungsbarrieren im Betrieb.* Frankfurt: Campus.

Weingart, P. (1979). Das "Harrisburg Syndrom" oder die De-Professionalisierung der Experten (Vorwort). In H. Nowotny. *Kernenergie: Gefahr oder Notwendigkeit* (S. 9-17). Frankfurt: Suhrkamp.

Woldeck, R. v. (1986). Warnung vor der Wahrscheinlichkeit. In *Kursbuch 85. GAU - Die Havarie der Expertenkultur* (S. 63-79). Berlin: Kursbuch Verlag.

Prägnanztendenzen in der Diskussion von Technik und Sicherheit - Ein textanalytischer Vergleich zwischen Sicherheitswissenschaft und Technikkritik

Helmut Reuter und Theo Wehner

1. Vorbemerkungen

Ausgehend vom populären Meinungsstreit zwischen Technikbefürwortern und Technikkritikern, wie er in den Medien allenthalben ausgetragen wird und gelegentliche Anfachungen durch aufsehenerregende Katastrophen erhält, suchten wir nach *objektiven* Bestimmungskriterien, die es erlauben, vermutete Unterschiede im Argumentationsstil beider Gruppen oder Kontrahenten aufzeigen zu können. Zufällige und auch gezielte Beobachtungen (etwa von Fernsehdiskussionsrunden, Interviews, Zeitschriftenartikeln oder Rundfunksendungen) lassen nämlich sehr schnell die Vermutung zur Gewißheit werden, daß a) die Gruppen der Technikkritiker oder -skeptiker und der Technikapologeten, bei allen sonst auffälligen Schnittmengen (es gibt keinen Technikkritiker, der nicht bestimmte Aspekte der technologischen Entwicklung für segensreich hielte und vice versa), doch einen invarianten Kern der Unterschiedlichkeit in den Auffassungen und Meinungen aufweisen und, b) daß sich die Verlautbarungen beider Gruppen oder ihrer Vertreter in stilistischer Hinsicht radikal unterscheiden; wobei sich diese Differenzen u. U. auch auf der sozialen und habituellen Ebene fortsetzen.

Aufgrund phänomenologischer und ganzheitlicher Verhaltensbeobachtungen schien es uns erstrebenswert, solche angedeuteten Unterschiede und Gemeinsamkeiten auf einer breiteren Ebene als der von individueller Wahrnehmung und subjektivem Verstehen abbilden zu können.

Der Versuch einer Quantifizierung der angedeuteten Merkmale bedarf neben der Formulierung eines Erkenntnisziels einer genaueren Beschreibung und der Nennung eines geeigneten Abbildungs- und Meßverfahrens. Darüber hinaus ist die Wahl des Untersuchungsmaterials in einen Begründungszusammenhang zu stellen.

In unserem Fall konnte es nicht darum gehen, ausschließlich technikfreundliche oder technikfeindliche Häufungen auszuzählen, und auch die vorliegenden Bewertungsanalysen (die sehr viel aufwendiger durchzuführen sind; vgl. Merten 1983, S. 192 ff) schieden als Untersuchungstechnik aus. Technikbewertungen (der widerstreitenden Gruppen) abzubilden, steht in der Gefahr partikularistischer Kennzeichnungen, obwohl sicher auch interessante Ergebnisse, zumindest überraschende, zu vermuten wären. Die hier aufgeworfene Untersuchungsfrage und das dahinterliegende Erkenntnisinteresse sollten *umfassendere* Konzepte berücksichtigen und behandeln. Hierzu bot sich eine Begriffsverwandtschaft zu unseren theoretischen Überlegungen eines Paradigmenwechsels im Feld technologischer Sicherheit an (vgl. Reuter in diesem Buch). Im Bereich der dort zugrundegelegten *Theorie der offenen Systeme* ist die Behandlung der Fragen von *Offenheit, Entropie, Ordnung etc.* konstituierend. Diese Beschreibungskomponenten sollten nun auch für die Analyse und Charakterisierung von wissenschaftlichen Texten, die in zustimmender oder ablehnender Haltung die Themen Technik und Sicherheit behandeln, fruchtbar gemacht werden.

Den systembeschreibenden Begriffen (vgl. Prigogine & Stengers, 1981) liegen über die Ungleichgewichtsthermodynamik hinausweisende Inhalte zugrunde. Und dennoch ist uns trotz verwandter Nomenklatur und vergleichbarer Inhaltlichkeit dabei klar, daß die Übertragung der Systembeschreibung aus der Physik und der Chemie in den psychologischen Bereich mit vielen Unwägbarkeiten behaftet ist und, von einzelnen Versuchen abgesehen (vgl. Haken & Stadler, 1990), noch keine bemerkenswerte Tradition hat.

2. Methode

2. 1. Ein stilistisch-semantisches Analyseverfahren

Man kann in sprachlichen Äußerungen, vor allem, wenn es sich um die Formulierung von *Meinungen* zu einem bestimmten Sachverhalt handelt, zwei stilistische Verschiedenheiten auseinanderhalten: Zum einen gibt es eine Darstellungsweise, die eher bestimmt auftritt, Grenzen zieht und Ausschließungen vornimmt, Möglichkeiten weniger in Betracht zieht und sprachlich sich "generalisierender, apodiktischer, zertistischer und exklusionistischer Wörter und Wendungen" (Roth, 1986, S. 17) bedient. Die andere Form der Darstellung enthält eher Ausdrücke, die Kontingenzen berücksichtigen, Gegensätze nicht unterdrücken, nicht Gewißheiten, sondern eine offene kognitive Struktur kennzeichnen. Ausdrücke solcher Darstellungsweisen zu erfassen, ist der methodische Anspruch eines von Ertel (1972) vorgeschlagenen Inhaltsanalyseverfahrens, das er ursprünglich *Dogmatismus-Textauswertungs-Verfahren* nannte und das durch ihn selbst, nicht zuletzt wegen der notwendigen und heftig vorgetragenen Kritik (vgl. Keiler & Stadler, 1978), einer wichtigen Veränderung und Neuinterpretation unterzogen wurde. Diese charakterisiert er wie folgt:

> Am Anfang war unsere Erwartung vergleichsweise spezifisch: der statistische Kennwert - so wurde angenommen - indiziere das Ausmaß einer Disposition zu dogmatischem Überzeugungsdenken (*dogmatisch* etwa im Sinne des Sozialpsychologen Rokeach, 1974). Man hätte das zu bestimmende Konstrukt 'D' sicher ebensogut im Umkreis der *kognitiven Komplexität* (Harvey, Hunt & Schoder, 1961) ansiedeln können. Auch am Konstrukt *Impulsivität - Reflexivität* (Kagan, 1966) könnte man u.U. anknüpfen. Auch dürfte die D-Dimension mit der Dimension des *zweiwertigen - mehrwertigen* Denkstils, den die Vertreter der General Semantics eingeführt haben (z. B. Hayakawa, 1939), in Verbindung zu bringen sein. Tatsächlich, so glaube ich, kann der D.Q. - wenn er als *Dispositions*indikator zu interpretieren ist - mit diesem ganzen Konstruktfeld der kognitiven Stile in Verbindung gebracht werden. Man könnte sogar versuchen, für die genannten in operationaler und

theoretischer Vereinzelung entwickelten und miteinander verwandten Denkstile-Konstrukte vom gegenwärtigen Standort aus eine gemeinsame Basis zu finden. (Ertel, 1981, S. 126)

Im weiteren Verlauf der Revision des ursprünglichen Verfahrens betont Ertel nun - und dies trifft sich mit unserem Anspruch -, daß bei der Bestimmung eines Denkstilmaßes die dispositionsorientierten Aspekte zugunsten primär prozeßorientierter Bedingungen in den Vordergrund treten. Daraus folgt für ihn dann als neue Bestimmung: "Der D.Q. eines Textes, so lautet jetzt die Einheit stiftende Interpretation - repräsentiert das Prägnanzniveau der kognitiven Tätigkeit, die der Produktion der jeweils untersuchten Textmenge zugrundeliegt" (Ertel, 1981, S. 127 f). Dabei werden auch affektive Bestimmtheiten und ihre sprachlichen Merkmale durch den Indikator erfaßt, was für unser Thema deshalb von Interesse ist, da die Forderung nach Entemotionalisierung der Technikdebatte von mehreren Seiten erhoben, der Grad an vermeintlicher oder tatsächlicher Emotionalisierung jedoch selten bis gar nicht zu bestimmen versucht wurde.

Bei Günther und Groeben (1978a) wird neben der Betonung, daß das Verfahren (heute Prägnanz, damals aber vor allem) emotionale Empfindlichkeiten bis hin zu psychischem Druck erfaßt, noch hervorgehoben, daß auch ideologische Minderheitspositionen auf prägnanzstiftende Sprachmerkmale zurückgreifen, ohne daß hierbei grundsätzlich von dogmatischen Grundpositionen gesprochen werden kann. Zusätzlich heben diese Autoren hervor, daß auch der Versuch zur Abstraktion gedanklicher Gebilde ein höheres Maß an apodiktischen, exklusionistischen Ausdrücken benötigt, und man von daher generell zeigen kann, daß Theoriesprachen in höherem Maße generalisierbare Aussagen (Mengenangaben, Notwendigkeiten, Häufigkeiten etc.) treffen als eine Beobachtungssprache, bei deren kasuistischem Charakter eher wenige All-Aussagen auftauchen werden. Mit spielerischer Sprachführung, virtuosem Gebrauch und Umgang mit Zusammenhangsmaßen (auf der Basis von Alternativhypothesen) erreichen die Autoren bei ihren Bemühungen, das Verfahren zu validieren, einen Punkt der Kritik, der bei der Bildung von Arbeitshypothesen und der Ergebnisinterpretation von Nutzen sein kann: "Wir vermuten, daß die D-Stilmerkmale u.a. folgendes indizieren könnten: Andere Persönlichkeitsmerkmale als Dogmatismus; emotionales Engagement des Autors; seine ideologische Mehrheits- oder Minderheitsposition; Erklärungsanspruch; Abstraktheit des Textes" (Günther & Groeben, 1978a, S. 128).

Mit diesen Erweiterungen und der neuen Bestimmung des Quotienten waren nun wichtige Einwände gegen das Verfahren aus seiner Frühzeit relativiert oder gegenstandslos geworden. Es ist deshalb Schwibbe (1981, S. 9) zuzustimmen, daß, gerade auch wegen der für uns interessanten Interpretationserweiterung um den Prägnanzaspekt, die noch in Keiler und Stadler (1978) geführte Kontroverse "inzwischen obsolet" geworden ist. In den letzten Zitaten wird zumindest deutlich, daß der Prägnanzstil-Quotient 'P' sich entschieden vom Odium einer Dogmatismus-Diagnose, also einem Entlarvungsinstrument für autoritäres und gebieterisches Handeln, entfernt hat zu einer Kennzeichnungsmethode, die eine positivere humane Dimension durchaus zu beschreiben vermag. Prägnanz ist nun nicht mehr ein unter bestimmten emanzipatorischen Ansprüchen zu kritisierendes Merkmal wie ehedem der Dogmatismus im Gefolge der Forschungen Rokeachs (1974), sondern eine Fähigkeit, deren Auftreten ihr Gutes haben kann und deren Tauglichkeit jeweils im aktuellen Problemzusammenhang zu diskutieren ist; etwa für den Aspekt des Problemlösens, wie dies Roth (1986) zeigen konnte. Ertel (1981) selbst betont sogar die über die psychologische Kategorisierung hinausgehende kulturelle Dimension des Prägnanzindikators etwa in Zitaten leidenschaftlicher Briefe Sophie Mereaus, oder Bettina von Arnims. Wir denken, daß gerade auf dem Gebiet der Kulturpsychologie solche Prägnanzuntersuchungen noch ein weites Feld finden werden, und wenn wir unter Kultur die künstlerische und technische Entwicklung einer Gesellschaft verstehen, so ist ohne weiteres die vorliegende Untersuchung als kulturpsychologische aufzufassen.

Der hier zur Diskussion stehende Prägnanzbegriff weist natürlich über die psychologisch-empirische Begründetheit hinaus. Besonders die drei letzten von Rausch (1966) genannten Prägnanzaspekte, deren Bedeutung im ästhetischen Erleben liegen, sind in der verstehenden Interpretation der vorliegenden Texte unverzichtbar. In der Formulierung Metzgers (1968, 1975, 1982, in Stadler & Crabus, 1986) lauten sie:

5. Die Forderung nach Fülle und Reichhaltigkeit...
6. nach überzeugender Stärke und zwingender Eindringlichkeit des Ausdrucks...
7. nach einem möglichst breiten Hof von Bezügen, geeignet, längst vergessenen Erlebnissen, aber auch noch nie erahnten Erlebnismöglichkeiten zur Resonanz zu verhelfen ... (Metzger, 1968, in Stadler & Crabus, 1986, S. 344)

Man sieht: gerade das Verständnis kultur- und wissenschaftskritischer Texte wird durch eine so verstandene Prägnanzauffassung gefördert, zugleich ist sie als Gegenteil szientistischer Verkürzung zu verstehen.

Auf der jetzigen Interpretationsbasis ist das Verfahren ein Instrument zur Kennzeichnung von Texten und ihnen zugrundeliegender kognitiver Tätigkeit, die auch in der Diskussion systemischer Zusammenhänge von Belang sein kann. Ehe wir zur näheren Beschreibung des Verfahrens und der Untersuchung kommen, wollen wir die wesentlichen Untersuchungsfragen zusammenfassen:

1. Sind die beobachteten Unterschiede in der Darstellung von Technikbefürwortern und Technikkritikern solche der Prägnanz (ein eher geschlossener Argumentationsstil und eine eher offene, Kontingenz berücksichtigende Darstellungsweise)?

2. Welche der mit dem Ertelschen Verfahren zu messenden Kategorien weisen Unterschiede und in welche Richtung auf?

3. Welche Rolle spielt die Prägnanz und der Grad an Abstraktheit (auch vor dem Hintergrund einer Mehrheits- oder Minderheitsposition, des emotionalen Enga-

gements etc.) im Feld von Sicherheit und Technik? und schließlich (in Fortführung dieser Interpretationsebene)

4. Welche Darstellungsform ist der mit den Problemen von Technik und Sicherheit untrennbar verbundenen ethischen Reflexion angemessen und was bedeutet der Gebrauch eines Sprachstils, der diesen Kriterien nicht entspricht?

Im weiteren soll nicht über Aspekte der Sicherheit oder über das Verhältnis von Sicherheit, Gefahr und Risiko in Beziehung zur Technik gesprochen werden. Stattdessen kommt es darauf an, herauszufinden, ob Autoren, die der einen oder der anderen Gruppe zuzurechnen sind, sich in ihren kognitiven und sprachlichen Dimensionen unterscheiden, wobei der Prägnanzaspekt mit seinen verschiedenen Indikatoren uns ein interessantes Untersuchungsfeld zu sein scheint. Die Prägnanzdiskussion meint dabei nicht nur die Frage nach der Offenheit und Geschlossenheit der Themenbehandlung, sondern auch die Frage nach der adäquaten Behandlungsstruktur: Ist es angemessener, das Problem Sicherheit und Technik eher in einem offenen, liberalen, für Möglichkeiten aufgeschlossenen Denk- und Sprachstil zu behandeln? Oder sind die Gefährdungen durch die Unsicherheit der Technik bereits so manifest, daß es der Entschiedenheit und der ausschließenden, zurückweisenden Redundanz, also der Prägnanz im Sinne geschlossener Argumentationen, bedarf? Direkt damit verbunden ist die Frage nach dem wissenschaftlichen und alltagspraktischen Denkstil: Ist Sicherheit und Technik noch mit der eher offenen Forschungsmethodologie, etwa nach Art des kritischen Rationalismus, adäquat zu behandeln, oder weist diese Denkrichtung auf grundsätzliche Irrtümer hin, die (trotz der Mehrheitsposition) auf einer Unzeitgemäßheit eines Forschungsparadigmas beruhen, in dem Sinn, daß eine Methodologie unter bestimmten ökologischen Voraussetzungen verdienstvoll war und ist, unter anderen aber inadäquat sein kann?

2.2 Konkretisierung des Analyseverfahrens

Die weiter oben angedeuteten Darstellungsweisen von Texten (eine eher bestimmte, apodiktische oder eine Ungewißheit annehmende und Gegensätze nicht unterdrückende) gebraucht in der sprachlichen Darstellung nach Ertel zwei verschiedene Formen von Ausdrücken: Sogenannte *A-Ausdrücke* (immer, einzig, grundlegend, natürlich, nur, müssen) und *B-Ausdrücke* (ab und zu, ein bißchen, kaum, fraglich, ferner, dürfen). Diese Ausdrücke, bei Ertel auch Lexeme genannt, werden in ein Codierlexikon eingetragen (es enthält nach Ertel z. Zt. weit über 400 Lexeme).

Die Ausdrücke lassen sich, wie die Tabelle 1 zeigt, in weitere *Kategorien* (adverbale Häufigkeitsausdrücke, Ex- und Inklusionen, Oppositionen und Begründungen etc.) unterteilen.

Tabelle 1: Auszug aus dem Lexem-Lexikon nach Ertel durch beispielhafte Wiedergabe von A- und B-Ausdrücken sowie Erläuterungen der Kategorien (Subskalen) 1-6

	A-Ausdrücke	B-Ausdrücke
Kategorie 1 Häufigkeit, Dauer und Verbreitung	niemals, ständig, stets, allemal, endgültig	ab und zu, im allgemeinen, gelegentlich, gewöhnlich, häufig, mehrfach
Kategorie 2 Anzahl und Menge	alle, ausnahmslos, ohne Einschränkung, einzig, ganz, nicht im geringsten, gesamt, jede, jedermann	eine, Anzahl, ein bißchen, einzelne, etwas, gewisse, größtenteils, mehrere, eine Menge
Kategorie 3 Grad und Maß	absolut, gänzlich, ganz und gar, grundlegend, grundsätzlich, von grund auf, in vollem Maße, prinzipiell	besonders, ein bißchen, einigermaßen, im Grade, höchst, kaum, mehr oder minder, relativ,
Kategorie 4 Gewißheit	aufgeschlossen, eindeutig, einwandfrei, fraglos, gewiß, nicht im mindesten, natürlich, notwendig, sicher	allenfalls, dem Anschein nach, augenscheinlich, denkbar, fraglich, immerhin, kaum
Kategorie 5 Ausschluß, Einbeziehung und Geltungsbereich	allein, alles andere als, ausschließlich, einzig und allein, entweder oder, lediglich, nichts als	unter anderem, andererseits, auch, außerdem, darüberhinaus, ebenfalls, zum einen,
Kategorie 6 Notwendigkeit und Möglichkeit	müssen, haben zu (= müssen), sein zu (=müssen), nicht dürfen, nicht können, nicht imstande sein	dürfen, können, sich lassen, bar sein, in der Lage sein, vermögen, nicht müssen

Während hier aus der Summe aller A-Ausdrücke dividiert durch die Summe der A- und B-Ausdrücke der Gesamt-P.Q. gebildet wird, lassen sich durch Zusammenfassung einzelner Kategorien weitere Kennzeichnungsfaktoren errechnen.[1] In

---

1 Multipliziert man den Quotienten nachträglich mit 100, kann nicht nur die Höhe

unserem Zusammenhang sind vor allem zwei von Interesse: Durch Addition und Quotientenbildung der Kategorien 1, 2, 3 und 5 (Häufigkeit, Anzahl, Grad und Maß, Ausschluß) werden der Grad der *Generalisierung* und die *Redundanz* eines Textes erfaßt. Die Zusammenfassung der Kategorien 4 und 6 (Notwendigkeit und Möglichkeit) hingegen dokumentiert die *Kohärenz* des gedanklichen Ablaufs.[2] Wir übernehmen diese Subskalenbetrachtung und lehnen uns an die Interpretation von Roth an, der die beiden Teilskalen wie folgt beschreibt:

> Der Gebrauch von D46-Lexemen wie 'vielleicht', 'wahrscheinlich' zeigt eine mögliche 'Verzweigung', einen 'Umweg' oder 'Unebenheit' in der Denkbewegung des Sprechers an. Während D15 mehr die Aspekte der 'Generalisierung' und 'Redundanz', d.h. eine 'referentielle Prägnanz' zu erfassen scheint, kann 'D46' als sprachlicher Indikator für die 'Kohärenz' gedanklicher Abläufe, d.h. einer 'operativen Prägnanz' betrachtet werden. (Roth, 1986, S. 43 ff)

Neben der Berechnung des Gesamt-P.Q. und der beiden Subskalenadditionen bestimmen wir zudem ein Abstraktionsmaß der Texte, so daß die verschiedenen Prägnanzfaktoren eine zusätzliche Verankerung finden. Bei dem hier gewählten Abstraktheitssuffix-Verfahren (vgl. Günther & Groeben, 1978b) wird die Häufigkeit von Suffixen (-heit, -keit, -le, -ion, -itäten, -ungen, -tur, -ismus usw.), die die Abstraktheit von Substantiven indizieren, ausgezählt und zur Gesamttextlänge in Beziehung gesetzt.

2.3. Das Untersuchungsmaterial

Um zwei konträre Sichtweisen des Verhältnisses von Technik und Sicherheit zu unterscheiden, bieten sich die Merkmalskategorien Technikbefürworter und Technikskeptiker an, zumal diese Kennzeichnung in der aktuellen Technikdebatte das größte Gewicht hat. Zusätzlich gilt, daß heute (wenn außerhalb der professionellen Expertenschaft über Technik und ihre Auswirkungen diskutiert wird) ein Hauptaspekt der Auseinandersetzung die Frage nach der Sicherheit ist. Technikbefürworter wie Technikkritiker unterscheiden sich prima vista gerade in diesem Punkt: Man könnte vielleicht sogar sagen, daß unterschiedliche Auffassungen zum Thema der Sicherheit die Zuordnung zu einer der beiden Gruppen wesentlich bestimmt. Die Brisanz der Großtechnologie, das Empfinden, durch mikroelektronisch gesteuerte Technik auch im persönlichen Bereich beeinflußt zu werden, bis hin zu gesellschaftspolitischen und arbeitsmarktpolitischen Kontroversen, haben die Technikdebatte letztlich zu einer umfassenden demokratischen Veranstaltung gemacht. Sie ist nicht länger ein Reservat der Experten, vielmehr wird die Tätigkeit der Experten in den Streit mit einbezogen. Expertenschaft wird nicht mehr un-

---

der Prägnanz, sondern direkt der prozentuale Mehranteil von A-Ausdrücken (gegenüber den vorkommenden B-Ausdrücken) des Textes abgelesen werden. Die hier benutzte Formel lautet also: 100 * (A-Ausdrücke / (A-Ausdrücke + B-Ausdrücke)).

2 Die genannten Teilskalen werden in der Literatur häufig als "D15" (Generalisierung) und "D46". (Kohärenz) bezeichnet.

bedingt aus Beruf und Studium definiert, sondern neu zu einer Kategorie der Betroffenheit nach dem Leitgedanken: "in den Dingen, die mich persönlich angehen, ist meine Expertenschaft schon daraus konstituiert, daß sie mich eben betreffen". In dieser Neuformulierung konzentriert sich natürlich auch die Kritik an der professionellen Expertenschaft (vgl. hierzu Beck, 1986), der eine Mitverantwortung an den gewordenen Mißständen im Bereich Technik und Sicherheit angelastet wird.

Aus diesen und anderen Gründen haben wir die Kategoriedichotomie nicht nach Laien und Experten vorgenommen (das bot sich bei anderen Fragestellungen dieses Buches an), sondern uns aus einem als grundsätzlich angenommenen Tenor des ausgewählten Schriftmaterials für die Kategorien Technikbefürworter und Technikkritiker oder -skeptiker entschieden und darüber hinaus eine Längsschnittanalyse für den Veröffentlichungszeitraum von 1981 bis 1990 (mit drei Untersuchungszeitpunkten) konzipiert.

Aus all den skizzierten Überlegungen resultiert folgende Materialauswahl: Auf der Seite der Technikbefürworter bzw. der traditionellen Technikdiskussion wählten wir für den Veröffentlichungszeitraum von 1981 bis 1989 folgende Texte aus: 1) *Passagen aus* einem anerkannten *Lehrbuch* der ingenieurwissenschaftlichen Sicherheitswissenschaft (Kuhlmann, 1981); 2) *Meinungstexte aus* einem *methodisch orientierten Werk* über die Ermittlung und Beurteilung technischer Risiken (Hauptmanns, Herttich & Werner, 1987) und 3) Den *Eröffnungsvortrag* (mit den Antworten zu Diskussionsbemerkungen) zum Symposium: "Leben ohne Risiko"? (Kuhlmann, 1989).

Auf der Seite der Technikskeptiker wählten wir sechs Aufsätze (jedoch ebenfalls für nur drei Publikationszeitpunkte) aus. Die Zuordnung zur Technikkritik war (für die beiden ersten Untersuchungszeiträume) schon aus der Veröffentlichungsform ihrer Aufsätze gewährleistet. Wir entnahmen sie dem *Kursbuch 61*: "Sicher in die 80er Jahre" (Huber, 1980; Fölsing, 1980) und dem *Kursbuch 85*: "GAU - Die Havarie der Expertenkultur" (Krohn & Weingart, 1986; v. Woldeck, 1986). Für den jüngsten Untersuchungszeitpunkt wählten wir zwei Arbeiten (Beck, 1990; v. Weizsäcker, 1990) aus, die in dem Sammelband: *Risiko und Wagnis* erschienen.

Eine sichere Zuordnung der Texte zu den o. a. Merkmalen bereitete keine Schwierigkeit, sie war zumeist begründet in der Selbsteinschätzung der Autoren, sei es, daß sie explizit formuliert wurde, sei es, daß sie durch den Kontext der Schriften erschlossen werden konnte. Voraussetzung für einen brauchbaren Sprachvergleich ist jedoch vor allem die Vergleichbarkeit des thematischen Anliegens der Autoren. Das meint hier, daß ein verfälschendes Element in die Untersuchung kommen würde, wenn der Sprachstil eines Lehrbuches mit Texten reflexiven Inhalts verglichen worden wäre. Wir haben deshalb aus dem Lehrbuch und dem methodisch orientierten Werk solche Passagen ausgewählt, die inhaltlich einem Meinungstext entsprechen und grundsätzlichere Überlegungen enthalten. Abschnitte dieser Art sind überschrieben mit: "Aufgabe und Ziel der Sicherheitswissenschaft", "Gesellschaftliche Aspekte der Sicherheitswissenschaft", "Grundsätzliche Überlegungen", "Weiterentwicklung der Sicherheit" etc. Ausgelassen wurden alle Passagen der direkten Faktenvermittlung, der Zitation (vor allem von Gesetzestexten, öffentlichen Verlautbarungen etc.) und der Handlungsanweisungen, die von ihrer Thematik eher Einstellungen des Autors zu seinem Thema nur indirekt erschließen lassen.[3]

Um ein ausreichendes Analysematerial zur Verfügung zu haben, bemühten wir uns, der kaum beachteten Forderung Ertels gerecht zu werden, etwa je 600 Lexeme des oben angeführten Lexikons zu erfassen.[4]

Vor der Ergebnisdarstellung sei zur Verdeutlichung des Verfahrens ein Beispielsatz aus dem Lehrbuch Kuhlmanns vorgestellt. Dabei sind die A-Ausdrücke einfach und die B-Ausdrücke doppelt unterstrichen.

> An die Humanwissenschaften muß die Forderung herangetragen werden, spezielle Informationen auf möglichst hohem Meßniveau zu liefern. Zur Sicherung des gesamten Wirksystems Mensch-Maschine-Umwelt gelten hier grundsätzlich keine anderen Prinzipien als bei der Zuverlässigkeit und Gebrauchstauglichkeit von 'Maschinen'. Auch bei der Betrachtung des Menschen kann das Vorgehen nach den Begriffen Planung, Lenkung und Prüfung geordnet werden. (Kuhlmann, 1981, S. 153)

3. Ergebnisse

Mit der Auszählung der Lexeme und der Quotientenbildung ist die Datenauswertung abgeschlossen; weitere numerische oder gar statistische Transformationen sind hier weder vorgesehen noch nötig. Sämtliche Ergebnisse, auch die genauen Textlängen (in Worten), sind in der Tabelle 2 wiedergegeben.

Während die Spannbreite der Quotienten über die Gruppen und Meßzeitpunkte hinweg 21% beträgt, ist die Variation bei den Technikbefürwortern wesentlich geringer (zwischen 3% und 5%). In dieser Gruppe kann deshalb von hoher Stabilität der Prägnanzstilmerkmale gesprochen werden, wobei zusätzlich gilt, daß keine systematische Variation, weder innerhalb der Untersuchungszeitpunkte noch zwischen den verschiedenen Indikatoren, zu beobachten ist. Gänzlich anders sind die Befunde für die Technikskeptiker: Nicht nur eine größere Spannweite (17%) kennzeichnet die kognitive Tätigkeit dieser Gruppe, sondern auch ein systematischer Anstieg von Meßzeitpunkt zu Meßzeitpunkt. Am deutlichsten fällt dieser für die referentielle Prägnanz (R.-P.Q.) aus. Zwischen 1980 und 1990 nehmen die A-Ausdrücke hier um 17% zu. Damit liegt der Wert (21%) über dem der Vergleichsgruppe.

---

3 Die analysierten Datenkörper, und damit die exakten Quellennachweise können hier nicht wiedergegeben, aber gerne angefordert werden.
4 Wir sind dem Kollegen Thomas Roth von der Universität Göttingen sehr zu Dank verpflichtet. Er half bei der Auswertung und stellte uns zusätzlich das EDV-Programm zur Verfügung.

Tabelle 2: Prägnanzstilmerkmale und Abstraktheitsmaß für Texte von Technikbefürwortern und -skeptikern dreier Untersuchungszeitpunkte

		Technikskeptiker				
Quelle	Jahr	Länge	G-P.Q.	R-P.Q.	O-P.Q.	ABS
K61	1980	8694	41	39	46	48
K85	1986	7686	51	53	48	51
RuW	1990	9512	53	56	50	56
		Technikbefürworter				
Quelle	Jahr	Länge	G-P.Q.	R-P.Q.	O-P.Q.	ABS
LB	1981	10442	40	37	44	64
MW	1987	9456	39	38	39	57
LoR	1989	8320	37	35	40	46

Anmerkungen: P.Q.= Prägnanz-Quotienten (in Prozent); Länge = Anzahl der Worte des Analysetextes; G = Gesamt; R = referentielle, O = operative Prägnanz. ABS = Abstraktheitsmaß; K = *Kursbuch*texte Nr. *61* und *85*; RuW = Texte aus *Risiko und Wagnis*; LB = *Lehrbuch*text; MW = Auszüge aus *methodisch orientiertem Werk*; LoR = Vortrag zu *Leben ohne Risiko?*

Dieser steile Anstieg kann jedoch nicht für die Zusammenfassung der Subskalen 4 und 6 zur operativen Prägnanz aufgezeigt werden. Mit jeweils 2% Zuwachs ist u. U. noch von Stabilität des Faktors auszugehen, auch wenn der Wert des dritten Meßzeitpunktes (10%) über dem der Technikbefürworter liegt, für die ganz sicher von Stabilität der gemessenen Kohärenz gesprochen werden kann.

Neben dem gravierenden Gruppenunterschied (systematischer und steiler P-Wertanstieg für G.-P.Q. und R.-P.Q. versus Längsschnittstabilität der Faktoren) gilt zusätzlich, daß die Technikskeptiker für die hier gewählten Publikationszeitpunkte zwei und drei generell höhere P-Stilmerkmale aufweisen (und zwar zwischen 8% und 21%), für den ersten Meßzeitpunkt (1980 bzw. 1981) jedoch keine Unterschiede vorliegen.

Die relative Konstanz bzw. die geringe Zunahme der operativen Prägnanz bei den Technikskeptikern muß noch, auch wenn der Wert für den letzten Vergleichszeitpunkt 10% über dem der Technikbefürworter liegt, hervorgehoben werden. Die von Schwibbe (1981) vorgeschlagene Subskalenbezeichnung ermöglicht hier evtl. eine Interpretationshilfe (zumindest wird der Assoziationsraum für die

Skalenzusammenfassungen erweitert). Der Autor schlägt vor, nur die Subskalen 1, 2, 3 und 5 (Häufigkeit, Dauer, Menge, Grad, Ausschluß) als Prägnanzfaktor zu interpretieren, und die Subskalen 4 und 6 (Gewißheit, Notwendigkeit und Möglichkeit) als die Fähigkeit zur abstrakten Verdichtung und damit als Ausdruck des intellektuellen Niveaus aufzufassen. So gesehen bleiben die Unterschiede auf der P-Stilebene (Gesamt-P.Q. und/oder referentielle Prägnanz) bestehen, während die geringeren Unterschiede und der weniger steile Anstieg (innerhalb der Gruppe der Technikskeptiker) auf dem Ratio-Faktor (Verdichtung und intellektuelle Abstraktion) als Ausdruck vergleichbaren bzw. gebliebenen Erklärungsanspruchs aufgefaßt werden können.

Alles in allem zeigt sich, daß die P-Stilwerte (sowohl der gesamte P-Wert als auch die Komponenten der referentiellen und operativen Prägnanz) für die technikkritischen Texte heute um 10% - 16% über denen der sicherheitswissenschaftlichen Texte liegen. Unterschiede dieser Größenordnung werden in der Literatur als dispositionell aufgefaßt und grundsätzlich diskutiert.

Ein anderes Bild, sowohl was das Gesagte, als auch die Befunde aus der Literatur betrifft, zeigen die Abstraktheitswerte: Während sie in der Gruppe der Technikbefürworter um knapp 20% fallen, nehmen die Werte in der Vergleichsgruppe leicht (um 8%) zu. Nur zum dritten Meßzeitpunkt liegt der Wert damit um 10% über dem der Technikbefürworter. Dieses Ergebnis steht damit nicht im Einklang mit den Befunden von Günther und Groeben (1978a); dort wurde angenommen und gezeigt, daß größere Abstraktheit auch höhere P-Stilmerkmale nach sich zieht. Weder für den ersten, noch für den zweiten Vergleichsmeßzeitpunkt gilt hier dieser Befund; für die letzte Messung kann er als *knapp* realisiert betrachtet werde.

In unserem Fall sollen noch die bereits erwähnten Erklärungsmuster von Günther und Groeben (1978a) für die Untersuchungstexte und Untersuchungsgruppen angewandt werden, und zwar für jene, die höhere Werte bei der Auszählung erzielten: Ob die Technikskeptiker *introvertierter*[5] sind als etwa Kuhlmann, kann, im Gegensatz zu dem offen vertretenen *emotionalen Engagement* der Erstgenannten, nicht implizit erschlossen werden. Die Frage nach der Mehrheits- oder *Minderheitsposition* hingegen ist leicht zu beantworten: Bei den Textauszügen aus dem sicherheitswissenschaftlichen Lehrbuch handelt es sich nicht nur um ein Standardwerk, sondern auch um einen "Standardautor". Im Gegensatz dazu kennzeichnen die technikkritischen Texte (noch) eine ideologische Minderheitenposition. Gleich bewertet werden muß sicher der *Erklärungsanspruch* der Gruppen, was sich empirisch jedoch nicht in einem ähnlichen Abstraktionsmaß, sondern (wie weiter oben versucht wurde darzustellen) im gering differierenden Ratio-Faktor widerspiegelt.

---

5 Hohe Introversionswerte von Autoren (als ein Persönlichkeitsmerkmal) korrelieren (hypothesengemäß) positiv mit den P-Stilmerkmalen der von ihnen verfassten Texte (vgl. Günther & Groeben, 1978a).

4. Interpretation

Wie nun kann in unserem Zusammenhang der bestehende Unterschied interpretiert werden? Generalisierend kann man sagen, daß die ingenieurwissenschaftliche Auffassung der Sicherheit einem naturwissenschaftlichen Denken entspricht, in dem Rationalität, Objektivität, Interessenfreiheit und Unvoreingenommenheit als Voraussetzung empirischer Vorgehensweise konstituierend sind. Die verborgenen Widersprüche in den genannten Begriffen sind vielfältig kritisiert und bemerkt worden. Man kann diese Wissenschaftsideologie jedoch mit einigem Recht als die der Technikbefürworter annehmen. Sprachlich wird sich diese Auffassung in größerer Offenheit und geringerer Prägnanz im Sinne des angewandten Verfahrens darstellen. Eine prägnanzsteigernde Sprache ist auf dieser Ebene der Etabliertheit und Konsensfähigkeit (innerhalb der scientific community) nicht erforderlich! Die Vertreter herrschender wissenschaftlicher Denkstile können gelassen bleiben. Welche ökologischen und existentiellen Folgen ihr Tun hat, muß sich zunächst einmal nicht in ihrer Sprache niederschlagen, da die Sicherheit des Konsenses die Ebene der Replik noch nicht vorsieht. Ganz anders ist jedoch die Situation der Technikskeptiker: Sie befinden sich (heute engagierter denn je, wie die Längsschnittanalyse zeigt) außerhalb des sicherheitsstiftenden Konsenses, die Replikebene ist bereits bestimmend für ihre Sprache. Daraus folgt beinahe notwendig eine Verstärkung der Prägnanzen (der referentiellen und nicht unbedingt der gedanklichen Kohärenz, hier als operative Prägnanz gekennzeichnet).

Skepsis und Kritik sind zwar grundsätzlich auch in einem offenen, Möglichkeiten und Unwägbarkeiten berücksichtigenden Stil zu führen (was sich hier möglicherweise dadurch repräsentiert, daß wir eher mittlere Ausprägungen der berechneten Quotienten erhielten). Dennoch ist eine größere Bestimmtheit der Antwort, als im zu Beantwortenden vorgegeben war, zu erwarten, zumal, wenn sich letzteres stilistisch aus einer wissenschaftstheoretisch fundierten *Liberalität* ableitet - ist sie aber auch notwendig?

5. Schlußbemerkungen

Bei der Bewältigung der Problembereiche Technik und Sicherheit ist von der Wert- und Interessenfreiheit einer offenen und empirisch arbeitenden Wissenschaft tatsächlich nicht auszugehen. Eine so begründete Wissenschaft gibt sich in ihrem kognitiven und sprachlichen Stil zwar nach Maßgabe ihrer Ideologie, kann aber angesichts der ökologischen Problemlage kaum noch Glaubwürdigkeit beanspruchen für die Angemessenheit ihres unprägnanten Vorgehens. Die durch die naturwissenschaftlich begründete Technologie (einschließlich der Sicherheitstechnik) bewirkten Gefährdungen sind umfassenderer Art, vor allem auch auf der Betroffenenebene, als daß die Offenheit der Fragestellung noch akzeptabel wäre. Dieser

Gedanke läßt sich vielleicht unter dem Begriff des Möglichen konkretisieren: Die kurz skizzierte Wissenschaftsideologie ist die des unbewerteten Möglichen, und so war auch ihre bisherige Strategie. Zunehmend wird in diesen Raum jedoch durch Prägnanzsetzungen eingegriffen und diese Eingriffe werden als notwendig verteidigt. Sie umschreiben die ethische Dimension, die sich gerade durch Reduktion der Kontingenzen definiert. Die Einschätzung: "nicht alles ist erlaubt, was möglich ist" kann als die zeitgemäße Antwort auf die Entwicklung der offenen Wissenschaft interpretiert werden. Eine Erhöhung der Prägnanz ist gerade aus der Verantwortlichkeit im Bereich Technik und Sicherheit ein Zeichen für den neuen Bezugsrahmen, in dem das Problemfeld gesehen wird. Insofern mag die höhere (zunehmende) Prägnanz der Technikkritik auch auf einen Paradigmenwechsel im wissenschaftlichen Denken hinweisen. Wissenschaft und Technik, als ihr praktischer Abkömmling, werden nicht länger für sich bleiben können, ihre Offenheit (freilich innerhalb eines geschlossenen Systems) wird durch die explizite Konfrontation mit ethischer Prägnanz als das kenntlich, was sie eigentlich immer war: Eine isolationistische Illusion.

Die hier vorgestellte objektive Untersuchung bedarf also, um in ihrer Tragweite erfaßbar zu sein, eines Verstehens, welches über die Rezeption der Daten hinausweist. Die lebensweltlichen Probleme der Technik werden durch die szientistischen Argumentationen verkürzt. "Im gleichen Maße verwandeln sich aber die wissenschaftlich gelösten Probleme der technischen Verfügung in ebensoviele Lebensprobleme; denn die wissenschaftliche Kontrolle natürlicher und gesellschaftlicher Prozesse mit einem Wort: die Technologien, entbinden die Menschen nicht vom Handeln" (Habermas, 1969, S. 112). Dieses Handeln ist jedoch nicht die Anwendung allein, sondern das kommunikative Verstehen und die reflexive Kritik. Insofern würde auch die Hermeneutik der untersuchten Texte nichts Widersprüchliches zu unseren Befunden aufweisen: vielmehr verweist schon der metrisch erschließbare Sprachstil auf die dem Verständnis zugängliche Inhaltlichkeit.

Literatur

Beck, U. (1986). *Risikogesellschaft. Auf dem Weg in eine andere Moderne*. Frankfurt: Suhrkamp.
Beck, U. (1990). Vom Überleben in der Risikogesellschaft. In M. Schüz (Hrsg.), *Risiko und Wagnis. Die Herausforderung der industriellen Welt*, Bd. 2 (S. 12-31). Pfullingen: Neske.
Ertel, S. (1972). Erkenntnis und Dogmatismus. *Psychologische Rundschau, 13*, 241-269.
Ertel, S. (1981). Wahrnehmung und Gesellschaft. Prägnanztendenzen in Wahrnehmung und Bewußtsein. *Zeitschrift für Semiotik, 3*, 107-141.
Fölsing, A. (1980). Gefahren in Ziffern und Zahlen. Über das Problem der Risikobewältigung in der Technik. In *Kursbuch 61. Sicher in die 80er Jahre* (S. 178-188). Berlin: Kursbuch Verlag.
Günther, U. & Groeben, N. (1978a). Mißt Ertels Dogmatismus-Textauswertungs-Verfahren Dogmatismus? Ansätze zur Konstruktvalidierung des DTA-Verfahrens. In P. Keiler & M. Stadler (Hrsg.), *Erkenntnis oder Dogmatismus?* (S. 85-131). Köln: Pahl-Rugenstein.
Günther, U. & Groeben, N. (1978b). Abstraktheitssuffix-Verfahren: Vorschlag einer objektiven ökonomischen Messung der Abstraktheit/Konkretheit von Texten. *Zeitschrift für experimentelle und an-*

gewandte Psychologie, 25, 55-74.
Habermas, J. (1969). *Technik und Wissenschaft als "Ideologie"*. Frankfurt: Suhrkamp.
Haken, H. & Stadler, M. (Eds.), (1990). *Synergetics of cognition*. Berlin: Springer.
Hauptmanns, U., Herttich, M. & Werner, W. (1987). *Technische Risiken: Ermittlung und Beurteilung*. Berlin: Springer.
Huber, J. (1980). Der Markt der Sicherheiten. In *Kursbuch 61. Sicher in die 80er Jahre* (S. 44-62). Berlin: Kursbuch Verlag.
Keiler, P. & Stadler, M. (Hrsg.), (1978). *Erkenntnis oder Dogmatismus? Kritik des psychologischen "Dogmatismus"-Konzepts*. Köln: Pahl-Rugenstein.
Krohn, W. & Weingart, P. (1986). Tschernobyl - Das größte anzunehmende Experiment. In *Kursbuch 85 . GAU - Die Havarie der Expertenkultur* (S. 1-25). Berlin: Kursbuch Verlag.
Kuhlmann, A. (1981). *Einführung in die Sicherheitswissenschaft*. Köln: TÜV-Rheinland.
Kuhlmann, A. (1989). Risikogestaltung in einer von Technik geprägten Welt. In G. Hohlneichner & E. Raschke (Hrsg.), *Leben ohne Risiko?* (S. 15-38). Köln: TÜV-Rheinland.
Merten, K. (1983). *Inhaltsanalyse. Einführung in Theorie, Methode und Praxis*. Opladen: Westdeutscher Verlag.
Metzger, W. (1968): Gestaltwahrnehmung. In M. Stadler & H. Crabus (Hrsg.), *Wolfgang Metzger. Gestalt-Psychologie* (S. 322-345). Frankfurt: Kramer.
Metzger, W. (1975). Die Entdeckung der Prägnanztendenzen. In M. Stadler & H. Crabus (Hrsg.), *Wolfgang Metzger. Gestalt-Psychologie* (S. 145-181). Frankfurt: Kramer.
Metzger, W. (1982). Möglichkeiten der Verallgemeinerung des Prägnanzprinzips. In M. Stadler & H. Crabus (Hrsg), *Wolfgang Metzger. Gestalt-Psychologie* (S. 182-198). Frankfurt: Kramer.
Prigogine, I. & Stengers, I. (1981). *Dialog mit der Natur*. München: Beck.
Rausch, E. (1966). Das Eigenschaftsproblem in der Gestalttheorie der Wahrnehmung. In W. Metzger (Hrsg.), *Handbuch der Psychologie*, Bd. I.1 (S. 866-953). Göttingen: Hogrefe.
Rokeach, M. (1974). *The open and closed mind. Investigations into the nature of believe-systems and personality-systems*. New York: Basic Books.
Roth, Th. (1986). *Sprachstil und Problemlösekompetenz - Untersuchungen zum Formwortgebrauch im "Lauten Denken" erfolgreicher und erfolgloser Bearbeiter "komplexer" Probleme*. Unveröff. Diss., Georg-August-Universität, Göttingen.
Schwibbe, M.H. (1981). *Untersuchungen zur Validierung kontentanalytischer Indikatoren: Dogmatismus, Abstraktheit, Redundanz*. Unveröff. Diss., Georg-August-Universität, Göttingen.
Weizsäcker, E.U.v. (1990). Geringere Risiken durch fehlerfreundliche Systeme. In M. Schüz (Hrsg.), *Risiko und Wagnis. Die Herausforderung der industriellen Welt*, Bd. 1 (S. 107-118). Pfullingen: Neske.
Woldeck, R.v. (1986). Warnung vor der Wahrscheinlichkeit. In *Kursbuch 85. GAU - Die Havarie der Expertenkultur* (S. 63-79). Berlin: Kursbuch Verlag.

Meinungen und Ansichten von Laien und Experten zu sicherheitsbezogenen Normpassagen

Theo Wehner, Helmut Reuter und Zora Franko

1. Fragestellung

Auch wenn wir der subjektiven Bewertung gegenüber der Bedeutung von Sicherheit und Fehlern breiten Raum ließen und deren Erforschung für unabdingbar halten, steht in der institutionellen, berufsständischen, juristischen und wissenschaftlichen Auseinandersetzung mit dem Thema der Versuch einer Entsubjektivierung und damit einer objektiven Bestimmung des Gegenstands im Vordergrund. Das Normungswesen, die Erarbeitung von Vorschriften und Richtlinien sowie die Gesetzgebung erheben diesen Anspruch und müssen dessen Erfüllung bzw. Realisierung auch bewerten oder bewerten lassen: Dies soll hier geschehen, wobei uns die prognostische Validität der Standardisierungsprodukte (Normen, Vorschriften etc.) interessiert und wir davon ausgehen, daß sie weniger durch den Erarbeitungsprozeß als durch den Umsetzungsprozeß gefährdet ist. Bei der Herstellung von Normen nämlich lassen sich subjektive Einflüsse leichter kontrollieren als bei deren Anwendung im Alltag. Zudem gilt, daß die Formulierung von Sicherheitsstandards das Ergebnis eines Abstraktionsprozesses und die Anwendung das Resultat einer Konkretisierung ist. Anwendung bedeutet dabei zwangsläufig auch die Anpassung an die betriebs- oder alltagsübliche Realität und kann daher nicht frei von Interpretationen und subjektiven Auslegungen sein. Selbstverständlich sind solche Interpretationsspielräume einkalkuliert und beabsichtigt; sie sollten jedoch evaluiert werden. Nicht, um den immensen Normungsaufwand zu legitimieren, sondern eben, um die prognostische Validität zu überprüfen.

Daß es um die Gültigkeit u.U. nicht sehr gut bestellt ist, legen schon theoretische Überlegungen nahe und zeigt auch die Diskussion empirischer Befunde sowie statistischer Verteilungen. Systemtheoretisch läßt sich argumentieren, daß im Unfall neue (nicht angenommene) Anfangs- und Randbedingungen eines Systems sichtbar werden und sich zusätzlich ohnehin nicht prognostizierbare kontingente Bedingungen (im wahrsten Sinne des Wortes zufällige Bedingungen) realisieren (vgl. v. Weizsäcker, 1955; Scheibe, 1964).

Auch die wenigen gezielten Evaluationsversuche zur Wirkung von Normen und Vorschriften zeigen, daß der darin enthaltene Präventionsgedanke nur ins Ungefähre weist und seine Wirkung sicher nicht nur deshalb verfehlt, weil die Unfallverhütungsmaßnahmen (auch aufgrund fehlender Theorien) aus den aufgetretenen Unfällen abgeleitet wurden, sondern auch, weil die praktische Umsetzung und die subjektive Auslegung nur ungenügend erforscht sind. Von der Berufsgenossenschaft wurden Unfälle an Aufschnittschneidemaschinen (pro Jahr ereignen sich ca. 30 000 Unfälle) analysiert und von Jungbluth wie folgt kommentiert: "Die Schutzeinrichtungen an den Schneidemaschinen entsprechen den derzeit gültigen Vorschriften. Das Unfallgeschehen zeigt aber, daß die Vorschriften (...) unzureichend oder ungeeignet sind." (Jungbluth, 1989, S. 26). In einer Arbeit von Schneider (o. J.) schätzt dieser, daß ohnehin nur 5% der Unfälle durch Unfallverhütungsvorschriften abgedeckt sind und damit 95% der Ereignisse nicht infolge von Verstößen gegen Vorschriften, sondern aufgrund anderer, nicht durch diese erfaßter und geregelter Bedingungen eintreten.[1] Bleibt noch die Verhaltensebene, auf der Defizite nachgewiesen und der Standardisierungsaufwand legitimiert werden könnte. Bei den Ursachenzuschreibungen in den Statistiken werden zwar 70% - 90% aller Unfälle unter die Kategorie *menschliches Versagen* subsummiert und technische Auslöser damit marginalisiert, sicherheitswidrige Handlungen, die bewußte Außerkraftsetzung oder Übertretung von Normen jedoch lassen sich nur in geringem Maße (zwischen 3% und 7%) nachweisen: Unfälle geschehen, was nicht anders als zu erwarten ist, trotz umfangreicher Standardisierungsversuche und gesetzgeberischer Aktivitäten; ihre Wirkungen zu erforschen, ist deshalb dringlicher denn je.

2. Sicherheit als Normbegriff

Obwohl es wenig wissenschaftliche Literatur zum Normungswesen gibt (vgl. Ropohl, Schuchardt & Lauruschkat, 1984) handelt es sich durchaus um ein Thema von öffentlichem Interesse und praktischer Relevanz: "Wem dient DIN", fragte etwa der Westdeutsche Rundfunk in einer Experten-Laien-Diskussion und deckte eine ganze Reihe von Widersprüchen und Zwiespältigkeiten in der Einstellung zu und der Bewertung von technischen Normen auf, sowohl was die Anzahl der Normen als auch ihre Gegenstände im weitesten Sinne betrifft. In dieser, aber auch in anderen Diskussionen wird vor allem deutlich, daß die Kommentierung der Norminhalte sowohl innerhalb abgrenzbarer Experten- oder Gegenexpertengruppen als auch zwischen diesen Unterschiede aufweist. Solche Unterschiede (oder auch Gemeinsamkeiten) in der sprachlichen Kommentierung ausgewählter Normpassagen wollen wir mit der vorliegenden Studie erfassen und interpretieren.

Obwohl wir uns hier nur auf die Wirkung sicherheitsbezogener Normungsversuche beschränken, handelt es sich dabei keinesfalls um eine randständige Kategorie: Von 2.287 VDI-Richtlinien und DIN-Normen, die Ropohl, Schuchardt und Lauruschkat (1984) untersucht haben, weisen 548 dieser Normen auf Sicherheit

---

[1] Da wir hier keine Unfallursachenforschung betreiben wollen, diskutieren wir auch nicht die Interpretationen der Auftraggeber bzw. des Autors der genannten Studien, wobei jedoch nicht unerwähnt bleiben soll, daß der Hauptverband der gewerblichen Berufsgenossenschaften annimmt, daß vor allem das bei der Erstellung der Vorschriften akzeptierte Restrisiko aufgrund des vorliegenden Unfallgeschehens nicht aufrechterhalten werden kann.

und 259 auf Unfallverhütung hin. Rund die Hälfte der Richtlinien und Normen mit einem Sicherheitsbezug enthalten damit konkrete Maßnahmen zur Prävention und das heißt hier zur Unfallverhütung am Arbeitsplatz. Als *allgemein anerkannte Regeln der Technik* haben diese Normen, Richtlinien und Bestimmungen auch einen justiziablen Charakter, d.h. sie sind rechtlich verpflichtend: "Beachtet der Ingenieur die allgemein anerkannten Regeln der Technik nicht oder wendet er sie nicht richtig an und kommt es infolge des Verstoßes zu einem Personen- oder Sachschaden oder zu einem Mangel der herzustellenden Anlage ..., so führt die Nichtbeachtung der technischen Normen grundsätzlich zur Haftung, weil in der fehlenden Berücksichtigung oder falschen Anwendung eine schuldhafte Pflichtverletzung zu sehen ist" (Hackstein, 1977, S. 273). Da jedoch DIN-Normen, VDI-Richtlinien usw. als allgemeine Regeln zwangsläufig relativ unspezifisch und abstrakt bleiben müssen, bedeutet dies, daß sie für den konkreten Anwendungsfall, wie z.B. die sicherheitsgerechte Konstruktion und Gestaltung eines technischen Erzeugnisses sowie dessen Eingliederung in die technische, organisatorische und personelle Struktur eines Betriebes, jeweils neu ausgelegt, interpretiert und umgesetzt werden müssen. Dieser Transformationsprozeß soll analysiert werden. Wir versuchen, den Interpretationsspielraum und die Auffassung von Normpassagen sowie deren Integration in die betriebliche Realität und in die alltägliche Lebenswelt zu erfassen. Im Hinblick auf eine zuverlässige Prävention sollte untersucht werden, ob der zwischengeschaltete Interpretationsprozeß optimierungsbedürftig ist. Darüber hinaus liegt die Vermutung nahe, daß - selbst bei einem optimalen Interpretationsprozeß - die grundsätzliche Problematik der bisherigen Sicherheitsnormung (die prognostische Validität) weiterhin besteht.[2]

3. Empirie

3.1. Untersuchungsmaterial

Aus der Vielzahl technischer Normen, die sich mit Sicherheit befassen, wurden zwei ausgewählt:

* DIN 820, Teil 12: *Normungsarbeit. Gestaltung von Normen. Normen mit sicherheitstechnischen Festlegungen;* und

* DIN 31000/VDE 1000: *Allgemeine Leitsätze für das sicherheitsgerechte Gestalten technischer Erzeugnisse.*

---

[2] Prognostischen Validität meint die Generalisierbarkeit von Normen. Dieser Aspekt ist deshalb von praktischer Relevanz, weil die zunehmende Komplexität von Maschinen und Anlagen zu Gefahren führt, die in der Anwendung konventioneller Technologien nicht auftraten; ob sie bereits vom Normungswesen antizipiert werden, bleibt zu bezweifeln.

DIN 820 stellt in Anlehnung an Ropohl, Schuchardt und Lauruschkat (1984) eine Metanorm dar. Sie legt fest, auf welche Art und Weise Sicherheitsnormen im Hinblick auf ihren formalen Aufbau und ihre inhaltliche Formulierung zu gestalten sind; die Normung von Sicherheit wird damit selbst zum Gegenstand der Normung. DIN 31000 ist von Bedeutung, weil hier erstmals versucht wird, das Arbeitssicherheitsgesetz von 1973 im Normungsbereich umzusetzen: "Zielsetzung des Gesetzes über technische Arbeitsmittel ist der präventive Schutz statt des reaktiven, wie er bis zur Verabschiedung des Gesetzes weitgehend praktiziert wurde. Dieser Maxime folgt auch DIN 31000: Sie postuliert in einem abgestuften Sicherheitsverfahren den Vorrang der unmittelbaren Sicherheitstechnik, die jegliche Gefahr ausschaltet. Nur wenn diese konstruktive Lösung nicht möglich ist, sollen mittelbare oder hinweisende Sicherheitstechnik gestattet sein" (Ropohl, Schuchardt & Lauruschkat, 1984, S. 80).

Der Geltungsbereich der DIN 31000 beschränkt sich nicht auf technische Arbeitsmittel, sondern erstreckt sich auf "alle verwendungsfertigen technischen Gegenstände und Einrichtungen" (DIN 31000, Abschnitt 3.1). Hierunter fallen: Kraft- und Arbeitsmaschinen, Werkzeuge, Laboreinrichtungen, Sport- und Spielgeräte.

Um den Untersuchungsumfang in einem zumutbaren Rahmen zu halten, wurden aus den gewählten Normen 10 Textpassagen ausgesucht. Bei der Auswahl ließen wir uns von folgenden Überlegungen leiten: Die Einstellungen unserer Gesprächspartner zur technischen Sicherheit und ihrer Herstellbarkeit manifestieren sich eher in der Kommentierung von Normpassagen, die sich allgemein mit dem Begriff der Sicherheit und darauf bezogenen Begriffen befassen, als in der Auseinandersetzung mit speziellen Passagen über Korrosion, elektrische Isolierung etc. Durch dieses Auswahlkriterium sollte eine Kommunikationsebene geschaffen werden, die von den Nicht-Experten keine sicherheitstechnischen Vorkenntnisse erfordert. Nachfolgend werden die aus den Normen ausgewählten Passagen in verkürzter Form wiedergegeben.

Aus DIN 31000 stammen folgende sechs Passagen:

> Die Inanspruchnahme der Technik bringt neben wachsenden Vorteilen vielfach vermehrte Gefahren mit sich, die teils von den technischen Erzeugnissen selbst ausgehen, teils in der Verhaltensweise des Menschen im Umgang mit technischen Erzeugnissen begründet sind. Diese Gefahren können vermieden oder verringert werden, wenn bei der Gestaltung technischer Erzeugnisse die in dieser Norm aufgeführten sicherheitstechnischen Leitsätze berücksichtigt werden.

> Gefahren im Sinne dieser Norm sind Gefahren aller Art für Leben oder Gesundheit, soweit ihre Wirkungen bei bestimmungsgemäßer Verwendung technischer Erzeugnisse ein nach dem jeweiligen Stand der Technik zumutbares Risiko überschreiten, ...

> Technische Erzeugnisse müssen so hergestellt sein, daß sie bei ordnungsgemäßer Einrichtung und bestimmungsgemäßer Verwendung keine Gefahren verursachen. Können die ... notwendigen Maßnahmen nicht verwirklicht werden, ... , so muß das technische Erzeugnis nach Möglichkeit an den Gefahrenstellen gekennzeichnet sein. Auf diese Angaben darf nur verzichtet werden, wenn mögliche Gefahren ohne weiteres erkennbar oder auch für den Laien ... voraussehbar sind. Bei der ... Gestaltung ist derjenigen Lösung der Vorzug zu geben, durch die das Schutzziel technisch sinnvoll und wirtschaftlich am besten erreicht wird. Dabei haben im Zweifel die sicherheitstechnischen Erfordernisse den Vorrang vor ... wirtschaftlichen Überlegungen.

> Werkstoffe, die zu schädigenden Wirkungen führen können, sollen für die Herstellung technischer Erzeugnisse nicht verwendet werden. Sie sollen bei allen möglichen Betriebszuständen physiologisch unbedenklich sein... Ist das nicht sicherzustellen, müssen besondere sicherheitstechnische Mittel angewendet werden. Reichen auch diese ... zur Abwendung von schädigenden Wirkungen nicht aus, ist in einer ... Betriebsanleitung auf die möglichen Gefahren hinzuweisen.

> Gefahrenschaltungen müssen ... vorhanden, von allen Steuer- und Beschickungsstellen schnell und gefahrlos erreichbar angebracht und ... rot gekennzeichnet sein ... . Nach Abschalten durch einen Gefahrenschalter darf eine Wiederinbetriebnahme des Erzeugnisses erst dann möglich sein, nachdem der Gefahrenschalter selbst ... oder ein anderes ... Stellteil von Hand ... in die Einschalt- und Zustimmungsstellung gebracht wurde.

> Technische Erzeugnisse sollen so gestaltet werden, daß das Arbeiten mit ihnen bzw. ihre Verwendung weitgehend erleichtert wird. Damit wird auch einer möglichen Gefahr vorgebeugt. Das bedeutet, daß das Erzeugnis den Körpermaßen, den Körperkräften und den anatomischen und physiologischen Gegebenheiten des Menschen angepaßt werden soll.

Aus DIN 820 stammen folgende vier Passagen:

> Sicherheitstechnische Anforderungen sind so festzulegen, daß ... eine Gefährdung von Menschen, Tieren und Sachen nicht zu erwarten ist. Hierbei sind ergonomische Gesichtspunkte zu beachten. Ein voraussehbares Fehlverhalten ist zu berücksichtigen.

> In sicherheitstechnischen Anforderungen dürfen - anstelle konkreter Angaben - subjektive Begriffe ... nicht angewendet werden, z.B.: *weitgehend, ausreichend, möglichst, ...* .

> Sicherheitsnormen müssen Festlegungen darüber enthalten, wie die Einhaltung der Anforderungen vollständig und eindeutig geprüft werden kann. ... . Als Prüfung ist entweder auf das in einer zitierten Norm festgelegte Prüfverfahren hinzuweisen oder es ist das zugehörige Prüfverfahren festzulegen. In einfachen Fällen ist hierfür die Angabe *Besichtigung, Prüfung von Hand* oder dergleichen ausreichend, wenn ein solches Verfahren eine genaue Beurteilung ermöglicht.

> Sicherheitstechnische Anforderungen müssen konkret und eindeutig festgelegt werden.

3.2. Untersuchungsmethode

Die angewandte Methode hat den Charakter eines *themenzentrierten Gesprächs* mit dem Akzent auf der Kommentierung und Bewertung ausgewählter Normpassagen durch Gesprächspartner mit unterschiedlicher Expertise. Ein standardisiertes Erhebungsverfahren kam deshalb nicht in Betracht, weil etwa ein geschlossener Fragebogen den Interpretationsspielraum der Gesprächspartner eingeschränkt hätte und das individuelle Wissen, die subjektiven Erfahrungen und Einstellungen nicht berücksichtigt worden wären. Als Strukturierungshilfe für die Durchführung der Gespräche diente ein den groben Verlauf skizzierender Leitfaden. Inhaltlich waren die Gespräche in drei mehr oder weniger voneinander abgrenzbaren Blöcken unterteilt:

a) *Begriffsauffassung*: Hierbei interessierte uns, ob und mit welchen Objekten und Situationen aus dem privaten Lebensbereich der Gesprächspartner die Begriffe Sicherheit, Gefahr, Fehler und Risiko spontan assoziiert werden.

b) *Kommentierung*: In diesem Abschnitt sollten die schriftlich vorgelegten Normpassagen durch spontane Äußerungen und durch gezielte Nachfragen kommentiert werden.

c) *Geltungsanspruch*: In diesem Block wurde, sofern nicht bereits an anderer Stelle des Gespräches behandelt, die Frage nach der grundsätzlichen Vermeidbarkeit jeglicher Gefahren durch Normung thematisiert.

3.3. Untersuchungsteilnehmer

Da wir stärker an den Auslegungs- und Interpretationsprozessen von ausgewählten Normpassagen interessiert sind und weniger die Anpassung bzw. Durchsetzung in der Praxis analysieren wollen, können wir die Rekonstruktion und Interpretation der Normpassagen wieder von Sicherheitsexperten (Fachkräften für Arbeitssicherheit) und von sog. Laien (Personen, die nicht mit der Herstellung von Sicherheit befaßt sind) erheben. Über diesen Weg wird natürlich gleichzeitig die Einbeziehung der von der Sicherheitsnormierung Betroffenen ermöglicht. Ihr Verständnis kann unmittelbar an den eigentlichen Handlungsakteuren gespiegelt werden.

An der Untersuchung haben sich zehn Gesprächspartner beteiligt, wovon jeweils fünf als Sicherheitsexperten und fünf als nicht mit Sicherheit befaßte Personen bezeichnet werden können. Alle Experten, eine Frau und vier Männer im Alter zwischen 30 und 55 Jahren, haben an den Sicherheitslehrgängen A und B teilgenommen, d.h. sie sind Sicherheitsfachkräfte im Sinne des Gesetzes. Sie haben alle einen professionellen Bezug zur technischen Sicherheitsproblematik und zwar aufgrund ihrer Tätigkeit in einem Betrieb der Automobilindustrie, an einer Behörde für Arbeitsschutz und über die Zuständigkeit für Sicherheitsfragen in einem Wissenschafts- und Verwaltungsbetrieb. Grundlage für die Teilnahme an der Untersuchung war die Zusammenarbeit der Experten mit der Forschungsgruppe und selbstverständlich die freiwillige Entscheidung.

Die Gruppe der Personen ohne professionellen Bezug zu Sicherheitsproblemen bestand aus zwei Frauen und drei Männern im Alter zwischen 25 und 35 Jahren. Sie waren berufstätig als Schreiner, Schlosser, Musiklehrer, Psychologin und Erzieherin. Die Teilnahme an der Untersuchung ergab sich aufgrund privater Kontakte.

Zum überwiegenden Teil wurden die Gespräche von der Autorin dieser Studie geführt, drei Interviews zusammen mit einem wissenschaftlichen Mitarbeiter aus der Forschungsgruppe. Die Darbietung des zu kommentierenden Materials erfolgte in schriftlicher Form. Die Gesprächspartner erhielten beide Normblätter, und im Gesprächsverlauf wurden sie gebeten, die jeweils gekennzeichneten Normpassagen durchzulesen und nachträglich zu kommentieren. Mit Einverständnis der Gesprächspartner wurden alle Gespräche auf Tonband aufgezeichnet.

Vor der Auswertung wurden die Gespräche vollständig transkribiert; das Material umfaßt pro Gesprächspartner zwischen 40 und 60 Seiten.

4. Auswertung und Ergebnisse

Wir entschieden uns für zwei Auswertungsstrategien, die allerdings nicht einem bestimmten, in der veröffentlichten Literatur zur Auswertung von sprachlichem Material beschriebenen Verfahren entsprechen, sondern am ehesten als *hermeneutischer Umgang* mit Texten aufgefaßt werden kann (vgl. Mayring, 1983). Dabei handelt es sich:

a) um die Extraktion und Diskussion von paradigmatischen Gesprächspassagen oder sog. Kernsätzen und

b) um die Extraktion von Aussagen zu konkreten Sicherheitsmaßnahmen und den Versuch der Ordnungsbildung auf phänomenologischer Ebene und mit Hilfe eines vektoranalytischen Verfahrens.

4. 1. Extraktion von Gesprächspassagen und Kernsätzen

Aus dem Textmaterial ließen sich aufgrund phänomenologischer Betrachtungen die nachstehenden Themenbereiche herauskristallisieren, die in den diskutierten Normpassagen enthalten, aber auch ausdrücklich von den Gesprächspartnern angesprochen wurden:
- Geltungsbereich und Geltungsanspruch der Normen

- Handlungsrelevanz und praktische Bedeutung
- Voraussetzungen und Axiome (Zumutbarkeit, Wirtschaftlichkeit)
- Begründung, Funktion und Legitimation des Normungsprozesses
- Übertragbarkeit und Transfer bestehender Normen auf neue Technologien
- Gefahren, Nachteile und Kritik am Normungsprozeß

Obwohl weder die Darstellung noch die Interpretation aller Kernsätze hier erfolgen kann (sie nimmt knapp 40 Seiten in Anspruch), sollen doch einige exemplarische Kernsätze wiedergegeben werden: Die Handlungsrelevanz und praktische Bedeutung der diskutierten Normpassagen für einen Konstrukteur wurde von den Experten (EX) und den Laien (LA) wie folgt kommentiert:

> EX: "Dem Konstrukteur wird nahegelegt, ein technisches Erzeugnis so zu gestalten, daß keinem etwas passiert, aber es wird ihm offengelassen, wie er dieses Ziel erreicht. Jeder Konstrukteur interpretiert die Sicherheit anders beziehungsweise setzt andere Schwerpunkte, z.B. Funktionalität, Wartungsfreundlichkeit, Wirtschaftlichkeit usw.".

> EX: "Diesen Anspruch (Erreichung absoluter Sicherheit) kann die Norm gar nicht erfüllen. Sie kann höchstens einen gewissen Rahmen vorgeben. Für die sicherheitsgerechte Gestaltung einzelner technischer Erzeugnisse gibt es Durchführungsbestimmungen".

> LA: "Die Sätze sind schwammig genug, daß man sie irgendwie anwenden kann. Jeder könnte eine Maschine konstruieren, die seinen eigenen Sicherheitsansprüchen genügt. Die eigene Sicherheit wird jeder anders beurteilen, und es wird sich niemand um so eine Makulatur kümmern. Für die konkrete Anwendung ist es genauso unbrauchbar wie eine allgemeine Dienstanweisung oder ein Gesetz".

> LA: "Ob ein Konstrukteur etwas mit diesen Sätzen anfangen kann, liegt auch an ihm selber, wie weit er sich Gedanken darüber macht, worauf es ankommt, ob er Berufserfahrung hat und im Zweifel in spezielleren Normen nachschlägt".

Die Begründung, Funktion und Legitimation des Normungsprozesses können die folgenden Kernsätze dokumentieren:

> EX: "Man braucht Orientierungshilfen, nach denen man sich richten muß, weil man den Mitarbeiter schützen will".

> EX: "Sie sind ein Versuch, irgendetwas zu machen, an Stellen, wo im Moment noch sehr viel Spielraum ist".

> EX: "Sicherheitsnormen stellen eine Sicherung eines gemeinsamen Informationsstandards dar bezüglich bekannter Gefahren, um darauf Regeln zu setzen. Es wird versucht, die Akzeptanz neuer Techniken dadurch sicherzustellen, indem man beschreibt, unter welchen Bedingungen neue Technik ablaufen soll, damit sich jeder darauf einstellen kann und weiß, mit was er rechnen muß".

> LA: "Sicherheitsnormen sind eine der vielen Krücken, die wir brauchen, um überhaupt mit der Technik, die schon so gefährlich geworden ist, umgehen zu können".

> LA: "Grundsätzlich versucht der Mensch, sich Sicherheit und Ordnung zu schaffen, und glaubt, dies mit solchen Reglementierungen zu erreichen".

LA: "Es ist notwendig, Sicherheitsanforderungen zu schreiben, weil sich der Mensch an irgendetwas orientieren muß".

Zu dem in DIN 31000, Abschnitt 3. 2 diskutierten Begriff "zumutbares Risiko" wurden folgende Kommentare abgegeben:

EX: "Daß der Risikobegriff in der Norm steht, besagt, daß theoretisch doch etwas passieren könnte im Umgang mit einem technischen Erzeugnis: Die absolute Sicherheit gibt es nicht".

EX: "Zumutbares Risiko besagt für mich, daß das eine rein individuelle Einschätzung ist. Für mich als Sicherheitsingenieur ist ein zumutbares Risiko geringer als für einen Produktionsleiter. Die Gewerkschaft sieht ein zumutbares Risiko anders als ein Arbeitgeber. Diese Aussage ist weiter nichts als ein Hinweis darauf, daß man zwar Regeln machen kann, daß man aber ein Risiko nicht ausschließen kann".

EX: "Ich denke, an vielen Punkten muß der betroffene Mitarbeiter für sich festlegen, was er als zumutbar annimmt. Da ist er dann als einzelner gefordert, sein zumutbares Risiko einzuschätzen. Diese Einschätzung ist von sehr vielen äußeren Einflüssen abhängig, sei es von dem Bewußtsein, daß am Ende des Tages oder der Schicht eine Stückzahl dastehen muß, sei es aufgrund des Drucks der Arbeitsgruppe, in der er sich befindet".

EX: "Risiko wird in der Arbeitswelt als die Bereitschaft verstanden, Gefahren zu akzeptieren. Der Betrieb stellt Gefahren in den Raum und sucht sich entsprechend die Leute aus, die bereit sind, unter diesen Bedingungen zu arbeiten, d.h. dieses Risiko zu akzeptieren oder nicht".

LA: "Das ist ganz schön unverschämt, zu schreiben, daß der Maßstab für die Zumutbarkeit des Risikos der Stand der Technik ist. Für mich ist etwas gefährlich, was mich krank macht oder umbringt und nicht, was die Technik verantworten kann: Nicht die Technik darf der Maßstab sein, sondern der Mensch".

LA: "Jedes Leben birgt ein gewisses Risiko. Über das Zumutbare kann man streiten oder sollte man nachdenken. Ich finde es schlimm, daß die Erprobungsphase gar nicht stattfindet, sondern daß vollendete Tatsachen geschaffen werden, z.B. sind die Kernkraftwerke nun mal da".

LA: "Es geht um ein zumutbares Risiko, aber nicht um ein Fehlen von jeglichem Risiko. Es wäre eine Lüge, wenn da gar nicht von Risiko geredet würde. Es wäre schlicht unwahr, wenn sie behaupten würden, es gibt kein Risiko bei der Benutzung von technischen Geräten. Ein Risiko ist immer vorhanden, weil Menschen Fehler machen und weil es auch technische Fehler und Verschleiß gibt".

Durch die weitere Darstellung von Kernsätzen ließe sich (um eine Interpretationsvorstellung zu ermöglichen) zeigen, daß der Normanspruch von vier der fünf Laien explizit und zum Teil spontan abgelehnt wird, während eine derartig deutliche Kritik am Normanspruch von den Experten nicht geübt wird. Zweifel an der Vermeidbarkeit von Gefahren durch Normung sind hier nur zwischen den Zeilen zu lesen, obwohl die Experten ebenfalls einräumen, daß der Umgang mit technischen Erzeugnissen nicht gefahrlos sein kann.

Der größte Unterschied zwischen Laien und Experten deutet sich jedoch auf der Ebene der Begriffsverwendung an. Der Sicherheitsbegriff ist bei den Experten *präzise* gefaßt und das heißt auch deutlich eingeengt. Personen ohne professionellen Zugang und Umgang mit Sicherheit haben hingegen ein sehr breites

Begriffsverständnis und regen damit nicht nur eine technische, sondern vielmehr eine philosophische Auseinandersetzung an. Dieser *offene* Umgang mit dem Begriff wird selbst bei den Skeptikern unter den Experten nicht nahegelegt. Bei der Diskussion von Sicherheitsproblemen bewegen sie sich innerhalb der technischen Rationalität und damit der Diskussion von Zuverlässigkeit, gesetzgeberischer Garantie oder menschlicher Unzulänglichkeiten: Die Skepsis der Sicherheitsprofis bleibt professionell technisch, wohingegen der Protest der Laien zusätzlich zum Technikbezug eine weitergreifende, humanadäquate und gesamtgesellschaftliche Reflexion mit einbezieht.

4. 2. Extraktion von Aussagen zu konkreten Maßnahmen

Wie bereits die ausgewählten Textpassagen, vor allem aber die vollständigen Interviews zeigen, wurden ganz konkrete Maßnahmen zur Herstellung von Sicherheit oder Vermeidung von Unsicherheit genannt: "... Wartung technischer Erzeugnisse", "... Mensch und Maschine trennen", "... sichere Verhaltensweisen in Mitarbeiterschulung üben" etc. .

Im folgenden sollen diese konkreten Äußerungen, also Aussagen, die über subjektive Meinungen und Ansichten hinausweisen, ausgewertet und zur Interpretation der gesamten Fragestellung herangezogen werden.

Die Extraktion solcher maßnahmenbezogener Aussagen mit dem Ziel, *Sicherheit im Umgang mit technischen Erzeugnissen herstellen oder erhöhen* zu wollen, geschah auf folgende Weise: Aus dem ersten Textprotokoll ermittelten wir alle Äußerungen des Gesprächspartners, die Maßnahmen zur Herstellung oder Erhöhung von Sicherheit enthielten. Explizit formulierte Maßnahmen wurden wörtlich und u.U. leicht gekürzt übernommen. Z.B. wurde die Aussage: "Für mich ist die größte Sicherheit dadurch zu erreichen, daß jeder bewußt mit Gefahr umgeht", gekürzt in: "bewußt mit Gefahr/ technischem Erzeugnis umgehen". Nicht ausdrücklich als Sicherheitsmaßnahmen deklarierte Äußerungen wurden spezifiziert und auf jeden Fall zu vollständigen Sätzen ergänzt. Z.B. wurde die Äußerung: "Wenn ich die Maschine so gestalte, dann ist meistens die Bedienungsanweisung dabei, d.h., mit diesem Produkt muß ich so und so umgehen", umformuliert in die Maßnahme: "In der Betriebsanweisung bestimmungsgemäße Verwendung des technischen Erzeugnisses festlegen".

Auf diese Weise erhielten wir einen Katalog von Sicherheitsmaßnahmen, die in dem ersten ausgewerteten Protokoll enthalten waren. Diese zeilenweise untereinander aufgelisteten Maßnahmen bildeten die Grundlage einer Matrix, in deren Zeilen die Maßnahmen und in deren Spalten die Gesprächspartner mit ihrer jeweiligen Zustimmung (1) oder Nicht-Zustimmung (0) eingetragen werden konnten. Bei der Auswertung des zweiten und jedes weiteren Textprotokolls dienten die bereits extrahierten Sicherheitsmaßnahmen als Referenzliste und konnten selbstverständlich durch weitere Maßnahmen ergänzt werden. Falls durch die Auswertung der weiteren Protokolle *neue* (d.h. nicht in den ersten, sondern in den folgenden Protokollen thematisierte Maßnahmen) genannt wurden, wurde gleichzeitig, in einem sog. Iterationsschritt, in den vorherigen Protokollen nachgesehen, ob der jeweils neue Aspekt nicht doch bereits in einem der früheren Protokolle thematisiert worden war.

Neben diesem ersten Aspekt (Sicherheit im Umgang mit technischen Erzeugnissen herstellen oder erhöhen) lassen sich in den diskutierten Normpassagen zwei weitere Oberbegriffe abgrenzen und führen zur Erweiterung des Maßnahmenkataloges. Der eine Aspekt betrifft die Verwendung und den *Umgang mit schädigenden Werkstoffen* (DIN 31000, Abschnitt 5. 2. 2), der andere die *menschengerechte (ergonomische) Gestaltung von technischen Erzeugnissen* im Sinne von Arbeitserleichterung, wodurch nach DIN 31000 (Abschnitt 5. 19) möglichen Gefahren vorgebeugt werden kann. Zum ersten Oberbegriff erwähnten die Gesprächspartner einerseits Maßnahmen, durch die die Zielvorgabe der jeweiligen Normpassage durchgesetzt werden könnte, wie z.B. "Gesetzliche Verbote (Auflagen) für schädigende Stoffe", "Boykott schädigender Stoffe durch die Verbraucher". Andererseits nannten sie Sicherheitsvorkehrungen, die getroffen werden sollten, um schädigende Wirkungen für die Anwender möglichst gering zu halten, wie z.B. "Technische Maßnahmen (Absaugungen) ergreifen", "Persönliche Schutzkleidung tragen".

Aufgrund der geschilderten Vorgehensweise entstand eine Matrix, die aus 97 Zeilen (Anzahl der Aussagen) und 10 Spalten (Zahl der Teilnehmer) besteht. In den Schnittpunkten von Zeilen und Spalten steht die Eintragung "1", wenn ein bestimmter Gesprächspartner (Spalte) eine bestimmte Aussage (Zeile) gemacht hat, und die Eintragung "0", wenn dies nicht der Fall war. Auf die verschiedenen Aspekte verteilen sich die Aussagen wie folgt, wobei die Zahl der Aussagen pro Person zwischen 18 und 45 liegt:

a) Herstellung oder Erhöhung von Sicherheit im Umgang mit technischen Erzeugnissen = 50 Aussagen

b) Umgang mit schädigenden Stoffen oder Produkten = 14 Aussagen und

c) Herstellung von Sicherheit durch menschengerechte Gestaltung der technischen Erzeugnisse = 33 Aussagen.

Betrachten wir einige Aussagen (Zahl der Nennungen in Klammern) und stellen uns vor der Ableitung eines Ordnungsschemas die Frage, welcher *Adressat* und welche Handlungs-*Dimension* in den Aussagen angesprochen werden:

- Bei Konstruktion durch Normbeachtung Gefahren vermeiden (EX=5; LA=4)
- Menschliches Fehlverhalten technisch ausschließen (EX=3; LA=2)
- Normdurchsetzung durch eine Bewußtseinsänderung der Industrie erreichen (EX=2; LA=5)
- Fachwissen des Ingenieurs bei der Konstruktion einsetzen (EX=3; LA=4)

- Grund für Einsatz schädigender Stoffe = wirtschaftliche Interessen (EX=3; LA=5)
- Hinweise auf Gefahren in Gebrauchsanleitungen hat Alibifunktion (EX=1; LA=4)
- Nachlassen der Aufmerksamkeit bei manchen Arbeitserleichterungen (EX=1; LA=4)
- Regelmäßige Wartung technischer Erzeugnisse (EX=2)
- Sicherheitsgerechte Arbeitsorganisation (EX=3; LA=2)
- Selektion der Mitarbeiter: "Richtigen Mann an den richtigen Platz" (EX=2)
- Kontrolle durch Vorgesetzte, ob sich Mitarbeiter sicherheitsgerecht verhalten (EX=2; LA=2)
- Gefährliche Maschinen überhaupt nicht einsetzen (LA=2)
- Mitarbeiter soll sich weigern, an nicht sicheren Maschinen zu arbeiten (LA=2)
- Schädigende Stoffe nicht verwenden, sondern ersetzen (LA=1)
- Konzentriert mit technischen Erzeugnissen arbeiten (LA=5)
- Mitarbeiter sollen Vorschriften selbst erarbeiten (EX=1; LA=1)
- Normen weiterentwickeln/überarbeiten (EX=2; LA=1)
- Gesetzliche Bestimmungen über Ersatz schädigender Stoffe erlassen (EX=2)
- Normkritik: Psychische Aspekte der Arbeitstätigkeit sind unberücksichtigt (EX=1; LA=5)

Der Einblick in die extrahierten Aussagen zeigt, daß vor der Anwendung eines mathematischen Ordnungsverfahrens eine phänomenologische Ordnungsbildung vorgenommen werden kann und sollte. Alle Aussagen geben letztlich eine Antwort oder äußern Vorstellungen darüber: *wer Sicherheit warum, womit bzw. wodurch herstellen bzw. garantieren sollte* oder umgekehrt: *wer es warum bzw. wodurch unterläßt, Sicherheit herzustellen.*

4.2.1. Kategoriale Ordnung der Aussagen

Die Tatsache, daß Sicherheit zum Wertbegriff geworden ist und die ursprüngliche Eigenschaftsdimension verdrängt hat, legt es für die weitere Auswertung der Aussagen nahe, danach zu fragen, *wer* bei der Herstellung von Sicherheit für *zuständig* betrachtet wird und *welche* konkreten *Maßnahmen* oder soziale *Mechanismen* zur Durchsetzung der zugewiesenen und/oder übernommenen Zuständigkeit ergriffen werden sollten. Die immer wieder genannten Adressaten ließen sich leicht identifizieren und spiegeln weniger die spezifische Fragestellung als die generelle Auseinandersetzung mit Sicherheitsproblemen wider: Die Zahlen in Klammern geben an, wieviele der 97 Aussagen sich an die jeweiligen Adressaten richteten.

- *Produzent* (28): Hierzu gehören Hersteller von technischen Erzeugnissen sowie Hersteller von Stoffen und Produkten, die zu schädigenden Wirkungen führen können, und/oder Hersteller, die Sicherheitsvoraussetzungen ignorieren bzw. entsprechende Kriterien nicht erfüllen.

- *Betreiber* (26): Hiermit sind Industrieunternehmen als Betreiber von technischen Geräten gemeint. In ihrer Funktion als Arbeitgeber und vertreten durch die Vorgesetzten werden sie für den Schutz der Mitarbeiter verantwortlich gemacht.

- *Benutzer* (22): Hierunter sind die Benutzer technischer Erzeugnisse und die Anwender von Stoffen und Produkten zu verstehen, sowohl in ihrer Funktion als

Arbeitnehmer im Betrieb als auch in ihrer Eigenschaft als private Verbraucher.

- *Staat* (11): Gemeint sind alle staatlichen und öffentlich-rechtlichen Institutionen, die an der Erstellung und Durchsetzung von Gesetzen mit Arbeitsschutzbestimmungen, Unfallverhütungsvorschriften sowie sicherheitstechnischen Normen und Richtlinien beteiligt sind (Gewerbeaufsicht, Berufsgenossenschaften etc.).

Mit welchen konkreten Maßnahmen oder abstrakten Mechanismen die jeweils angesprochenen Adressaten ihre Zuständigkeit erfüllen sollen, reflektiert auf der Ebene der Maßnahmen die auch unter Nichtfachleuten bekannten Teildisziplinen der Arbeitswissenschaft und Arbeitspsychologie:

- *Physiologische Ebene* (10): Belastende ergonomische Arbeitsgestaltung bzw. Verringerung spezifischer Belastungssituationen

- *Psychologische Ebene* (23): Belastende Arbeitsplatzgestaltung und Maßnahmen zur Verbesserung von Arbeitsplatz-, Kommunikations- und Interaktionsstrukturen.

Aussagen, die sich auf die genannten fachimmanenten Dimensionen beziehen lassen, konnten einerseits Belastungs- und Beanspruchungssituationen kennzeichnen (Produzenten unterlassen es, Maschinen ergonomisch zu gestalten, Betreiber fordern Arbeit unter ungünstigen (Fließband) Bedingungen) oder andererseits konkrete Maßnahmen gegen Belastungs- und Beanspruchungssituationen thematisieren (Software-Ergonomie, Einrichtung von mehr Arbeitspausen).

Wir haben bei der Zuordnung der Aussagen zu den beiden Dimensionen zwischen Nennung von belastenden Faktoren und Formulierung von Gegenmaßnahmen unterschieden.

Auch die weiteren (von den Interviewpartnern) zugewiesenen oder unterstellten Zuständigkeitsmechanismen (Handlungsaufforderungen an spezifische Adressaten) sind selbstverständlich eng mit dem Thema verknüpft und sind aber darüber hinaus in der öffentlichen Diskussion durchaus gebräuchlich.

- *Kontrolle* (33); *fehlende Kontrolle* (1): Hierzu gehören Aussagen, in denen die Verantwortung für Sicherheit an einen der vier Adressaten delegiert und ihm dadurch eine Kontrollfunktion zugewiesen wird (z.B. "technische Erzeugnisse prüfen, bevor sie auf den Markt kommen"). Mit fehlender Kontrolle war hier gemeint, daß zwar die Verantwortung für Sicherheit im eben beschriebenen Sinne delegiert wurde, der angesprochene Adressat jedoch die ihm zugewiesene Kontrollfunktion nicht ausübt (z.B. "Grund für den Einsatz schädigender Stoffe ist die fehlende Bekanntheit").

- *Widerstand* (8): Hierunter fallen Aussagen, die den Adressaten ausdrücklich zum Widerstand gegen unsichere (Arbeits-)bedingungen auffordern (z.B. "der Mitarbeiter soll sich weigern, an nicht-sicheren Maschinen zu arbeiten").

- *Verantwortung* (17); *Verantwortungslosigkeit* (5): Gemeint ist die vom jeweiligen Adressaten selbst übernommene, autonome Verantwortung, die nicht von außen an ihn herangetragen wurde (z.b. "konzentriert mit einem technischen Erzeugnis arbeiten"). Von Verantwortungslosigkeit wurde gesprochen, wenn die einem Adressaten zugeschriebene Verantwortlichkeit unterbleibt (z.b. "Grund für den Einsatz schädigender Stoffe sind wirtschaftliche Interessen").

Nachdem die Adressaten-x-Dimensionen-Matrix definiert und operationalisiert war, erfolgte die Zuordnung der 97 Aussagen, deren Häufigkeiten bereits hinter den Kategorien aufgeführt wurden. Da wir die zweidimensionale Matrix in der Folge mit einem vektoranalytischen Verfahren zu ordnen versuchen, wird die Kreuztabelle hier nicht wiedergegeben, sondern nur die auffälligen Zellenbesetzungen genannt: Die Zellenhäufigkeiten zeigen, in welchem Ausmaß die Handlungsdimensionen den jeweiligen Adressaten zugeordnet werden. Bei den Produzenten werden die Ausübung von Kontrolle (7) sowie Verantwortung und Verantwortungslosigkeit (jeweils 4) genannt. Den Betreibern wird ebenfalls eine Kontrollfunktion (15) zugewiesen. Desweiteren sollten sie Maßnahmen gegen psychische Belastungen (8) ergreifen. Die Ausübung von Kontrolle wird auch vom Staat (9) erwartet. Bei den Benutzern überwiegt die selbst übernommene Verantwortung (12).

Während wir im ersten Teil dieses Kapitels (vgl. 4.1.) versucht haben, die Gemeinsamkeiten und mehr noch die Unterschiede zwischen Sicherheitsexperten und Laien herauszuarbeiten, die auf der allgemeineren Ebene der Verwendung des Sicherheitsbegriffs bestehen, wollen wir im nun folgenden Teil ein auf der Vektorrechnung beruhendes Verfahren (Skalographie) erläutern, das die in der Aussagen-x-Personen-Matrix (vgl. 4.2.) als auch in der Adressaten-xDimensionen-Matrix (vgl. 4.2.1.) enthaltenen Informationen mathematisch und graphisch so aufzubereiten versucht, daß auf der konkreten Ebene von Maßnahmen zur Herstellung von Sicherheit sowohl die zentralen Bedeutungen der Aussagen als auch die spezifischen Unterschiede zwischen den beiden Gruppen (Experten und Laien) diskutiert werden können.

4.2.2. Die Skalographie

Das für die weitere Auswertung der Aussagen-x-Personen-Matrix (97 x 10) eingesetzte Verfahren, die Skalographie, wurde von H. J. Strüber (1974) am Psychologischen Institut der Universität Münster für die Behandlung von Problemen der zweidimensionalen Bezugssystemforschung entwickelt.

Allgemein gesagt, dient die Skalographie dazu, die in (sprachlichem) Material vorhandene Ordnung oder Struktur abzubilden. Sie ist vergleichbar mit der Skalogrammanalyse von Guttman (1944), deren Anliegen es ist, homogene, d.h. lineare Skalen zu konstruieren, auf denen sich sowohl Personen als auch Aussagen abbilden lassen.

Die Vorgehensweise der Skalogrammanalyse besteht darin, daß die Zeilen und Spalten einer Beobachtungs- oder Rohdatenmatrix solange abwechselnd vertauscht (permutiert) werden, bis sich die in den Schnittpunkten eingetragenen "0" und "1" vollständig trennen, so daß das Muster der "1" ein Parallelogramm darstellt. Die so geordnete Datenmatrix bildet eine Skalogramm. Lassen sich die Daten in Form eines perfekten, d.h. lückenlosen Skalogramms anordnen, so ist die Skalierbarkeit der Daten nachgewiesen und die Reihenfolge bzw. Rangreihe sowohl der Aussagen als auch der Personen auf einer gemeinsamen Skala eindeutig festgelegt. Auf dieser Skala liegt eine Person näher bei den Aussagen, denen sie zugestimmt hat, und weiter entfernt von denjenigen Aussagen, die sie abgelehnt hat. Das heißt zugleich, daß Personen, die mehreren bestimmten Aussagen gemeinsam zugestimmt haben und andere Aussagen abgelehnt haben, näher beieinander liegen als Personen, die sich in der Zustimmung zu bzw. Ablehnung von Aussagen voneinander unterscheiden.

Bei empirischen Untersuchungen mit großen Datensätzen ergibt sich meist kein perfektes Skalogramm, so daß man sich auf die Herstellung eines optimalen Skalogramms beschränkt, bei dem das Muster der eingetragenen "1" annähernd die Form eines Parallelogramms hat.

Die Skalographie nun ist ein auf der Vektorrechnung beruhendes Verfahren zur Herstellung eines solchen optimalen Skalogramms. Sie arbeitet iterativ, d.h. schrittweise ein ebenes Koordinatensystem für Personen und Aussagen aus, in dem jede Person und jede Aussage eine bestimmte in X- /Y- Koordinaten bzw. in Winkel und Exzentrizität (Richtung und Entfernung vom Systemmittelpunkt) angebbare Position erhält: Die Iterationen beginnen damit, daß jeder der 97 Aussagen ein vom Koordinatenursprung ausgehender Einheitsvektor zugeordnet wird. Diese Ortsvektoren werden gleichmäßig auf alle Richtungen verteilt. Aus diesen zunächst willkürlich angeordneten Aussagen-Vektoren werden Personen-Koordinaten berechnet, indem man für jede der 10 Personen die ihr entsprechenden Aussagen-Vektoren addiert. Das sind die Vektoren derjenigen Aussagen, denen die jeweilige Person zugestimmt hat bzw. die die Person gemacht hat. Diese Resultanten ergeben ein neues System von Vektoren, in dem jeder Person ein Vektor entspricht. Die Richtungen dieser Personen-Vektoren sind nicht willkürlich, da Personen, die sich in ihren Aussagen ähnlich sind, nahe beieinanderliegende Koordinaten bekommen. Nach einer Zentrierung des so erhaltenen Personen-Systems in seinen Schwerpunkt als Koordinatenursprung werden für jede Aussage die ihr entsprechenden Personen-Vektoren addiert. Das sind die Vektoren derjenigen Personen, die die jeweilige Aussagen gemacht haben. Die Anordnung dieser Resultanten im entstandenen System von Aussagen-Vektoren ist nun auch nicht mehr willkürlich, da Aussagen, die von mehreren Personen gemeinsam gemacht worden sind, nahe beieinanderliegende Koordinaten bekommen. Danach erfolgt die Zentrierung dieses Aussagensystems in seinen Schwerpunkt als Koordinatenursprung.

Die beschriebenen Schritte (Iterationen) werden solange weiter durchgeführt, bis ein stabiles System von Personen- und Aussagen-Koordinaten entstanden ist, d.h. bis sich durch weitere Iterationen keine Veränderungen der Personen- und Aussagen-Koordinaten ergeben. In der vorliegenden Untersuchung war dies nach 151 Iterationen der Fall.

Die so ermittelten Koordinaten oder Positionen von Personen und Aussagen geben die Nähe- bzw. Distanzrelationen zwischen Personen und Aussagen insofern an, als in dem gemeinsamen Koordinatensystem von Personen und Aussagen diejenigen Personen, die übereinstimmend bestimmte Aussagen gemacht haben, näher beieinanderliegen und zugleich auch näher bei diesen Aussagen liegen, die diese Personen übereinstimmend gemacht haben. Von diesen Personen und Aussagen weiter entfernt liegen diejenigen Personen, die übereinstimmend andere Aussagen gemacht haben, und in der Nähe dieser Personen liegen zugleich auch diese anderen Aussagen.

Bei dieser, mit Absicht wenig mathematisch gehaltenen, Beschreibung der Vorgehensweise der Skalographie dürfte deutlich geworden sein, daß dieses Verfahren den Vorteil einer graphischen Darstellung bietet, die über eine bloße Veranschaulichung hinausgeht.

Da wir es hier mit einem Gesamtsystem von Personen und Aussagen zu tun haben, wäre es naheliegend, sowohl Personen als auch Aussagen in ein gemeinsames Koordinatensystem zu zeichnen, um die Nähe- und Distanzrelationen von Personen und Aussagen zueinander abzubilden. Wie man sich aber unschwer vorstellen kann, wäre eine solche Abbildung von 97 Aussagen-Punkten mit dem zugehörigen Wortlaut der Aussagen und 10 Personen-Punkten mit den jeweiligen Personenkennungen sehr unübersichtlich und zu komplex für eine Interpretation. Daher wurden in weiteren Berechnungen, die wir hier jedoch nicht ausführlich beschreiben können, mittels der Vektoraddition "Orte" ermittelt, an denen die beiden Untersuchungsgruppen (Sicherheitsexperten und Laien) "schwerpunktmäßig" liegen. Ebenso wurden die Schwerpunkte der bereits erwähnten vier Adressaten (Produzenten, Betreiber, Benutzer, Staat) sowie der neun Dimensionen (Physische Belastungen, Maßnahmen gegen physische Belastungen, Psychische Belastungen, Maßnahmen gegen psychische Belastungen, Kontrolle, Fehlende Kontrolle, Widerstand, Verantwortung, Verantwortungslosigkeit) ermittelt.

Diese Schwerpunktberechnungen erfolgten immer jeweils ausgehend von den durch die Skalographie ermittelten Personen- und Aussagen-Koordinaten. Um genauere Aussagen darüber machen zu können, ob und welche spezifischen Unterschiede zwischen Sicherheitsexperten und Laien bestehen, haben wir durch weitere Berechnungen, jeweils getrennt für Sicherheitsexperten und Laien, aber ebenfalls ausgehend von den durch die Skalographie ermittelten Koordinaten, sowohl für die Adressaten als auch für die Dimensionen Gewichtungen in Abhängigkeit von den

Häufigkeiten, mit denen die Adressaten und die Dimensionen in den Aussagen der beiden Personengruppen angesprochen waren, vorgenommen. Das Ergebnis dieser Gewichtungen sind Summenvektoren von Adressaten und Dimensionen, die in der folgenden graphischen Darstellung der Ergebnisse ausführlicher beschrieben und interpretiert werden sollen.

4. 2. 3. Graphische Darstellung der Ergebnisse

Während in Franko, Wehner und Reuter (1991) damit begonnen wurde, die Schwerpunkte der Gruppen zu ermitteln, beginnen wir hier mit der Visualisierung der Summenvektoren.

Die Längen verdeutlichen dabei, wie häufig die durch sie repräsentierten Adressaten bzw. Zuständigkeitsdimensionen von den Experten und von den Laien genannt worden sind.

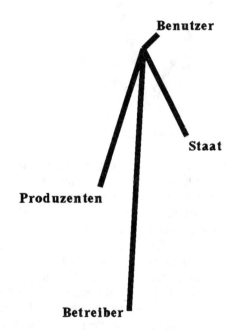

Abbildung 1: Summenvektoren der Adressaten (Experten)

Der Abbildung 1 ist zu entnehmen, daß sich die Experten mit ihren Aussagen primär an den Betreiber wenden (längster Vektor) und ihn für die Herstellung von Sicherheit als Garanten oder Verantwortlichen sehen. Interessant ist, daß dem Benutzer geringe bis gar keine Zuständigkeit unterstellt, abverlangt oder zugetraut wird (kürzester Vektor). Daß die einzelnen Adressaten sich in unterschiedlichen

Quadranten des Koordinatensystems erstrecken, deutet darauf hin, daß die Durchsetzungsstrategien (Dimensionen) der Adressaten stark (Benutzer/Betreiber) oder weniger stark (Produzent/Betreiber) voneinander abweichen.

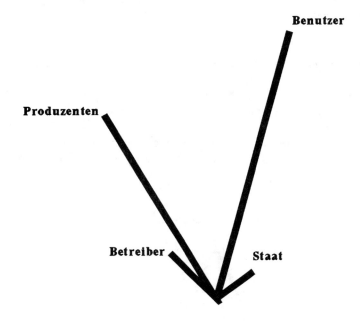

Abbildung 2: Summenvektoren der Adressaten (Laien)

Für die Laien ergibt sich eine gänzlich andere Rangreihe und damit eine Zuständigkeitsverschiebung (Abbildung 2). Die Benutzer (private Verbraucher oder Arbeitsplatzinhaber) werden als zuständige Adressaten an erster (längster Vektor), die Produzenten (schätzungsweise mit andersartiger Maßnahmenorientierung) an zweiter Stelle genannt. Die Zuständigkeiten von Betreiber und Staat werden (im Vergleich zu den Experten) einerseits geringer, andererseits in den Aussageninhalten den Benutzern ähnlich bzw. näher beurteilt.

Betrachten wir nun die Handlungsdimensionen: Expertenaussagen (Abbildung 3) setzen in hohem Maße auf Kontrollmechanismen, wobei, in Kenntnis der Zuständigkeit und des professionellen Selbstverständnisses, sicher davon ausgegangen werden kann, daß sie sich selbst als Kontrolleure zur Gewährung oder Durchsetzung von Sicherheit betrachten. Dabei ist zu ergänzen, daß der Status quo nicht gleichzeitig durch fehlende Kontrolle (schon eher durch Verantwortungslosigkeit) gekennzeichnet ist. Die psycho-physiologischen Handlungsdimensionen können als wenig dominant und als homogen (Verteilung im gleichen Quadranten) angesehen werden und sind inhaltlich von den Kontroll- und den Verantwortungs-Aussagen unterschieden.

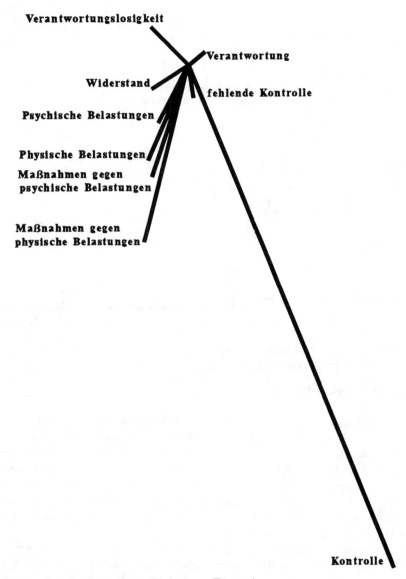

Abbildung 3: Summenvektoren der Dimensionen (Experten)

Bei den Personen ohne professionellen Sicherheitsbezug zeigt sich auch hier ein anderes Bild (Abbildung 4). Sie thematisieren an erster Stelle Verantwortung und danach - inhaltlich unterschieden - Kontroll-Mechanismen. Auffällig ist jedoch auch, daß die Vektoren für Verantwortungslosigkeit, psychische Belastung und Widerstand nicht nur semantische Nähe aufweisen, sondern auch gewichtig zu sein scheinen.

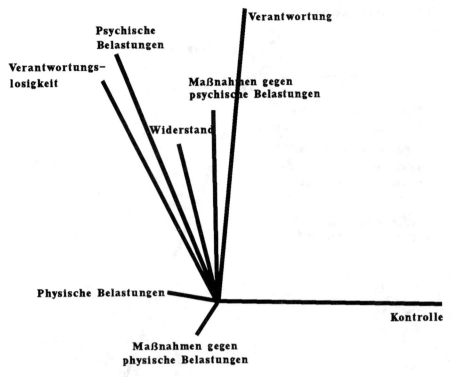

Abbildung 4: Summenvektoren der Dimensionen (Laien)

Darüber hinaus fällt auf, daß die inhaltliche Beziehung zwischen Aussagen zu ergonomischen und psychologischen Gestaltungsprinzipien, anders als bei den Experten, voneinander getrennt und (für die Ergonomie und Belastungsdimension) wenig stark ausgeprägt sind. Hierin steckt der Hinweis (der auch als Mißverständnis interpretiert werden kann), daß Experten psychische und physische Aspekte der Arbeitstätigkeit und deren Einfluß auf die Herstellung von Sicherheit gleichsetzen (vgl. Abb. 3), während die Laien diese Dimensionen trennen und damit dem unterstellten Mißverständnis nicht unterliegen.

Um weiter zwischen Sicherheitsexperten und Laien differenzieren zu können, ist es sinnvoll, nun die jeweils zentralen Handlungsdimensionen und *auffälligen* Adressaten gemeinsam zu betrachten: Wie bereits erwähnt, sieht die Gruppe der Sicherheitsexperten in dem Betreiber den zuständigen Adressaten für Sicherheit. Ihm weisen sie (Abbildung 5) die Ausübung von Kontrolle zu ("Tragen der Schutzkleidung anordnen", "Selektion der Mitarbeiter: richtigen Mann an den richtigen Platz stellen", "ordnungsgemäße Aufstellung technischer Geräte", "regelmäßige Wartung technischer Erzeugnisse"). Dies geschieht in einem Maße, das die anderen Handlungsdimensionen in den Hintergrund treten läßt und sich mit der globalen Darstellung (vgl. Abbildung 3) vergleichen läßt.

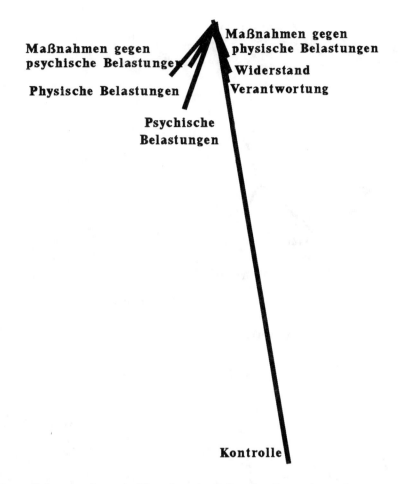

Abbildung 5: Summenvektoren der Dimensionen für die Betreiber (Experten)

Im Zusammenhang mit den Benutzern (der dominanten Adressatengruppe für die Laien) nennen die Experten nur noch drei Handlungsdimensionen (Abbildung 6): Verantwortung, Kontrolle und Widerstand. Die Handlungsdimensionen sind inhaltlich nicht nur stark voneinander getrennt, sondern auch stark dezimiert. Dem Benutzer wird keinerlei Kompetenz (Beteiligung) bei der Herstellung von Sicherheit oder der ergonomischen bzw. arbeitspsychologischen Gestaltungsmaßnahmen zugestanden. Er trägt Verantwortung z.B. für den "bewußten Umgang mit Gefahren", für das "Tragen von vorgeschriebener Schutzkleidung" und die "bestimmungsgemäße Verwendung von technischen Geräten". Allerdings wird von ihm auch Widerstand verlangt und zwar ausschließlich im Kontext mit schädigenden Stoffen: Hier soll er sich weigern, mit solchen Produkten zu arbeiten.

Abbildung 6: Summenvektoren der Dimensionen für die Benutzer (Experten)

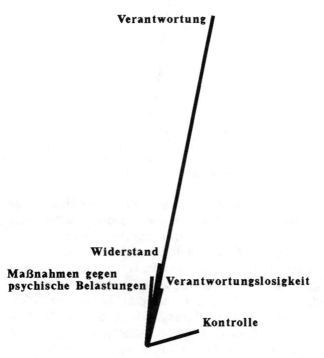

Abbildung 7: Summenvektoren der Dimensionen für die Benutzer (Laien)

Die Laiengruppe sah den Benutzer als Hauptadressaten (vgl. Abbildung 2) und die Verantwortungsdimension als adäquate Handlungsstrategie (vgl. Abbildung 4). Dies wird nochmals pointiert, wenn wir uns die benutzerorientierten Aussagen betrachten (Abbildung 7): Eigenverantwortung wird deutlich hervorgehoben, wobei die Laien andere Beispiele hierfür nennen als die Experten: "Nicht unter psychischen Belastungen oder Alkoholeinfluß arbeiten", "konzentriert mit technischen Erzeugnissen umgehen", "intrinsisch motiviert sein". Nicht zu übersehen ist, daß vom Benutzer Widerstand und Maßnahmen gegen psychische Belastungen erwartet, ihm aber auch ein gewisser Grad an Verantwortungslosigkeit unterstellt werden. Maßnahmen zur ergonomischen oder arbeitspsychologischen Gestaltung und zur Belastungsreduktion fallen eindeutig nicht in den Zuständigkeitsbereich der Benutzer; diese Ansicht deckt sich mit der Expertenmeinung.

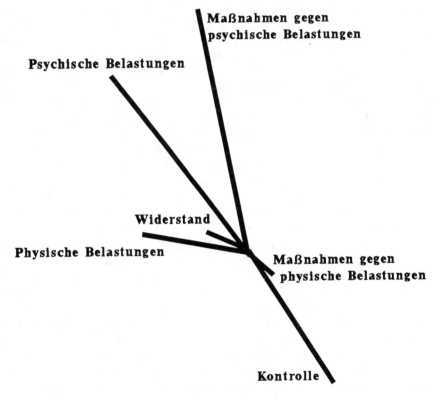

Abbildung 8: Summenvektoren der Dimensionen für die Betreiber (Laien)

Die Betreiber (Abbildung 8) sind nach Meinung der Laien insbesondere für psychische Belastungen ("intellektuelle Unterforderung", "psychische Erkrankungen") sowie für Maßnahmen gegen psychophysiologische Belastungen ("Zeitdruck reduzieren", "Schichtarbeit abbauen") zuständig. Die Kontrollfunktion (die von den Experten hervorgehoben wurde) spielt eine drittrangige Rolle. Gemeint sind dabei jedoch ähnliche Inhalte wie bei den Experten: Vorgesetzter soll auf Fachausbildung, Einhaltung von Vorschriften etc. achten.

Wäre noch als interessantes Ergebnis zu ergänzen, daß die Dimension der Verantwortungslosigkeit von beiden Gruppen (wenn auch von den Laien mit doppelter Vektorenlänge) bei den Produzenten starke Ausprägung und d.h. Thematisierung erfährt: "Grund für den Einsatz schädigender Stoffe sind wirtschaftliche Interessen der Industrie"; "Gefahrenhinweise in Gebrauchsanleitungen haben lediglich Alibifunktion."

5. Schlußbetrachtungen

Eine empirische Untersuchung im sozialen Feld kann heute nicht mehr den Anspruch erheben, Tatsachen als sichere und gültige herauszustellen. Ihr Wert bemißt sich vielmehr an ihrem Ort im übergreifenden Kommunikationsprozeß, wobei auch der Ort nicht statisch gegeben ist. Sie trägt zum Auffinden von Ereignissen und dynamischen Strukturen bei, ist also heuristisch zu verstehen. Hierbei sind viele Wege im Sinne eines Methodenpluralismus zu beschreiten. Dies bedingt, daß scharfe Grenzen zwischen Alltagspraxis und wissenschaftlichen Erkenntnisstrategien verschwinden. In den Untersuchungen selbst sollte diese neue Freiheit kenntlich werden. Erst wenn die aus der Lebenswelt stammende Frage in gemeinschaftlicher Anstrengung von Wissenschaft und Alltagserfahrung Forschungsgegenstand wird, ist mit Erkenntnissen zu rechnen, die auch weiter von Bedeutung für die Lebenswelt sein werden. Ein solches Vorgehen war mit unserer Untersuchung gemeint. Zum Verständnis der Befunde möge daher eine abschließende Reflexion der Methoden beitragen: Es ist uns bewußt, daß die im Gespräch erhobenen Meinungen und Ansichten in ihrem Inhalt um vieles reicher, farbiger, lebensnäher und bedeutungsvoller sind als auf dem Weg einer kategorischen Ordnung transportierbar ist. Deshalb haben wir sie ja auch oben ausführlicher wiedergegeben. Nur fehlt in der Fülle der Aussagen ja die ordnende Struktur, umsomehr, als wir aus erkenntnistheoretischen Gründen auf eine methodische Vorsortierung der Fragen weitgehend verzichtet haben. Der Reichtum der Ansichten entfaltet sich nur in dieser Offenheit, der Überblick leidet hingegen. Das gewählte Ordnungsverfahren (die Skalographie nach Strüber) soll diesen ermöglichen. Dabei verändern sich die Gesprächsstrukturen: was im lebendigen Dialog gegeben war, wurde von uns in *handhabbare* Sprache umgeformt, in Kategorien gebündelt und mit Vorkommenshäufigkeiten versehen. Verstehbare Anteile mögen dabei verschwinden, andere Gewichte bekommen oder neue hinzu kommen. Die sprachliche Umsetzung verläßt die Ebene des Diskurses, erstarrt gleichsam zu einem manipulierbaren Objekt, welches es zu ordnen gilt. Diese Ordnung selbst ist voraussetzungsvoll: die Vektoren beginnen irgendwo, ist das ein Nullpunkt? Gibt es einen Nullpunkt oder Ausgangspunkt des Meinens? Treffen die versprachlichten Kategorien das Wesentliche in ihrer Reduktion (erinnern sie vielleicht gar an Husserls *eidetische Reduktion*), oder ist es nur eine Reduktion der methodischen Verfügbarkeit? Welche inhaltliche Interpretation ist aus der geometrischen Lage der Vektoren zueinander zu ziehen? Was bedeuten Nähe, Ferne, Gegensätzlichkeit? Wir haben auf die explizite und das meint hier methodologisch-logische Beantwortung dieser Fragen bewußt verzichtet. Wir wollen keine *unwiderlegbare* empirische Abbildung, sondern ein neues Feld des Ordnungsverständnisses eröffnen. Die Geometrie der Meinungen und Ansichten ist trotz der nicht ins Letzte geklärten (und vermutlich auch nicht klärbaren) methodischen Schritte aussagekräftig. Sie erhellt Anordnungen, die im einfachen und im hermeneutischen Verstehen unsichtbar blieben und die in strikteren Methoden gar nicht erst aufscheinen. Dies glauben wir in der Interpretation vermittelt zu haben. Nicht zuletzt dient ein solches Verfahren ja dazu, die Diskussion der notwendig vorläufigen Ordnungen bei allen, die es angeht, zu eröffnen und offen zu halten.

Literatur

DIN-Norm 820, Teil 12 (1985). *Normungsarbeit. Gestaltung von Normen. Normen mit sicherheitstechnischen Festlegungen.* Berlin: Beuth.
DIN-Norm 31000/VDE-Bestimmung 1000 (1979). *Allgemeine Leitsätze für das sicherheitsgerechte Gestalten technischer Erzeugnisse.* Berlin: Beuth.
Franko, Z., Wehner, T. & Reuter, H. (1991). *Über den Geltungsbereich und die subjektive Bewertung sicherheitsbezogener DIN- und VDE-Normpassagen* (Bremer Beiträge zur Psychologie Nr. 134). Bremen: Universität, Studiengang Psychologie.
Guttman, L.A. (1944). A basis for scaling qualitative data. *American Sociological Review, 91,* 139-150.
Hackstein, R. (1977). *Arbeitswissenschaft im Umriß,* Bd. 2. Essen: Girardet.
Jungbluth, B. (1989). Systembezogene, systematische Sicherheitsarbeit. *Sicherheitsingenieur, 23,* (1), 24-28.
Mayring, P. (1983). *Qualitative Inhaltsanalyse: Grundlagen und Techniken.* Weinheim: Beltz.
Ropohl, G., Schuchardt, W. & Lauruschkat, H. (1984). *Technische Regeln und Lebensqualität: Analyse technischer Normen und Richtlinien.* Düsseldorf: VDI-Verlag.
Scheibe, E. (1964). *Die kontingenten Aussagen in der Physik.* Frankfurt: Athenäum.
Schneider, B. (o.J.). *Konzeption und Strategien der Arbeitssicherheit.* Wien: Internationale Sektion für die Verhütung von Arbeitsunfällen und Berufskrankheiten in der eisen- und metallerzeugenden Industrie der internationalen Vereinigung für soziale Sicherheit (IVSS).
Strüber, H.-J. (1974). *Untersuchungen zum Problem mehrdimensionaler psychischer Bezugssysteme.* Unveröff. Habil., Westfälische-Wilhelms-Universität, Münster.
Weizsäcker, v.C.F. (1955). Komplementarität und Logik. *Die Naturwissenschaften, 42,* 113-125.

Sicherheitsbedürfnisse und Handlungskompetenzen in betrieblichen Verbesserungsvorschlägen

Hans-Jürgen Dahmer und Theo Wehner

1. Problemhintergrund

Während wir in der ersten Studie dieses Empirieblocks die affektiven Komponenten zu Sicherheit und Fehler untersuchten, dann den Argumentationsstil von Experten und Gegenexperten und schließlich die Einstellungen und Kommentierungen sicherheitsrelevanter Normpassagen analysierten, fehlt noch der Blick auf die Handlungen, eine zentrale psychologische Verhaltensebene.

Handlungsrelevante Fertigkeiten könnte man untersuchen, indem die vorausgegangenen Untersuchungsbereiche quasi verlängert würden. So ist es durchaus interessant, die Verbindung zwischen den Einstellungen zu spezifischen sicherheitsrelevanten Normpassagen und der konkreten Umsetzung der Normen im Alltag zu erforschen. Sichtbar würden dabei die Defizite zwischen Einstellung und Verhalten, die Reinterpretation der Theorievorstellungen durch die Sachzwänge der Praxis und die tatsächlich genutzten Handlungsspielräume bzw. die rigide eingehaltenen Handlungsvorschriften. Auch wenn hierin ein Untersuchungsdesign anklingt, scheint uns die Realisierung einer Feldstudie über die Verbindung von Kognition, Emotion und Handlung (in Verlängerung der bereits berichteten Studien) nicht sinnvoll. Wir wählten einen Gegenstandsbereich, der einen nahezu vergessenen Einblick in die Handlungskompetenzen und Erfahrungen von Industriearbeitern gewährt. Es handelt sich um die Analyse von betrieblichen Verbesserungsvorschlägen (VVs) mit sicherheitsrelevantem Hintergrund, wobei auch die tätigkeits- und werksrelevanten Bezüge erfaßt und ausgewertet werden. Dabei wird erwartet, daß in den Analyseeinheiten sicherheitsbezogene Handlungskompetenzen zur Anwendung kommen, denen eine Problemdiagnose (u. U. die Reflexion von Handlungsfehlern) und die Formulierung einer Lösung vorausgehen. Handlungsbegleitende Affekte (im Falle der Ablehnung des VVs oder auch schon bei der Durchsetzung des Vorschlags gegenüber Kollegen oder Vorgesetzten) spielen dabei zusätzlich eine nicht zu unterschätzende Rolle, so daß grundsätzlich die Einheit von Handlung, Kognition und Emotion betrachtet werden kann.

1.1. Planungs- versus Durchführungstätigkeiten

Bevor wir auf die Methode und das Untersuchungsdesign eingehen, sei kurz skizziert, wie sich Planung und Realität zueinander verhalten und Verbesserungsnotwendigkeiten nach sich ziehen: Planungstätigkeiten sind in vielfacher Hinsicht von Durchführungstätigkeiten unterschieden und dennoch bedingen sie sich gegenseitig, um Effizienz und Ökonomie zu verwirklichen. Während der Planungsprozeß aus arbeitspsychologischer Sicht eher als heuristisches Handeln mit größerem Handlungsspielraum und schöpferischen Anteilen zu kennzeichnen ist, ist die Durchführung eher als algorithmisches Geschehen mit objektiv vorgegebenen Freiheitsgraden und eventuellen kreativen Handlungsorganisationsanteilen zu charakterisieren. Der Planungsprozeß wägt Handlungsalternativen sowohl auf der Ziel- als auch auf der Mittel- und Wegebene ab. Der Ausführungsprozeß hat subjektive und objektive Freiheitsgrade, ist aber, im Vergleich zur Planung, viel stärker an die Ziel- und Mittelvorgaben gebunden. Trotz dieser Bindung ist bei den komplexen industriellen Arbeitssituationen die Ausführung nur zu leisten, wenn (im Zuge der Arbeit selbst) praktische Übung und Erfahrung erzielt wird. Die Planungsvorgaben können in der Regel nie so detailliert und zugleich so allgemein sein, daß die konkreten Umstände der täglichen Arbeit (oder gar die individuellen Handlungsintentionen und -motive der Arbeitenden) vorhersehbar sind. Kurz gesagt: Das Planungswissen alleine kann die Betriebswirklichkeit und die Arbeitsabläufe nicht steuern, es bedarf dazu des Erfahrungswissens derjenigen, die die Arbeit ausführen. Der Austausch zwischen Erfahrungs- und Planungswissen kann in der Analyse unterschiedlicher Ereignisse nachgezeichnet werden; wir haben in dieser Studie betriebliche Verbesserungsvorschläge analysiert und sind davon überzeugt, diesen notwendig zu verbessernden Austauschprozeß anregen zu können.

2. Methode und Design

2.1. Untersuchungsbereich und Untersuchungsgegenstände

In Verbesserungsvorschlägen werden - dies versuchten die vorhergehenden Ausführungen deutlich zu machen - nicht nur Veränderungsbedürfnisse des Einreichers sichtbar, es wird auch die Diskrepanz zwischen Theorie und Praxis aufgezeigt. Schließlich nehmen die Planungsabteilungen für sich in Anspruch, die Anforderungen und Bedürfnisse der Praxis vorwegnehmen, eben planen zu können und führen Defizite nicht auf strukturelle, sondern auf organisatorische, persönliche Mängel der Planer oder der realisierenden Bereiche zurück. In der Praxis jedoch zeigt sich immer wieder - und dies findet zur Zeit starkes Forschungsinteresse (vgl. Malsch, 1983; Wehner, Rauch & Bromme, 1990), daß es Unterschiede zwischen Planungswissen und Erfahrungswissen gibt, die einerseits zu erheblichen Anpassungsleistungen in der Implementationsphase führen und andererseits Rückmeldeschleifen zwischen Planern und von der Planung Betroffenen nötig machen. Der VV versucht eine solche Rückmeldung zu geben, auch wenn dabei nicht nur inhaltliche Differenzen zwischen den Wissensarten sichtbar werden.

Obwohl uns hier lediglich inhaltliche Aspekte, eben die artikulierte sicherheitsbezogene Handlungskompetenz der VV-Einreicher interessieren, können wir keinesfalls von den sozialpsychologischen Aspekten, die ebenfalls mit dem Untersuchungsereignis zum Ausdruck kommen, abstrahieren. Mit dem VV wird nicht nur versucht, einen inhaltlichen Mangel zu beseitigen, sondern u.U. auch ein Konflikt zwischen den Durchsetzungsstrategien (bei der Überwindung inadäquater Arbeitsanforderungen) des VV-Einreichers und seiner Kollegen oder Vorgesetzten ausgetragen. Oder es artikuliert sich Kritik, indem Planungslücken und nicht akzeptable institutionelle Vorgaben und Vorschriften aufgegriffen werden. Der VV überschreitet dabei nicht nur die Grenze zwischen informellem Veränderungshandeln und formaler Organisation von Verbesserungen, es wird auch eine formale Anerkennung (von der nur ein geringer Teil durch die Prämie realisiert wird) angestrebt. Zusätzlich kommen individuelles bzw. soziales Engagement und eine spezifische Berufsidentität zum Ausdruck.[1]

Neben der umfassenden Einschätzung und spezifischer Einreicherperspektiven sind auch eindeutige Betriebsinteressen benennbar. Diese zielen primär auf die betriebliche Ausweitung bzw. Generalisierung der Lösungen und die Formalisierung der durch die VVs aufgezeigten Mängelsituationen und damit auf die Anreicherung des Planungswissens durch Nutzbarmachung des Erfahrungswissens.

Dennoch verzichten wir auf eine Organisationsanalyse, die Einbeziehung sozialpsychologischer, kommunikations- und konflikttheoretischer Aspekte. Wir nutzen den VV, um festzustellen, ob neben dem durch den institutionellen Arbeitsschutz repräsentierten Wissen auch auf der Seite der Arbeitenden sicherheitsspezifisches Wissen vorhanden ist und ob sich dieses Wissen (formalisiert in der Wahrnehmung einer Ist-Situation, der Antizipation eines Soll-Zustands und dem Finden einer Lösung zur Überwindung der Soll-Ist-Differenz) strukturell von dem institutionalisierten Wissen unterscheidet. Zusätzlich soll der Frage nachgegangen werden, ob die erfahrungsbedingten Veränderungsbedürfnisse a) über die Zeit, b) über Berufsgruppen und c) über Technologiestufen hinweg stabil bleiben, oder ob es systematische Veränderungen gibt. Ferner ist es wichtig, Kompatibilitäten oder Inkompatibilitäten zwischen institutionellen Arbeitsschutzstrategien (das Verhältnis zu und der Umgang mit personenbezogenem Arbeitsschutz etwa) und persönlichen Arbeitsschutzbedürfnissen zu analysieren. Nicht zuletzt kann geklärt werden, von welcher Art die erlebte Unsicherheit ist, oder anders formuliert, auf welcher der verschiedenen Handlungsregulationsebenen durch den VV eine Entlastung oder Optimierung des Handlungsgeschehens angestrebt wird.

---

1 "Die Steigerung des technischen Interesses (bei den Einreichern von VVs; T. W.), die Intensivierung des Verhältnisses von Mensch und Maschine und die Anerkennung der sachlichen und technischen Leistungsfähigkeit des Arbeiters sind Wirkungen des Vorschlagswesens, die neben der Brauchbarkeit und Ergiebigkeit einzelner Vorschläge nicht vergessen werden sollten" (Popitz, Bahrdt, Jüres & Kesting, 1967, S. 49). Leider sind die quantitativen Daten, die die Autoren seinerzeit erhoben und auswerteten, nicht mit unseren vergleichbar; der Forschungsansatz jedoch ist es ohne Vorbehalte.

Bei der Beantwortung dieser Fragen sind grundsätzliche Unterschiede zwischen VV-Einreichern und beteiligten Institutionsträgern anzunehmen, die sich, trotz aller Verkürzungen, als zwei abgrenzbare Sicherheitsstrategien darstellen lassen.

2. 2. Zwei Prinzipien zur Bewältigung von Arbeitssicherheitsproblemen

Sicherheitstechnische Probleme entstehen mit der Nutzbarmachung von Energiequellen, die nicht mehr direkt, sondern nur noch technisch vermittelt kontrolliert werden können. Voraussetzung für technische Sicherheit ist die Funktionstüchtigkeit bzw. Zuverlässigkeit der technischen Systeme und ihrer Komponenten: An sich gefährliche technische Prozesse sind nur harmlos, wenn die Mittel funktionstüchtig und zuverlässig sind. Da absolute Zuverlässigkeit jedoch eine Fiktion ist - die Diskussion über das Restrisiko bringt die Aussage auf den Punkt -, bleiben die immer komplexer werdenden maschinellen Systeme potentielle Gefahrenquellen. Die Kompensation dieser Gefahren ist die Aufgabe institutioneller Arbeitsschutzabteilungen oder persönlicher Interventionen. Beides geschieht auf der Grundlage zweier Stategien.

2. 2. 1. Das Generalisierungsprinzip

Als gesichert angesehene wissenschaftliche Erkenntnisse und anerkannte Regeln werden in einem sozialen und politischen Diskussionsprozeß zu allgemeingültigen Richtlinien umformuliert und, in einem weiteren Interpretationsprozeß, auf der betrieblichen Ebene bei der Gestaltung von Technik und Arbeitsplätzen sowie der Ableitung von Verhaltensmaßregeln, unter Aufgabe des Allgemeingültigkeitsanspruchs, praktisch umgesetzt (vgl. Fuchs, 1984). Den gesamten Erkenntnisprozeß leitet die Idee der *Generalisierbarkeit* und des ubiquitären Geltungsbereichs von formalisiertem Wissen. Dieser Maxime liegt die Annahme zugrunde, daß, wenn Richtlinien adäquat umgesetzt und eingehalten werden, Arbeitsplätze und Arbeitsplatzinhaber maximal geschützt sind. Auch wenn diese Vorstellung verkennt, daß Vorschriften und Normen bezüglich ihrer prognostischen Validität große Mängel haben, ist sie institutionell verankert und genießt auch in der Öffentlichkeit Ansehen. Bemerkenswert an der Auffassung ist vor allem, daß die Betroffenen als aktiv Handelnde nur ganz zum Schluß - als Unfallverursacher - auftauchen: Dem Generalisierungsprinzip fehlt der Partizipationsgedanke.

2. 2. 2. Das Lokalitätsprinzip

Genau entgegengesetzt konstituiert sich das *Lokalitätsprinzip*. Es setzt bei den Arbeitenden und deren Kontextwissen - letztlich ihrer Arbeitserfahrung - an. So kommt etwa Wobbe (1986) in einer Analyse zur Arbeitsgestaltung unter Automationsbedingungen zu dem Schluß, daß die Komplexität der Fertigung dazu führt, daß die Betriebe nach wie vor auf die fachliche Kompetenz der Arbeitenden angewiesen sind: "Die Arbeiter sind vom Betrieb als 'Produzenten' ernst zu nehmen, da deren Einsatz für die funktionsfähige Fertigung unabdingbar ist" (S. 67). Eine rigide Planung könnte sonst - so Wobbe - schnell zur "Scheinwelt" werden. In seinen Arbeiten zur Technikbewertung und Technologiefolgenabschätzung kommt auch Naschold (1987) zu der Aussage, daß nur die Integration des Erfahrungswissens eine umfassende Technikbeherrschung ermöglicht. Naschold fordert - vor allem für die Bearbeitung von Arbeitsschutzproblemen - die Hinwendung zum Lokalitätsprinzip. Kennzeichen dieses Prinzips ist es, neben dem Expertenwissen das lokale Erfahrungswissen zu mobilisieren und damit auch die Subjekterfahrungen aus dem Arbeitsprozeß zu berücksichtigen. "Statt genereller, abstrakter Regeln und der Subsumption von Einzelfällen liegt der Schwerpunkt von Arbeitsschutzpolitiken in der lokalen Handlungsorientierung" (Naschold, 1987, S. 37). Da jedoch die Beschäftigten als Experten ihrer Tätigkeit dennoch vielfältigen Restriktionen unterliegen und ihr Denken der Normativität des Faktischen unterworfen ist, kann unserer Meinung nach nicht ohne weiteres die Gültigkeit und der unterstellte positive Effekt des Lokalitätsprinzips, ohne eine empirische Überprüfung von Quantität und Qualität lokaler Änderungsaktivitäten, angenommen oder behauptet werden.

2. 2. 3. Die Effizienzkriterien Schutz, Zuverlässigkeit und Ökonomie

Unabhängig von den genannten Sicherheitsperspektiven läßt sich eine zweite wichtige Dichotomisierung vornehmen, die sich natürlich auch auf die Ziel- oder Interventionsperspektive bezieht. Auf der einen Seite werden Gefahrenquellen dadurch zu kontrollieren versucht, indem weder die Ursachen beseitigt, noch die eventuell gefährdend wirkenden Energien verringert werden, sondern lediglich eine Abschirmung, Isolation etc. vorgenommen wird. Auf der anderen Seite wird beim Erkennen von Gefahrenquellen zumindest ein Rückbezug auf die mangelnde Zuverlässigkeit des technischen oder auch des menschlichen Systems gesehen und durch Erhöhung der Zuverlässigkeit eine Kompensation angestrebt. Während die erste Interventionsart als *Schutzmaximierung* (oder Minimierung von unerwünschten Konsequenzen) bezeichnet werden kann, ist die zweite als *Zuverlässigkeitserhöhung* (oder als Optimierung von Teilfunktionen) zu kennzeichnen. Wir werden bei der VV-Kategorisierung und Ergebnisdarstellung auf diese Charakterisierungen zurückgreifen und dabei etwa fragen, ob in VVs mit lokaler Erfahrung die Absicht steckt, sich persönlich zu schützen oder technische Zuverlässigkeit zu erhöhen. VVs, die keinen Bezug zu den beiden Effizienzkriterien aufweisen, aber dennoch Zeit, Material etc. einzusparen versuchen, folgen bei der vorgenommenen Unterteilung dem *Ökonomieprinzip*.

2.3. Die kategoriale Textanalyse

Entsprechend der Untersuchungsfrage den Stellenwert lokaler Erfahrung bei der Veränderungsartikulation sowie ihre implizite Institutionskritik, Technikbewertung und Innovationskraft zu beschreiben, wurden die VVs auf zwei Ebenen untersucht: Mit der *demografischen* Ebene der Werks-, Tätigkeits- und Arbeitsanforderungsstrukturen werden sowohl soziographische Daten der VV-Einreicher erfaßt, als auch eine Zuordnung der VVs zu den objektiven Produktionsdeterminanten durchgeführt. Insbesondere wird entschlüsselt, welche gegenständlichen, materiellen und betrieblichen Bedingungen in der Veränderungsartikulation wirksam sind. Auf der Ebene der *reflektierten Erfahrung* wird die Abbildung der im VV enthaltenen Bezüge zur Genese des Problemlöseprozesses und zur Intention des Einreichers abgebildet. Letztlich sollen die handlungsleitenden Erlebnis- und Bedürfnisstrukturen sowie internalisierte Vorschriften als Einflußfaktoren analysiert werden.

Weder bei der Bestimmung der übergeordneten Deskriptionsebenen noch bei der Operationalisierung einzelner Kategorien konnte auf empirische Arbeiten zurückgegriffen werden. Soweit es überhaupt Klassifikationsversuche von VVs gibt (Brinkmann & Heidack, 1982, bestimmten etwa den *Reifegrad* von VVs) fehlen genuin-psychologische oder handlungstheoretische Überlegungen. Nachfolgend werden die Untersuchungskategorien kurz vorgestellt und operationalisiert; weitere Ausführungen können in Dahmer, Dirks, Rauch & Wehner (1991) nachgelesen werden.

* *Entstehungsort* des VVs (Montage etc.)
* *Annahme oder Ablehnung*
* *Gutachterbereich*
* *Einzel- oder Gruppenvorschlag*
* *Muster* (zeichnerische oder gestalterische Anfertigung eines Prototypen)
* *Einreichertätigkeit*
* *Tätigkeitsbezug* (Der im VV artikulierte Mangel resultiert aus der eigenen oder der Betroffenheit anderer)
* *Zielorientierung* (Produktebene) *Aggregate* (technische Systeme (Scheibenwaschanlage, Kontrollinstrumente), energieführende Teile (Kabelbäume) sowie Motor, Getriebe etc.) *Karosserie* (gemeint ist die Karosse selbst, Zierleisten, Federbeine etc.) *Material/Werkstoffe* (Farben, Kunststoffe, Schrauben etc.)

* Zielorientierung (Produktionsebene)
Anlagenperipherie (Teile ohne direkten Bezug zu den maschinellen Funktionsabläufen)
Anlagensteuerung (Eingriffe in die Steuerung des Funktionsablaufs)
Anlagenfunktionsteile (Eingriffe in einzelne Anlagenelemente/Subsysteme)
Neue Technologie (Eingriffe in mikroelektronische Funktionsabläufe und Steuerungsformen)

---

* Zielorientierung (Werkzeug- und Organisationsebene)
Arbeitsumfeld (Eingriffe in die räumliche Arbeitsplatzstruktur)
Handmaschinen (Veränderungen von Maschinen, die von Hand geführt werden)
Handwerkzeuge (Veränderungen an Werkzeugen, die durch menschliche Kraft zur Wirkung kommen)
Organisationsebene (Veränderungen, die nicht direkt auf die Produkt- oder Produktionsebene, sondern auf die Kommunikationsstruktur zielen)

---

* Lösungsstrategie (Wissensebene)

Reproduktive Änderung (VVs sind reproduktiv, wenn sie innerbetriebliche Vorbilder generalisieren oder außerbetriebliche transferieren. Die Lösungen sind vorrangig eine Analogieleistung; neue Elemente tauchen nicht auf. Die VVs folgen der Normativität des Faktischen und reproduzieren das Bestehende)

Technische Innovation (VVs sind innovativ, wenn technische Fertigungsprobleme mit neuartigem Wissen, außerhalb des betrieblichen Rahmens entstanden, gelöst werden und so konservative Strategien überwinden. Die VVs versuchen, das Bestehende partiell zu transformieren)

Emanzipatorische Bemühung (VVs, die versuchen, Kontrolle, Disziplinierung und Spezialisierung zu überwinden und die Reduzierung von organisatorischen oder technischen Abhängigkeiten rückgängig zu machen oder in die Selbstbestimmung zu übernehmen, werden als emanzipatorisch charakterisiert)

---

* Ontologische Ebene: Diese Kategorie bezieht sich auf die im Laufe der Ontogenese angeeignete und ausdifferenzierte Bedürfnis-, Erlebnis- und Erfahrungsperspektive des Individuums und spricht die Entstehungsgründe des VVs an. Dabei werden drei Dimensionen unterschieden:

Belastung/Beanspruchung (Körper) (ermittelt wird der Ausdruck von eher körperlichen, sinnlichen Erlebnissen innerhalb von Arbeitstätigkeiten. Die Tatsache, ob der VV aus Bedrohungs- und Beanspruchungserleben, der Antizipation direkter Schädigungen und Beeinträchtigungen (einseitigen Bewegungen, Lärm) resultiert.)

Handlungsausführungsroutinen (Regulation) (klassifiziert wird die intendierte Überwindung sensumotorischer Beeinträchtigungen der Handlungsausführung. Gemeint sind damit Fertigkeiten, Operationen, Routinen, die zwar bewußt ausgelöst werden, dann aber automatisiert, d.h. ohne volle Bewußtseinszuwendung ablaufen können.)

Handeln (Autonomie) (kategorisiert wird die Intention zur Erreichung von Handlungsautonomie und/oder das Bedürfnis, vorhandene Handlungsspielräume zu erweitern bzw. besser zu nutzen. Auf jeden Fall verbergen sich hierunter Zeitbudgetierung und Verbesserung der Eingriffsmöglichkeiten)

---

* Begründung/Rationalität: Die Begründung des einzelnen VVs wird differenziert nach: *Zeitersparnis, Qualitätserhöhung, Materialeinsparung*

> * *Lösungsstrategie* (Qualifikationsebene): Es wird klassifiziert, ob es sich bei der Begründung der Lösung um die Anwendung von *Sachkenntnis, Verfahrenskenntnis* oder um die Anwendung von *Normwissen* handelt.
>
> * *Sicherheitsbezug*
>
> *Technische Sicherheit* (VVs, die eine Veränderung am technischen System vorschlagen, damit die geplante Funktion störungsfrei ablaufen kann)
>
> *Maschinen-, Anlagenschutz* (VVs, deren Auswirkungen die Maschinen bzw. Anlagen schützen; Plastikfolien vor einer Maschine im Lackbereich etc.)
>
> *Produktschutz* (VVs, die das Produkt vor Beschädigungen schützen sollen)
>
> *Arbeitssicherheit* (VVs, die den Funktionsablauf zu verändern versuchen und damit potentielle Gefahrenquellen zu beseitigen intendieren)
>
> *Körperschutz* (Veränderungen an, oder der Einsatz von personenbezogenen Körperschutzmitteln)
>
> *Schutzvorrichtungen* (technische Veränderungen an Maschinen und Anlagen, die den Menschen schützen sollen)
>
> *Betriebssicherheit* (VVs, die sich auf den geregelten Ablauf der Produktion, auf die Betriebsorganisation (Sicherstellung von Materialzufuhr) beziehen und dadurch etwa Streß-Situationen vorwegnehmen)

2. 4. Methodische Einordnung des Vorgehens

Üblicherweise werden Textanalysen unterschieden in systematische, objektive Inhaltsanalysen einerseits und hermeneutische Textinterpretationen andererseits (vgl. Hopf, 1978; Friedrichs, 1979; Kromrey, 1983). In einem ersten Schritt folgten wir der hermeneutischen Erkenntnisabsicht und versuchten den Sinn von Texten zu verstehen. Dies erfordert Verständnis für die Genese, den Einreichungsvorgang, Begutachtungsablauf und die Umsetzung von VVs. Erst die anschließende kategoriale Zuordnung der VV-Texte erfüllt die Gütekriterien der klassischen Textanalyse. Dennoch ist das Vorgehen ein Kompromiß im Spannungsfeld methodischer Strenge und damit verknüpfter Realitätsvereinfachung und der Komplexität und Mehrdeutigkeit der Wirklichkeit. Es ist Merten (1983) zuzustimmen, der feststellt, daß "die Forderung nach Objektivität (...) auf ein vorsätzliches Nichtverstehen des Textes hinausläuft" (S. 47). Von daher war es notwendig, die vorliegende Studie durch weitere Untersuchungseinheiten zu ergänzen.[2]

---

[2] Wir führten Interviews mit VV-Einreichern durch, bei denen die VV-Genese, die Lösungsfindung etc. im Vordergrund standen. Darüber hinaus wurden Analyseverfahren eingesetzt, um die Regulationsanforderungen bestimmen, sowie den Sicherheitsstandard bewerten zu können. Das Veränderungspotential, so muß angenommen werden, entwickelt sich nicht unabhängig von den Arbeitsplatzstrukturen,

2. 5. Untersuchungsfeld

Die Untersuchungen wurden in einem reinen Montagewerk der Automobilindustrie durchgeführt (Aggregate werden aus anderen Werken im Fertigungsverbund angeliefert, Blechteile für die Rohkarosse jedoch in dem Werk selbst gepreßt). Während die Kapazität des Karosseriebaus bei ca. 600 Einheiten pro Tag liegt, werden täglich zwischen 530 und 580 Fahrzeuge montiert. Hervorzuheben ist bei dem Untersuchungswerk

a) die rasche Aufbauphase (von 1977 bis 1988 stieg die Belegschaft von knapp 5.000 auf 14.000 Mitarbeiter),

b) die Qualifikationsstruktur der Mitarbeiter (nur knapp ein Viertel der Beschäftigten verfügt nicht über eine abgeschlossene Berufsausbildung) und

c) das Durchschnittsalter der Belegschaft (es sank von 38,9 im Jahre 1977 auf 33,6 Jahre).

2.5.1. Veränderungen in der Automobilindustrie

Die sich ständig wandelnden Bedingungen auf dem Automobilmarkt führen immer wieder zu veränderten Fertigungs- und Produktionsstrategien; dennoch vollziehen sie sich nach einem ähnlichen Grundmuster. Das heute vorhandene Handlungswissen über Arbeitsorganisation, Arbeitseinsatz und Produktionstechniken führt zu Fertigungssystemen, die im Rationalisierungsschub der 60er Jahre noch nicht durchsetzbar waren. Damals war es das Ziel, Massenfertigung zu etablieren, während heute Massenfertigung und Variantenvielfalt ineinander übergehen. Dieses Ziel führt zu starken Verkürzungen der Innovationszeiten (Modellwechsel) und trifft besonders die Planungsbereiche. Zusätzlich führen die Anforderungen des weltweiten Automobilmarktes zu einem Spannungsverhältnis zwischen Verkaufszielen und Produktionskonzepten (Stückzahl und Flexibilität). Die Fertigungsingenieure stehen teilweise vor der Situation, daß die bis vor kurzem noch geltenden *Gesetze* nicht mehr anwendbar und unbrauchbar wurden und damit neue Planungs- und Produktions*philosophien* benötigt werden. Alles in allem läßt sich das Paradigma heutiger Rationalisierungsbemühungen durch die Begriffe "Effizienz durch Flexibilität" (Kern & Schumann, 1984) kennzeichnen. Dazu ist es notwendig, Baukastensysteme zu entwickeln, die gleichzeitig eine Standardisierung der Produktteile und den Einsatz von hochautomatisierten Anlagen ermöglichen. Nur so ist ein Kompromiß zwischen den interferierenden Zielen (Variantenvielfalt und große Serien) herzustellen. Dabei müssen die Organisationsformen für Programmvariationen offen sein. Umstellungen sollen möglichst ohne Reibungsverluste bewältigt werden, was nicht ohne Kooperation und Integration von lokaler Erfahrung möglich ist.

---

sondern wird von diesen sowohl stimuliert als auch behindert (vgl. Volpert, 1987).

2.5.2. Tätigkeitsmerkmale der VV-Einreicher

Generell kann gesagt werden, daß die Aneignungsbedingungen für die Beschäftigten im Fertigungsprozeß durch betriebliche Restriktionen und taktgebundene, partialisierte Arbeit stark eingeschränkt sind. Dem Einzelnen gelingt es nicht mehr, einen vollständigen Überblick über alle Teilaspekte des Fertigungsprozesses zu gewinnen, da er fast keinen Kontakt zu vor- oder nachgeordneten Fertigungsbereichen hat. Diese Situation führt dazu, daß bei einem Großteil der direkt Produzierenden nicht nur fehlendes *divergentes Wissen* (über den eigenen Arbeitsbereich hinwegweisende Kompetenzen) zu beobachten ist, sondern auch nicht mehr über genügend *konvergentes Wissen* (über die mechanische Aufgabenausführung hinausweisende Einsichten) verfügt wird. Teilweise können die technischen Funktionen, die tagtäglich montiert, gewartet oder instandgesetzt werden, nicht beschrieben und im Gesamtkontext erklärt oder gar über den Weg des VVs verändert werden.

Da wir uns bei der Auswertung der Daten auf drei große Einreichergruppen - Schlosser, Elektriker und Montagearbeiter - beschränken, werden im folgenden nur diese charakterisiert. In den Bereichen BMB (Betriebsmittelbau) und IHB (Instandhaltungsbetriebe) arbeitet die Gruppe der indirekt Beschäftigten. Im BMB-Bereich dominieren Industriehandwerker der zerspanenden Techniken (Werkzeugmacher, Maschinenschlosser). Zu deren Aufgaben gehört die Aufrechterhaltung der Betriebsbereitschaft von Maschinen und Anlagen, die durch Wartung und Pflege der technischen Einrichtungen, Auswechseln beeinträchtigter Maschinenteile etc. erfolgt. Im wesentlichen werden von BMB-Beschäftigten Arbeiten an mechanischen und pneumatischen Teilen durchgeführt. Die Beschäftigten im IHB-Bereich werden ergänzt durch Elektriker. Sie sind ebenfalls mit Wartungs- und Reparaturarbeiten, sowie mit vorbeugender Instandhaltung, beschäftigt. Bei der Störungsbeseitigung übernehmen die Elektriker in der Regel den diagnostischen Part, während die Schlosser nach der Störungslokalisierung die eigentliche Beseitigung durchführen. Der Großteil der direkt Produzierenden arbeitet in der Montage (ca. 4.000 Mitarbeiter), während nur knapp 1.500 Personen im Rohbau beschäftigt sind. In beiden Abschnitten wird zum größten Teil in partialisierter, taktgebundener Ablauforganisation gearbeitet, wobei die erforderlichen Arbeiten an sich vor- und rückwärts bewegenden Fahrzeugen durchgeführt werden.

2.5.3. Das Betriebliche Vorschlagswesen

1872 wurde der erste Verbesserungsvorschlag aus den Kruppschen Hütten über den Dienstweg eingereicht. 1928 richteten Osram und die Phönix Gummiwerke erste BVW-Abteilungen ein, so daß von einer knapp hundertjährigen Tradition gesprochen werden kann. Eingesetzt wurde die Idee von Anfang an als *kleines Rationalisierungsinstrument*. Heute werden natürlich andere Aspekte in den

Vordergrund gestellt, wenn es um die Einrichtung und Legitimation der Institution geht. Angestrebt wird nämlich eine Synthese technisch-wirtschaftlicher Rationalität und menschlich-sozialer Befriedung. Im Untersuchungswerk gehört das BVW zum Personalbereich und hat damit einen besonderen Status, den der Vorstand des Konzerns wie folgt charakterisiert: "Die Zielsetzung des Betrieblichen Vorschlagwesens besteht zum einen darin, die Mitarbeiter - unbeschadet ihres arbeitsvertraglichen Pflichtenkreises - zum Mitdenken anzuregen und sich für die Entwicklung des Unternehmens mit veranwortlich zu fühlen" (Osswald, 1986, S. 380). Erreicht werden soll persönliches Engagement, eine Verbesserung der Arbeitszufriedenheit und Erhöhung wechselseitiger Kooperationsbereitschaft. In den internen Diskussionen bestätigte sich, daß das BVW sich als Personalführungsinstrument versteht. Durch die Reaktivierung des Praktikerwissens wird erwartet, daß das Humanisierungspotential gesteigert werden kann. Dennoch gilt, daß bei allen Aktivitäten, die durch das BVW eingeleitet werden, hauptsächlich extraqualifikatorische Aspekte (Mitarbeitermotivierung, Betriebsklimaverbesserung etc.) angesprochen und qualifikatorische Aspekte eher vernachlässigt werden. Dies würde nämlich die Entwicklung von Maßnahmen erfordern, die eine Sensibilisierung und Wahrnehmung von Mängeln ermöglichen, zur schriftlichen Artikulation befähigen und letztlich die Problemlösekompetenz positiv beeinflussen. Dazu müßten die Produktionsabläufe transparent gemacht werden, damit überhaupt Mängelantizipationen ausgebildet und Eingriffsmöglichkeiten durch die direkt und indirekt Produzierenden erkannt werden könnten.

Selbstverständlich stellt das BVW auch eine Rentabilitätsinstanz dar, schließlich werden durch die VVs organisatorische und technische Mängel behoben, die ansonsten weder antizipiert noch im Rahmen der bestehenden Institutionen erkannt würden.

Für das Jahr 1990 spricht der Konzern von Einsparungen in Höhe von 27 Millionen DM (bei knapp über 25.000 VV-Eingängen), wobei zu berücksichtigen ist, daß jeweils 30% des Jahresnutzens eines einzelnen VVs an den Einreicher ausgezahlt wird.

Bearbeitet werden die VVs vom BVW, das durch besondere Maßnahmen gezielte Einreichergruppen anspricht und damit die Einreicherquote zu erhöhen versucht; sie beträgt zur Zeit knapp 11%, womit ein Durchschnittsaufkommen von ca 4.000 VVs (im Untersuchungsbetrieb) pro Jahr erzielt wird. Zur Bearbeitung selbst muß angemerkt werden, daß das BVW lediglich in einer Vorauswahlgruppe die Einhaltung der Betriebsvereinbarung prüft, den Zuständigkeitsbereich für die Begutachtung ermittelt und eventuelle Priorisierungen feststellt, um dann den VV an die jeweils zuständigen Gutachterbereiche weiterzuleiten. Schließlich wird das rücklaufende Gutachten zur Kenntnis genommen, die Prämie ermittelt, der Einreicher über den Ausgang in Kenntnis gesetzt und die Realisierung eingeleitet.

2. 6. Untersuchungsdurchführung

Die kategoriale Inhaltsanalyse wurde (nach Vorstudien und einer Schulung der Erhebungsgruppe) im BVW des Untersuchungsbetriebes durchgeführt. Damit konnte, bei Unstimmigkeiten, die Kompetenz der dortigen Mitarbeiter genutzt werden, zumal die Kooperationsbereitschaft für das gesamte Vorhaben durch den BVW-Leiter[3] gegeben war. Drei Stichproben wurden gezogen:

* *Ersterhebung:* In einer ersten Erhebung wurden ca. 50% (1.521) aller eingereichten VVs des Jahres 1985 analysiert.

* *Zweiterhebung:* Nach der Auswertung, der Modifikation der Kategorien und der Eingrenzung der Erhebungsbereiche (Rohbau und Montage) sowie der Einreichergruppen (Elektriker, Schlosser, direkt Produzierende) wurde eine Replikationsstudie durchgeführt und 849 VVs aus dem Jahre 1987 inhaltsanalysiert.

* *Totalerhebung (Roboterstrecke):* Zusätzlich wurde aus einem hochautomatisierten Rohbaubereich (Vielpunktschweißanlage) eine Totalerhebung vorgenommen und sämtliche, seit der Inbetriebnahme der Anlage (Mai 1984) bis Ende 1985, eingereichte VVs (n = 59) ausgewertet.

Darüber hinaus wurden 19 Interviews (leitfadenorientierte Gespräche *vor Ort*) durchgeführt, um die Genesebedingungen, Motivationsstruktur und Arbeitsplatzbedingungen in ein Gesamtbild integrieren zu können. Zu dem letztgenannten Anliegen zählte auch die schriftliche Befragung von Gutachtern, die jedoch, ebenso wie die Interviewergebnisse, hier nicht diskutiert wird.

3. Ergebnisse

Bevor die Auswertung der sicherheitsrelevanten VVs dargestellt wird, seien einige Überblicksdaten diskutiert, die durch die Arbeit von Dahmer, Dirks, Rauch und Wehner (1991) ergänzt werden können.

3. 1. Ein Überblick

Die Quote abgelehnter VVs muß mit 65,8% (64,3% bei der Zweiterhebung) als hoch angesehen werden. In Werkstattkreisen müßte als Konsquenz die Mängelwahrnehmung sowie der Lösungsprozeß geschult sowie die Bewertungskriterien der Gutachter vermittelt werden, um letztlich die Qualität von VVs positiv zu be-

---

[3] Wir danken an dieser Stelle Herrn Dipl. Kfm. Falko Weerts ganz herzlich für sein wissenschaftliches Interesse und für seine Zusammenarbeit.

einflussen. Ein Hinweis dafür, daß unterschiedliche Einreichergruppen auch VV-Lösungen unterschiedlicher Güte vorlegen, ist darin zu sehen, daß die Ablehnungsquote bei VVs bei Montagearbeitern 75%, beim Wartungs- und Reparaturpersonal 61% beträgt (zwischen den zwei Erhebungen gibt es keine Verschiebungen).
Bei den jeweiligen Begründungen für den Veränderungsvorschlag dominiert die Intention einer Zeiteinsparung (41,8%). Das Effizienzdenken und nicht etwa Qualität (7,8%) oder Materialeinsparung (20,7%) ist verinnerlicht und garantiert schließlich auch Freiräume und Belastungsreduktion.

Nur 1,7% aller VVs konnten als innovativ bezeichnet werden, während 98,3% das Etikett restaurativ erhielten. Bei der Entwicklung von Lösungen geben also die betriebliche Praxis und bekannte technische Vorbilder den Ausschlag. Als kreativ oder schöpferisch können die Lösungen nicht bezeichnet werden. Ob es sich damit um *Nachbesserungen* handelt, oder ob nicht dennoch lokale Erfahrung nötig ist, bzw. rein standardisiertes Wissen ausreicht, um die Mängeldiagnose und -überwindung einzuleiten, wird die weitere Auswertung zeigen. Diese Ergebnisse beziehen sich nur auf VVs von direkt und indirekt Produzierenden und aus den Bereichen Rohbau und Montage; diese Eingrenzung (auf 894 VVs aus der ersten und 849 aus der zweiten Erhebung) war sinnvoll, da ansonsten zu viele singuläre Ereignisse zu diskutieren wären.

Bei der Verteilung der VVs auf die Produktionsabschnitte Rohbau und Montage könnte erwartet werden, daß aus dem arbeitsintensiven, wenig automatisierten Montagebereich, mehr VVs stammen als aus dem hochautomatisierten Karosseriebau: Das Gegenteil ist der Fall. 71,3% der VVs kommen aus dem Rohbau, 28,7% aus der Montage. Dieses Verhältnis verschiebt sich in der zweiten Erhebung: Je ca. 50% kommen nun aus den beiden Bereichen. Als Erklärung kann angenommen werden, daß 1984, 1985 (die Produktion war in den Anfängen) vorrangig technische Anlagen optimiert werden mußten, während 1987 ein Schwergewicht auf dem eigentlichen Produkt lag und dessen Qualitätsverbesserung durch Mängelbeseitigung während der Montage angestrebt wurde. Ein weiterer Grund dafür, daß der Montagebereich weniger Möglichkeiten hat, Mängelsituationen zu bearbeiten, ist darin zu sehen, daß sich die Kompetenzen der potentiellen Einreicher bzgl. der Nutzung und Schaffung von Handlungsspielräumen verschiebt; dieser Aspekt soll im weiteren vertieft werden. Bevor nämlich die Betrachtung auf sicherheitsbezogene VVs gelenkt wird, soll die Tätigkeit der Einreicher und die Bewertung der Verteilungen dargestellt werden.

3. 2. Tätigkeitsmerkmale und Diagnosekompetenz

Die Zahl der in den verschiedenen Produktionsabschnitten Beschäftigten ist - wie wir sahen - kein Indikator für das VV-Aufkommen. Es müssen vielmehr qualitative Aspekte hinzugenommen werden, um dies zu erklären. Betrachtet man den VV-Anteil der jeweiligen Tätigkeitsgruppen unabhängig vom Produktionsbereich, ergibt sich folgendes Bild: Schlosser reichen 48%, Elektriker 26% und Montagearbeiter 25% der VVs ein. Obwohl im indirekten Produktionsbereich weniger als die Hälfte der Beschäftigten arbeitet, reichen sie die dreifache Menge an VVs ein. Bei der Erklärung dieser Diskrepanz zwischen den Tätigkeitsgruppen spielen sicher auch Kompetenzunterschiede eine Rolle. Da aber ca. 80% der Montagearbeiter ebenfalls eine Metallfachausbildung besitzen und somit Grundqualifikationen vorausgesetzt werden können, scheinen neben der Qualifikation vor allem die unterschiedlichen Tätigkeitsbedingungen eine Voraussetzung für die Möglichkeit der VV-Artikulation zu sein.

Konstituierend für die Eingriffs- und Gestaltungsmöglichkeiten der Arbeitenden ist der Handlungsspielraum (vgl. Baitsch & Frei, 1980; Ulich, 1990), der ihnen durch die Arbeitsaufgabe vorgegeben wird. Die Tätigkeit von Schlossern und Elektrikern bietet dabei mehr Möglichkeiten der eigenverantwortlichen Gestaltung von Arbeitsabläufen (sowohl in zeitlicher und räumlicher Hinsicht als auch in der Art der Arbeitsdurchführung), als es die in kurzzyklische Takte vorstrukturierte Tätigkeit der Montagearbeiter erlaubt. Schlosser und Elektriker besitzen in Relation zu den Montagearbeitern einen größeren Handlungs- und Entscheidungsspielraum. Allein schon aufgrund dieser tätigkeitstypischen Restriktionen (die örtliche und zeitliche Eingebundenheit und der Trott repetitiver Tätigkeiten) ist es Montagearbeitern offenbar erschwert, VVs zu artikulieren: *"Als Arbeiter sieht man zu wenig, man hat zu wenig Freiraum"; "Wer sich zuviel quält, sieht nichts mehr"*, so die Kommentare des Wartungspersonals.

Mangelnder Handlungsspielraum trägt also in der Konsequenz dazu bei, daß der Einblick in den ohnehin hochkomplexen, stark aufgegliederten Fertigungsablauf immer schwieriger zu erlangen ist. Insbesondere die Montagearbeiter sind aufgrund der Taktbindung kaum noch in der Lage, mehr als ihren eingegrenzten Bandabschnitt oder den ihnen sichtbaren Teil maschineller Abläufe zu überschauen, ihnen fehlt, wie dies bereits oben angedeutet wurde, divergentes Wissen, welches nicht nur aus der routinisierten Bearbeitung der täglichen Anforderungen resultiert. Folgende Begebenheit soll das Problem exemplarisch veranschaulichen:

> Um das Lackieren der Türholme zu ermöglichen, wird im Lackbereich zwischen Tür und Holm ein Abstandshalter geklemmt, der die Aufgabe hat, ein Zuklappen der Tür während des Lackierens zu verhindern. Bevor die fertig lackierte Karosse die Halle verläßt, wird diese Hilfsvorrichtung entfernt. Der Wagen durchläuft anschließend die Montage und wird dort unter anderem einer Lackkontrolle unterzogen. Die Kontrolleure stießen immer wieder auf einen Lackschaden im unteren Holmbereich, dessen Ursache sie sich nicht erklären konnten. Erst ein Vorarbeiter, der sich sowohl in der Montagehalle als auch im Lackbereich aufhält, fand die Erklärung: der Türabstandshalter verdeckt mitunter einen Teil des Holmes so, daß er nicht mitlackiert werden kann.

Ohne divergentes, aufgabenübergreifendes Wissen, sind Probleme dieser Art nicht erkennbar und damit auch nicht lösbar. Eine Lösung konnte deshalb erst der Vorarbeiter vorschlagen. Er besaß die entsprechende Einblickstiefe. Unzureichender Handlungsspielraum, als Resultat von unorganischer, mechanischer Arbeitsteilung und Partialisierung der Tätigkeitsanforderungen sowie mangelnde Qualifikation bei steigender Komplexität der Fertigung, verhindern also den Erwerb der erforderlichen Kompetenz, Mängel zu diagnostizieren und zu überwinden.

3. 3. Der Gegenstandsbezug von VVs

Im weiteren kann gefragt werden, ob es sich bei den Schlossern und Elektrikern um Generalisten handelt (was die Wahrnehmung und Formulierung von Mängelsituationen anbelangt), oder ob es auch hier Spezialisierungen und letztlich Ausgrenzungen gibt. Um diese Frage zu beantworten, kann an die Verteilung der Zielbereiche erinnert werden: Knapp 2/3 aller VVs beziehen sich auf Mängel an technischen Anlagen, die restlichen verteilen sich auf Produkt (13%), Werkzeuge (7%) und sonstige Zielbereiche (20%). Welchen VV-Anteil nun die Zielorientierungen im Verhältnis zur Einreichertätigkeit ausmachen, zeigt die Tabelle 1. Entsprechend ihrer Hauptarbeitsaufgabe, der Wartung und Instandhaltung technischer Systeme, beziehen sich VVs von Elektrikern und Schlossern vorwiegend auf technische Anlagen. Demgegenüber liegt der Schwerpunkt der VVs von Montagearbeitern auf dem von ihnen zu montierenden Produkt und den dabei benutzten Werkzeugen. Erst in zweiter Linie nehmen sie Mängel an technischen Anlagen zum Anlaß einer VV-Formulierung. Somit kann festgestellt werden, daß der unterschiedliche Handlungsspielraum von Wartungspersonal und direkt Produzierenden zwar die Mängelwahrnehmung und -artikulation erleichtert bzw. erschwert, daß aber der konkrete Arbeitsauftrag (Wartung, Montage) die Zielorientierung bestimmt.

Tabelle 1: Verteilung der VVs (Ersterhebung) auf Arbeitsgegenstände und Einreichertätigkeit

	Anlagen	Produkt	Werkzeug	Gesamt
Elektriker	73,5%	1,7%	4,3%	234
Schlosser	73,0%	4,2%	4,2%	433
Werker	25,6%	40,1%	14,1%	227

Um zu beurteilen, ob die Zielfixierung der Elektriker und Schlosser, trotz des erweiterten Handlungsspielraums, nicht auch zu Ausgrenzungen der einen oder der anderen Gruppe bei der Mängelkompensation führt, werden nur noch die VVs zu technischen Anlagen der Ersterhebung und die VVs zur Roboterstrecke betrachtet. Dazu ein erster Einblick (Tabelle 2).

Bemerkenswert ist, daß sich das VV-Verhältnis der Schlosser und Elektriker von 1,9 : 1 an technischen Anlagen auf 1 : 3,4 zugunsten der Elektriker an der Roboterstrecke verändert. Der Anteil der direkt Produzierenden fällt weiter und bleibt insgesamt niedrig. Um Veränderungen an neuen Technologien vorzuschlagen, ist offenbar eine Qualifikation erforderlich, wie sie gegenwärtig die Elektriker besitzen, nicht aber Schlosser und Montagearbeiter.

Tabelle 2: Verteilung der anlagenbezogenen VVs zweier Stichproben nach Einreichertätigkeit

	Elektriker	Schlosser	Werker	Gesamt
Anlagen-VVs	31,5%	57,9%	10,6%	546
Roboter-VVs	71,5%	21,0%	7,5%	69

Weitere Hinweise zum Stellenwert theoretischen Wissens bei den Veränderungsartikulationen an neuen Technologien erhält man, wenn man die VVs hinsichtlich ihres Anteiles an zentralen oder peripheren Anlagenbereichen betrachtet und mit einbezieht, ob die VVs auf fachtheoretischem Wissen basieren (*Fachwissen*), oder ob betriebsübliche, allgemeine Lösungsmuster (*Normwissen*) angewandt werden: 92% aller VVs, die sich auf zentrale Anlagenbereiche beziehen, rekurrieren auf Fachwissen. Normwissen (77%) reicht hingegen aus, um periphere Anlagenbereiche (Teile ohne direkten Bezug zu den maschinellen Abläufen) zu verbessern. VVs zu den zentralen Anlagenbereichen erfordern damit Wissen über die inneren Gesetzmäßigkeiten der Funktionsabläufe; dies können wir als konvergentes Wissen bezeichnen und weiter danach fragen, welche Berufsgruppe in höherem bzw. geringerem Maße hierüber verfügt. Entsprechend der These, daß die Elektriker die qualifiziertere Tätigkeit im Umgang mit neuen Technologien ausführen, setzen sie bei ihren VVs auch überwiegend Fachwissen ein (Tabelle 3).

Tabelle 3: Verteilung der VVs zur Roboterstrecke nach Wissensformen

	Normwissen	Fachwissen	Gesamt
Elektriker	15%	85%	47
Schlosser	36%	64%	14
Werker	80%	20%	5

Aufgrund der Kompetenz verschiebt sich das Verhältnis bei der Anwendung von Norm- und Fachwissen: Montagearbeiter greifen zumeist auf Normwissen zurück, bei Schlossern überwiegt bereits das Fachwissen, während bei Elektrikern nahezu alle VVs auf der Anwendung von Fachwissen beruhen.

Analog zu den Unterschieden der Tätigkeitsgruppen, hinsichtlich des Verhältnisses der beiden Wissenstypen, richten sich die VVs auch entweder vermehrt auf periphere oder zentrale Anlagenbereiche. Mehr als 3/4 (78%) der VVs von Elektrikern beziehen sich auf zentrale Anlagenbereiche. Schlosser mit 53% und

Montagearbeiter mit 40% fallen demgegenüber stark ab. Genau die umgekehrte Tendenz gilt hinsichtlich der VVs zu peripheren Anlagebereichen: Montagearbeiter reichen hierzu 60% und Elektriker 22% VVs ein. Noch klarer läßt sich die Dominanz der Elektriker bei neuen Technologien herausarbeiten, wenn man von VVs, die zentrale Anlagenbereiche betreffen, nur jene zur Hard- und Software betrachtet, also des Kernbereichs dieser Technologiestufe: 96% der VVs von Elektrikern beziehen sich auf Hardware- und Softwareprobleme; Schlosser vermögen hingegen auf der zentralen Steuerungsebene nur noch zu 4% und Montagearbeiter überhaupt keine (in einen VV mündende) Mängel mehr wahrzunehmen und zu lösen.

Während wir keine Unterschiede bei den Handlungsspielräumen zwischen Elektrikern und Schlossern beobachten konnten, und die Kompetenz beim Wahrnehmen von Mängeln an technischen Anlagen bei Elektrikern und Schlossern gleichverteilt war (vgl. Tabelle 1), werden die Schlosser auf der Ebene der mikroelektronischen Steuerungs- und Fertigungstechnologie gleich den Montagearbeitern von Eingriffsmöglichkeiten ausgegrenzt: Nahezu alle VVs zu Hard- und Software stammen von Elektrikern. Die elektronische Steuerung von neuen Technologien ist also die Domäne der Elektriker. Im Hinblick auf die Kompetenz von Mängelwahrnehmungen zeichnet sich eine nahezu vollständige Polarisierung zugunsten dieser Berufsgruppe ab und eine Dequalifizierung der Schlosser und Montagearbeiter.

Aber auch bei den Elektrikern zeigen sich Grenzen ihrer Veränderungsmöglichkeiten. Dies wird deutlich, wenn man die Verteilung der VVs von Elektrikern nach Hard- und Softwareveränderungen aufschlüsselt: Mehr als 3/4 dieser VVs zielen auf eine Optimierung der Software; lediglich ein knappes Viertel (23%) erlaubt noch Veränderungen an der Hardware. Diese geringe Anzahl von VVs zur Optimierung der Hardware zeigt offenbar wieder eine Grenze auf. Der Vorteil der schnellen Optimierung maschineller Abläufe durch Veränderungen an der Software bedingt Nachteile bei Veränderungen an der Hardware: *"Das wird hier schwieriger; Schütze*[4] *sah man noch"*, so ein Elektriker aus der Roboterstrecke.

Bei der Optimierung der Hardware ereilt gegenwärtig also auch die Elektriker das Schicksal der Schlosser und Montagearbeiter: die Grenze der Eingriffsmöglichkeiten aufgrund von Komplexität, Vernetzung und Intransparenz der Anlagen. Dieser Prozeß *einer Aussperrung zweiter Art* kann an dieser Stelle nicht vertieft werden. Im folgenden sollen vielmehr VVs mit ausschließlich sicherheitsorientiertem Bezug betrachtet werden.

---

[4] Mechanisch arbeitende Schalter, deren Funktionsweise man noch visuell wahrnehmen konnte.

3. 4. Die Überwindung von Sicherheitsmängeln

3. 4. 1. Die Anpassungsgüte der Daten

Da es sich bei der Studie in erster Linie um eine Erkundung und nicht um das Prüfen von Hypothesen handelt, können auch im folgenden wieder ausschließlich bivariate Verteilungen diskutiert und Wechselwirkungen mit anderen als den gerade hervorgehobenen Kategorien (Drittvariablenkontrolle) ausgeblendet werden.

Dennoch mag es für manche Leser von Interesse sein, die Anpassungsgüte der empirischen Häufigkeiten an modelltheoretische Annahmen zu beurteilen. Wir haben deshalb fünf zentrale Kategorien (Zielorientierung, Einreichertätigkeit, ontologische Ebene, Begründung und Intention) einer simultanen Analyse unterzogen und unter Anwendung des log-linearen Modells die Hypothese der Gleichverteilung (für die Ersterhebung) getestet. Das log-lineare Modell (vgl. Langeheine, 1980) fragt, welche Verteilungsinformationen jeweils nötig sind, um die beobachteten Häufigkeiten möglichst gut zu reproduzieren.

Die Anpassungsgüte kann dabei für Haupteffekte (jeweils eine der angenommenen Variablen genügt zur Reproduktion des gewählten Designs) und Interaktionen ermittelt werden. Indem wir die fünf Kategorien in einem Modell zusammenfassen und einen sogenannten Partial-Assoziations-Test anwenden, können Interaktionen erster bis fünfter Ordnung bestimmt werden. Die Ergebnisse zeigen folgendes Bild: Keine der fünf Kategorien zeigt eine Gleichverteilung der beobachteten Häufigkeiten; die errechneten Chi-Quadrat-Werte sind auf dem Promille-Niveau signifikant. Partial-Assoziationen dritter und höherer Ordnung sind nicht signifikant; das bedeutet, daß die Wechselwirkungen von drei oder mehr Variablen nicht benötigt werden, um die Daten zu reproduzieren. Zur Anpassung der beobachteten Häufigkeiten werden jedoch Interaktionen zwischen jeweils zwei Variablen benötigt. Bei fünf Design-Variablen könnten theoretisch zehn signifikante Interaktionsbeziehungen auftreten; wobei hier jedoch einige mögliche Zwei-Weg-Interaktionen (drei) keine signifikanten Chi-Quadrat-Werte aufweisen.[5] Alles in allem zeigt diese Form der Dateninspektion, daß die nun zu diskutierenden Häufigkeiten nicht gleichwahrscheinlich verteilt sind und Zwei-Weg-Interaktionen (Kreuztabellen in der nachfolgenden Form) berücksichtigt werden müssen, um die Daten adäquat zu reproduzieren und letztlich verallgemeinern zu können.

3. 4. 2. Die Verteilung sicherheitsbezogener VVs

Daß es sich bei der Diskussion von sicherheitsbezogenen VVs nicht um eine randständige Kategorie handelt, zeigt das erste Ergebnis: 64% aller VVs aus der ersten und 48% der VVs aus der zweiten Erhebung weisen einen eindeutigen Si-

---

5 Es die Begründungsrationalität, die in der Interaktion mit der ontologischen Ebene, der Intention des VV's und der Tätigkeit keine Interaktion aufweist.

cherheitsbezug auf. Die relativen Häufigkeiten zu den Unterkategorien sind in der Tabelle 4 wiedergegeben. Wie die Verteilung zeigt, ist eine Zusammenfassung sinnvoll. Dabei greifen wir auf die Metakategorien *Zuverlässigkeitserhöhung* (1, 2, 3, 7) und *Schutzmaximierung* (6) zurück.

Im weiteren ist es sinnvoll, die Zielorientierung und Einreichertätigkeit zu betrachten. Wichtig wird jedoch auch die Frage, wer als Adressat - im Sinne der Begutachtung und Verantwortlichkeit - angesehen wird, bzw. welche Sicherheitsbedürfnisse direkt oder indirekt an den institutionellen Arbeitsschutz gerichtet und welche Abteilungen außerdem für die Herstellung von Sicherheit angesprochen werden. Schließlich ist zu klären, von welcher Qualität die erlebte Unsicherheit ist, die durch den VV überwunden werden soll.

Tabelle 4: Verteilung sicherheitsbezogener VVs aus der Ersterhebung nach verschiedenen Unterkategorien

technische Sicherheit	21,4%
Anlagenschutz	2,6%
Produktschutz	3,9%
Arbeitssicherheit	2,5%
Körperschutz	1,0%
Schutzvorrichtungen	19,0%
Betriebssicherheit	5,4%
sonstige Vorkehrungen	8,3%
kein Sicherheitsbezug	35,9%

Um die Operationalisierungen und schließlich die Verteilung der VVs auf die Metakategorien Zuverlässigkeitserhöhung und Schutzmaximierung besser verstehen zu können, sei jeweils ein exemplarisches Beispiel wiedergegeben; dabei handelt es sich selbstverständlich um einen tatsächlich eingereichten VV:

* *Zuverlässigkeitserhöhung*

Bei der Schweißstromüberwachung an Robotern treten Störungen häufig auf. In fast allen Fällen handelt es sich bei der Ursache um eine Korrosion am Kontakt der Zange. Obwohl ein Schweißstrom fließt, schaltet der Kontakt wegen zu starker Korrosion nicht durch; der jeweilige Roboter bleibt stehen. Um dies zu vermeiden, sollte man den Kontakt mit einem Isoliermittel versiegeln.

* *Schutzmaximierung*

Die neu eingebaute Weiche eines Karosserieförderers schwingt ab und zu, ohne Vorwarnung, in den Gehweg. Um diese Gefahr zu kennzeichnen, sollten die häufig verwandten roten Streifen angebracht werden.

3.4.3. Zielorientierung, Interventionsstrategie, Einreichertätigkeit

Um die Zielorientierungen der VVs oder den Ursprungsort der wahrgenommenen Unsicherheit zu bestimmen, bilden wir die sicherheitsbezogenen VVs wieder über die Kategorien technische Anlagen, Werkzeug- oder Produktorientierung ab.

Die Verteilung (Tabelle 5) zeigt, wie dies bereits aus der Gesamtstichprobe bekannt ist, die Dominanz bezüglich technischer Anlagen und eine weitere Marginalisierung des Produktbezugs. Mehr als drei Viertel aller sicherheitsbezogener VVs verweisen auf potentielle Gefahren, die von den technischen Anlagen und nicht den Hilfsmitteln oder dem Produkt ausgehen.

Tabelle 5: Verteilung der sicherheitsbezogenen VVs nach Gegenstandsbezug

	Anlagen	Produkt	Werkzeug	Sonstiges	Gesamt
Ersterhebung	61,1%	12,6%	6,7%	12,6%	894
VVs zu Sicherheit	76,0%	3,7%	4,0%	16,3%	545

Es genügt deshalb diese Kategorie zu berücksichtigen. Betrachten wir Tabelle 6, so fällt ein Übergewicht auf der Optimierungsebene technischer Anlagen (55% bzw. 73%) auf, wobei angestrebte Schutzvorkehrungen (in der Gesamtstichprobe der Ersterhebung) knapp ein Drittel betragen.

Tabelle 6: Verteilung sicherheitsbezogener VVs zu technischen Anlagen nach Intention

	Zuverlässigkeit	Schutz	Gesamt
Anlagen-VVs	55,1%	32,6%	414
Roboter-VVs	73,0%	23,0%	48

Die Verteilung kann, mit Blick auf die sinkende Zahl der Schutzmaximierungs-VVs an der hochautomatisierten Produktionsanlage, leicht interpretiert werden: Die Brisanz der Robotertechnologie, gerade auf der Ebene von Sicherheit und

Schutz, führte nicht nur zur gründlichen Erarbeitung von Schutzvorkehrungen (Abschirmungen etc.), sondern auch zur stärkeren Kontrolle der vorgegebenen Richtlinien und Normen. Auf dieser Dimension gibt es wenig Verbesserungs-*Chancen* für die vor Ort Tätigen; anders formuliert leisten sich die Institutionsträger hier wenig Unzuverlässigkeit.

Bei der Verteilung der anlagenbezogenen Zuverlässigkeits- und Schutz-VVs auf die Tätigkeit der Einreicher zeigt sich, was die Optimierung von Zuverlässigkeit angeht, das schon bekannte Bild (Tabelle 7). Die Qualifikationsmerkmale der Elektriker erlauben die meisten Verbesserungen. Die Kompetenz der direkt Produzierenden reicht zur Verbesserung der Zuverlässigkeit in geringerem Maße aus als zur Maximierung von Schutz. Auch wenn sich die relativen Häufigkeiten im hochautomatisierten Bereich von 33% auf 50% (dem Semikolon folgende Werte der Tabelle 7) erhöhen, gilt, daß die Relationen zwischen den Metakategorien und den Einreichergruppen innerhalb der Stichproben bestehen bleiben.

Tabelle 7: Verteilung der sicherheitsbezogenen VVs zu technischen Anlagen (Ersterhebung; Roboterstrecke) nach Einreichertätigkeit und Intention

	Zuverlässigkeit	Schutz	Gesamt
Elektriker	67%;82%	26%;14%	138
Schlosser	53%;73%	34%;27%	248
Werker	33%;50%	39%;25%	36

3.4.4. Die Adressaten

Da wir, wie die sicherheitsbezogenen Kategorien zeigen, von einem umfassenderen Arbeitssicherheitsbegriff ausgehen, als er üblicherweise beim institutionellen Arbeitsschutz vorherrscht, ist es interessant zu fragen, von welchen Planungsbereichen, außer der Arbeitsschutzabteilung, die sicherheitsbezogenen VVs begutachtet werden. Obwohl der Arbeitsschutz des Kooperationsbetriebes einen umfassenden Anspruch bei dem Erkennen von Gefahren und dem Vorbeugen von Arbeitsunfällen hat[6], erreichen ihn doch nur 30% der eindeutig sicherheitsbezogenen VVs. Damit gehen 70% (387 VVs) an Planungsabteilungen. Aufschlußreich ist die Tabelle 8 bezüglich der bereits diskutierten Metakategorien und der Gutachterbereiche (AS = Arbeitsschutz und PAP = Produktionsablaufplanung).

---

6 "Keine Unfälle verwalten", so der Titel einer Selbstdarstellung und damit das Selbstverständnis der Arbeitsschutzabteilung. Und weiter: "Es geht nicht darum, daß sich ein Unfall nicht wiederholt, sondern daß er gar nicht erst passiert" (Daimler-Benz-Intern, 5, 1987, 24 f).

In dieser Verteilung sind Selbsteinschätzung der Arbeitsschutzabteilung und Fremdbeurteilung (hier vorgenommen durch die VV-Einreicher und BVW-Mitarbeiter) auf den Kopf gestellt, wobei offenbleibt, ob dabei die Selbstdarstellung der Arbeitsschutzabteilung nicht gelungen oder tatsächlich die notwendige Kompetenz zur Herstellung von technischer Sicherheit nicht vorhanden ist: 70,2% der vom Arbeitsschutz zu begutachtenden VVs intendieren standardisierte Schutzvorkehrungen und damit die Anwendung von normiertem Wissen. Nur 9% versuchen Sicherheit durch die Optimierung der Zuverlässigkeit - unter Anwendung von fachspezifischem Wissen - zu erreichen.

Tabelle 8: Verteilung der sicherheitsbezogenen VVs nach Intention und Gutachterbereichen (Arbeitsschutz; Planungsabteilungen)

	Zuverlässigkeit	Schutz	Sonstiges	Gesamt
AS	8,9%	70,2%	20,9%	166
PAP	70,3%	14,5%	15,2%	387

Betrachtet man die VVs auch als Rückmeldeschleife zwischen Erfahrungs- und Planungswissen, so bleibt der Arbeitsschutzabteilung nichts anderes übrig als festzustellen, daß sie Adressat für Schutzbedürfnisse ist, und dies bei einem Verständnis von Schutz, das nicht nur allgemeinem Standardwissen zuzurechnen ist, sondern *Grenzen* hat.

Diese werden auch von der Abteilung erkannt und führen zu einem Gegensteuern, das ein Mitarbeiter der Abteilung wie folgt auf den Punkt bringt: *"Man kann doch nicht das ganze Werk abpolstern"*. In Verlängerung dieser Einschätzung führt das Gegensteuern in der Praxis zu höheren Ablehnungsquoten und zu häufigeren Hinweisen auf fehlende Zuverlässigkeit.[7] Die versteckte Botschaft kommt schließlich bei den Einreichern an: In der zweiten Erhebung sinkt nicht nur das sicherheitsbezogene VV-Aufkommen, auch die Schutz-VVs nehmen rapide ab (im Rohbau um 14%, in der Montage um 12%), während die VVs zur Zuverlässigkeitsoptimierung in diesen Bereichen entweder konstant bleiben (Rohbau) oder sogar um gut 5% zunehmen (Montage).

3.4.5. Sicherheitsbedürfnisse und Beanspruchungserleben

Betrachten wir jetzt die Zuordnungen der VVs zur ontologischen Ebene. Auch

---

7 Ein VV, der an einer Schweißstation zur Abwendung der Gefahr durch Funkenflug einen Schutzvorhang forderte, wird mit der Begründung: "Wenn die Punktzange richtig eingestellt ist, kann kein Funkenflug entstehen", abgelehnt.

hierzu seien vorab exemplarische Beispiele gegeben, um die Operationalisierung der Kategorien transparent zu machen.

* *Psychophysiologische Belastungsebene (EE: 25%; ZE: 20%; SI: 35%)*[8]

Wenn man in der Vielpunktschweißanlage in die letzten beiden Stationen will (um bspw. einen Fehler zu diagnostizieren), muß man zwangsläufig über den Seitenrahmen steigen. Dabei ist die Gefahr, daß man ausrutscht oder sich den Kopf verletzt groß und könnte durch das Anbringen eines Trittblechs am Seitenrahmen verringert werden.

* *Ebene der Handlungsausführung (EE: 31%; ZE: 32%; SI: 18%)*

Wegen des sog. *Nachschlagens* der Maschine beim Abziehvorgang und dem Anziehen der Spurstange klemmt man sich häufig die Finger. Dies kann durch eine andere Handhabung der Maschine nicht aufgefangen werden, da die Maschine dann nicht mehr richtig in der Hand liegt und u.U. herunterfällt. Überwunden werden könnte der Mangel, indem ein kleines Gerüst um die Maschine gebaut wird, das genug Abstand für die Handhabung lassen würde und beim Nachschlagen dann das Gerüst und nicht die Hand treffen würde.

* *Ebene der Handlungsautonomie/-spielraum (EE: 44%; ZE: 48%; SI: 47%)*

Bei der Schweißstromüberwachung treten wegen Korrosion am Kontakt der Zange häufig Störungen auf, die zum Ausfall des Roboters führen und meist schnell und unter Zeitdruck (Streß und damit Unfallgefahr) ausgeglichen werden müssen. Würde man den Kontakt mit einem Isoliermittel versiegeln, wäre die Korrosionsgefahr beseitigt.

Tabelle 9: Verteilung der sicherheitsbezogenen VVs nach ontologischen Kategorien und Gutachterbereichen

	Belastung	Handlungs-ausführung	Handlungs-spielraum	Gesamt
AS	53,6%	10,8%	10,2%	124
PAP	11,1%	13,4%	43,9%	265

Während die univariate Verteilung (über die drei Stichproben hinweg) eine Dominanz und tendenzielle Stabilität der Handlungsautonomie (eingeklammerte Werte hinter den oben exemplifizierten Kategorien) aufweist, vermag die bivariate Verteilung (Tabelle 9) für die beiden Gutachterbereiche einen tieferen Einblick zu gewähren: Die Forderung nach mehr Schutz, an die institutionelle Arbeitsschutzabteilung gerichtet, versucht antizipierte oder erlebte körperliche Bedrohungen (53,6%) und sinnlich wahrnehmbare Gefährdungen abzubauen. VVs, die die Zuverlässigkeit der technischen Anlagen erhöhen wollen und sich mit diesem Be-

---

[8] EE = Ersterhebung; ZE = Zweiterhebung; SI = Sicherheitsstichprobe.

dürfnis an die Planungsabteilungen wenden, versuchen hingegen die Handlungsautonomie (43,9%) zu erweitern. Behinderungen auf der Ebene der tatsächlichen Handlungsausführung nehmen eine mittlere Position ein. Damit sind die anlagenbezogenen Schutz- und Zuverlässigkeits-VVs und die Gutachterbereiche nochmals gekennzeichnet und bieten den möglichen Hintergrund für weitere Auswertungsschritte, Nachuntersuchungen, aber auch für eine vorläufige Interpretation.

4. Zusammenfassung

Die erzielten Ergebnisse können in Kürze auf einen doppelten Nenner gebracht werden: Lokale Erfahrung und unterschiedliches Fachwissen erlauben die Diagnose, Artikulation und Überwindung von Mängelsituationen, die von den Planungsabteilungen nicht antizipiert, d.h. durch theoretisches Wissen nicht vorweggenommen werden konnten. Gleichzeitig wird diese Kompetenz einerseits durch zunehmende Technologisierung eingegrenzt und andererseits durch die Übernahme generalisierter Lösungsstrategien deformiert. VVs dienen damit sowohl

* der Bewertung technischer Produktionsbedingungen,
* der Diskussion von Dequalifizierungsaspekten und
* der Analyse der Wechselwirkung von Erfahrungs- und Standardwissen.

Verbesserungsbedürftig sind in erster Linie technische Anlagen und scheinbar nicht die Werkzeuge oder das Produkt. Dies führt zur stärkeren Ausgrenzung des montagespezifischen Wissens der direkt Produzierenden. Verlangt wird Wissen über mechanische, pneumatische, elektrische bzw. elektronische Abläufe und Details; Wissen, wie es das Wartungs- und Reparaturpersonal besitzt.

Die zunehmende Automatisierung und mikroelektronische Fertigungssteuerung führt jedoch auch, wie die Ergebnisse zeigen, zum Ausschluß der Schlosser bei der Wahrnehmung und Überwindung von Mängeln. Elektriker können noch bis hin zur Ebene der Software ihre lokale Erfahrung und ihr fachspezifisches Wissen einsetzen, um Verbesserungen der Arbeitsanforderungen zu erreichen. Bei der Optimierung technischer Anlagen steht die Überwindung von Produktionssteuerungs- und -ablaufproblemen im Vordergrund, weswegen ansonsten Zeiteinbußen entstehen. Wobei jedoch die durch die intendierte Verbesserung gewonnene Zeit nicht *Zeit an sich* ist, sondern ganz entschieden zur Erhöhung des Handlungsspielraums beiträgt.

Neben der Überwindung von ineffektiven Fertigungsabläufen (40%) wird durch die VV-Lösungen eine Erhöhung der Zuverlässigkeit (30%) technischer Anlagen und die Maximierung von Schutzvorkehrungen (20%) intendiert. Hier liegt der Hauptbezug zu dem Thema des Buches und hier liegen auch die interessantesten Ergebnisse vor: Die Schutzmaximierungs-VVs kennzeichnen die Übernahme von Lösungsmechanismen, wie sie vom institutionellen Arbeitsschutz angewandt werden. Es handelt sich um die Anwendung generalisierten Wissens unter Vernachlässigung lokaler Bezüge. Durch die Anwendung genereller, abstrakter Arbeitssicherheitsprinzipien, bei gleichzeitiger Ausblendung lokaler Erfahrung, kommt dem Arbeitsschutz gegenüber den Planungsabteilungen damit eine restaurative Funktion zu. Entsprechend sind auch die an die Arbeitsschutzabteilung gerichteten VVs von geringer Innovationstiefe; sie können als *Nachbesserungen* bezeichnet werden und dokumentieren in erster Linie die mechanische Übernahme institutioneller, betrieblicher Standards: *"Ich habe sofort gesehen, daß an der neu eingerichteten Gehängeweiche keine roten Streifen* (die das Ausscheren der Karosse in den Gehweg signalisieren) *angebracht waren"*, so ein Betriebsschlosser, der einen entsprechenden Verbesserungsvorschlag einreichte.

Die fehlende Innovationstiefe der Schutz-VVs darf jedoch keinesfalls darüber hinwegtäuschen, daß nicht dennoch der Versuch unternommen wird, arbeitsimmanente Mängelsituationen zu kompensieren. Betrachtet man die verschiedenen ontologischen Kategorien, auf die der Versuch zielt, so dominiert hier die Beanspruchungsdimension: Nicht Handlungsausführungsroutinen sollen ermöglicht werden oder gar Handlungsautonomie (dies intendierten die Zuverlässigkeits-VVs) erreicht, sondern Bedrohung abgewendet werden. Natürlich gelingt dies nicht durch simple Abpolsterungen. Diese erlauben es jedoch, die Aufmerksamkeit wieder dem eigentlichen Arbeitsauftrag und nicht auch noch fehlenden Schutzvorkehrungen zuzuwenden.

Damit wird ein grundsätzliches Problem, die Genese der VVs, angesprochen. Die Interviews mit VV-Einreichern (die hier nicht ausgewertet wurden) ließen klar erkennen, daß die artikulierten Mängel keinesfalls neu, sondern lange bekannt waren und auch im Normalfall auf der individuellen Ebene gehandhabt wurden. Da jedoch, insbesondere für das Wartungs- und Reparaturpersonal, nicht vom Normalfall ausgegangen werden kann, gewinnt der physische oder psychische Mehraufwand zunehmend an Bedeutung (wird zum Stressor) und führt zu Affekten und Spannungen, die wiederum Energien freisetzen, welche - sicher nur bei einem geringen Teil der Beschäftigten - konstruktiv genutzt und in eine VV-Formulierung umgesetzt werden können. Für den größeren Teil der Belegschaft, die nicht über die Kompetenzen zur Mängelartikulation (und damit über keine institutionalisierte Bewältigungsstrategie) verfügen, ist gleichzeitig ein Ursachenkomplex zur Psychopathologie des Arbeitslebens beschrieben: Der letztgenannte Personenkreis muß Mängelzustände ständig durch physischen und psychischen Mehraufwand kompensieren. Die Umsetzung der Befunde muß diesen Gedanken berücksichtigen und Problemlösekompetenzen erhöhen, sowie deren Rückgang dort, wo sie zur Zeit noch vorhanden sind, *stoppen*.

In der Genese von VVs liegt die Parallele zur psychologischen Fehlerforschung: Nicht aus dem bloßen Eintreten oder dem Zulassen von Fehlern, sondern aus der Reflexion über die Fehlhandlungsbedingungen lernt man. Eingeleitet wird der Reflexionsprozeß aufgrund von affektiven Begleiterscheinungen des Handelns (Ärger als dynamisches Prinzip) und nicht einfach aufgrund des Vorhandenseins von Fehlhandlungsbedingungen oder Mängelsituationen.

Auch wenn wir zeigen konnten, daß VVs dazu beitragen können, die Handlungsautonomie zu erhöhen, Handlungsausführungsroutinen zu erleichtern oder Beanspruchungen abzuwenden, konnten fachübergreifende Innovationen oder gar emanzipatorische Tendenzen nicht nachgewiesen werden (die Auswertung der Schutz-VVs zeigt sogar, daß die restaurativen Tendenzen zunehmen und an die Stelle von Fachwissen bei der Lösung von Mängelsituationen die Anwendung von standardisiertem Wissen tritt). In der Gesamtbewertung unserer Erfahrungen und Analysen sind wir jedoch zu dem Schluß gekommen, daß der emanzipatorische Gehalt von VVs nicht in der Art der Lösungen zu suchen ist, sondern in der vorhandenen diagnostischen Kompetenz der Erfahrungsträger. Letztlich verweist der VV auf Inkompatibilitäten zwischen Planung und Realität arbeitsteiliger Organisationen und besitzt in hohem Maße Indikatorfunktion für eine bedürfnisgerechte, sozial-verträgliche Gestaltung von Arbeit und Technik.

Literatur

Baitsch, C. & Frey, F. (1980). *Qualifizierung in der Arbeitstätigkeit* Bern: Huber.
Brinkmann, E. & Heidack, C. (1982). *Betriebliches Vorschlagswesen* Freiburg i. Br.: Haufe.
Dahmer, H.-J., Dirks, K., Rauch, K.-P. & Wehner, T. (1991). *Über die erfahrungsbezogene Auseinandersetzung mit arbeitsplatzspezifischen Mängelsituationen* (Bremer Beiträge zur Psychologie Nr. 95). Bremen: Universität, Studiengang Psychologie.
Friedrichs, J. (1979). *Methoden empirischer Sozialforschung*. Reinbek: Rowohlt.
Fuchs, K.-D. (1984). *Die gesicherten arbeitswissenschaftlichen Erkenntnisse. Ein umstrittener Begriff im Arbeitsschutz.* Frankfurt/M.: Campus.
Hopf, C. (1978). Die Pseudo-Exploration. Überlegungen zur Technik qualitativer Interviews in der Sozialforschung. *Zeitschrift für Soziologie, 9*, S. 97-115.
Kern, H. & Schumann, M. (1984). *Das Ende der Arbeitsteilung?* München: Beck.
Kromrey, H. (1983). *Empirische Sozialforschung* Opladen: Neske.
Langeheine, R. (1980). *Log-lineare Modelle zur multivariaten Analyse qualitativer Daten*. München, Wien: Oldenbourg.
Malsch, T. (1983). *Erfahrungswissen versus Planungswissen*. (IIVG/dp 83-207) Berlin: Internationales Institut für vergleichende Gesellschaftsforschung.
Merten, K. (1983). *Inhaltsanalyse* Opladen: Westdeutscher Verlag.
Naschold, F. (1987). *Technologiekontrolle durch Technologieabschätzung?* Köln: Bund.
Osswald, R. (1986). *Lebendige Arbeitswelt. Die Sozialgeschichte der Daimler-Benz AG von 1945 - 1985*. Stuttgart: Deutsche Verlagsanstalt.
Popitz, H., Bahrdt, H.P., Jüres, E.A. & Kesting, H: (1967) *Das Gesellschaftsbild des Arbeiters. Soziologische Untersuchungen in der Hüttenindustrie*. 3. unveränderte Auflage. Tübingen: Mohr
Ulich, E. (1990). *Arbeitspsychologie*. Stuttgart: Poeschel.
Volpert, W. (1987). Psychische Regulation von Arbeitstätigkeiten. In U. Kleinbeck & J. Rutenfranz (Hrsg.), *Enzyklopädie der Psychologie. Arbeitspsychologie* Bd.1 (S. 1-42). Göttingen: Hogrefe.
Wehner, T., Rauch, K.-P. & Bromme, R. (1990). Über den Dialog zwischen Erfahrungs- und Planungswissen bei der Entwicklung von Arbeitssicherheitsmaßnahmen. In C. Graf Hoyos (Hrsg.), *Psychologie der Arbeitssicherheit. 5. Workshop 1989* (138-146). Heidelberg: Asanger.
Wobbe, W. (1986). *Menschen und Chips. Arbeitspolitik und Arbeitsgestaltung in der Fabrik der Zukunft*. Göttingen: Sovec.

IV.
Ganzheitliche Aspekte
zum Forschungsgebiet
Ein Essay

Sicherheit als offenes System - Versuch einer Konturierung

Helmut Reuter

Inhalt

Vorwort..171

I. Aspekte gegenwärtiger Handhabung von Sicherheit........................177

   I. 1. Sicherheit als anthropologisches Bedürfnis und ihre Vereinnahmung durch die Naturwissenschaft

      I. 1. 1. Zu Inhalt und Semantik
      I. 1. 2. Die Professionalisierung der Sicherheit
      I. 1. 3. Probleme der Kybernetik und des psychologischen Menschenbilds

   I. 2. Die sozialpsychologischen Implikationen

      I. 2. 1. Kritik am Begriff des Menschen als dem "schwächsten Glied" im Umgang mit Technologien
      I. 2. 2. Was alles im Mensch-Maschine-Umwelt-System nicht vorkommt

   I. 3. Empirische Felder und die ökologische und politische Dimension

      I. 3. 1. Empirische Befunde zum Normungsproblem
      I. 3. 2. Die Suggestion eines Schaubilds
      I. 3. 3. Bemerkungen über verborgene Ideologien im Gewand der Objektivität
      I. 3. 4. Politisch motivierte Verdrängung

II. Die Notwendigkeit des Paradigmenwechsels..202

    II. 1. Analytische Verfahren und Offene Systeme

        II. 1. 1. Eingeschränktes Plädoyer für die Sicherheitswissenschaft
        II. 1. 2. Zustände des Nichtgleichgewichts

    II. 2. Die Qualität des Subjektiven
    II. 3. Eigenschaften von Systemen, an denen lebendige Strukturen beteiligt sind
    II. 4. Postmoderne Aspekte in dynamischen Konzepten
    II. 5. Zu Struktur und Dynamik der Fehlerhaftigkeit

Literatur..248

MEPHISTOPHELES. ...
Wer will was Lebigs erkennen und beschreiben,
Muß erst den Geist heraußer treiben,
Dann hat er die Teil` in seiner Hand,
Fehlt leider nur das geistlich Band.
Encheiresin naturae nennt`s die Chimie!
Bohrt sich selbst einen Esel und weiß nicht wie.
STUDENT. Kann Euch nicht eben ganz verstehen.

(GOETHE, Urfaust)

Vorwort

Was bedeutet es, Sicherheit und die Wissenschaft von ihr psychologisch zu untersuchen? Zunächst einmal bedeutet es primär nicht, die soziologischen und politischen Aspekte zu analysieren. Ebensowenig können die wissenschaftstheoretische und -logische Position oder die naturwissenschaftliche Grundlegung selbst Gegenstand sein. Vielmehr ist das eigentliche Forschungsfeld der *Umgang* der Menschen, die zumeist ja auch Betroffene sind, mit diesen Paradigmen und Strategien. Zentrum der Aufmerksamkeit ist also die kognitive und emotionale Dimension und das konkrete Handeln in Auseinandersetzung mit der gesollten und verwirklichten Sicherheit und den von der diesbezüglichen Wissenschaft aufgestellten Aussagen und Behauptungen. Letztere nämlich, so eine unserer Hypothesen, bestimmen Inhalt und Ideologie der gesollten und verwirklichten Sicherheit, sind der Orientierungsleitfaden des professionellen Sicherheitshandelns. Hier stellt sich dann eine vierte psychologische Frage (neben der nach Kognition, Emotion und Handlung): die Frage nach der Subjektivität von Sicherheit. Denn im Gegensatz zur Ansicht mancher Fachleute ist die Sicherheit natürlich kein Expertenproblem, sondern eine alle Lebensfragen durchziehende Kategorie, über die sich eigene Ansichten zu bilden geradezu eine Überlebensfrage ist. Da nun auch scheinbar entfernte Sicherheitsprobleme (etwa die Sicherheit eines Atomreaktors in der Ukraine) Leben und Gesundheit hier in ähnlicher Weise betreffen wie lokal näher angesiedelte Gefahrenpotentiale, ist auch eine Ausgrenzung von Sicherheitsproblemen nach geographischen Gesichtspunkten für das subjektive Empfinden problematisch geworden. Dasselbe gilt für die internationale Sicherheit der politischen Dimensionen. Die Vermutung, im Sinne einer Hypothese, liegt also nahe, daß es in der psychologischen Auseinandersetzung mit Sicherheit und Fehlerhaftigkeit keine ausgrenzbaren Felder mehr gibt, weder thematisch noch geographisch. Vielmehr vermuten wir weiter, daß über alle Sicherheitsthemen hinweg eine strukturell-dynamische Gemeinsamkeit erlebt wird, etwa des Inhalts, daß den Sicherheitsaspekten eines Atomkraftwerks, des Straßenverkehrs, der Gentechnik und der politischen Strategien in der Psyche des Menschen nicht jeweils fachspezifische Sicherheitsaspekte zugeordnet werden, sondern daß aus der Dimension der Betroffenheit gleichsam eine ganzheitliche Sicherheitsphilosophie vorhanden ist, die handlungs- und erkenntnisleitend ist.

Dem entspräche auf der anderen Seite eine wissenschaftliche oder vorwissenschaftliche Ideologie der Sicherheit, die sich in der administrativen und wissenschaftlichen Literatur und Dokumentation offenbaren müßte. An dieser Stelle wären allerdings die soziologischen und politischen Analysen auch wieder gefragt.

Aus einem solchen Themenfeld ergeben sich spezifische Forderungen an die Darstellung. Sie kann heute üblichen Standards nicht ohne weiteres folgen. Man kann es für einen Fortschritt (an wissenschaftlicher Akribie) oder für einen Verfall der Sprachkultur halten: Zumindest in der psychologischen Fachliteratur (und ein

Blick über die Grenzen gibt kein anderes Bild) gleichen sich die Darstellungsformen bis zur völligen Unkenntlichkeit jeder individuellen Handschrift. Dies ist eine Entwicklung, die szientistischer Objektivität geschuldet ist, ob sie auch alltagstauglichen Erkenntniszuwachs fördert, steht sehr in Zweifel. Wir wollen uns hier nicht einreihen und zwar aus folgenden Gründen: Einmal kann das Zurücktreten des Verfassers hinter sein Datenmaterial oder eine formale Interpretationsvorschrift nur unvollkommen gelingen und folgt einer wissenschaftsgeschichtlichen Ideologie, deren Glaubwürdigkeit im Schwinden begriffen ist. Wobei wir nicht verkennen, daß gerade die mit unserem Thema befaßten Wissenschaften sich bezüglich dieser Tradition noch sehr verpflichtet wissen, weswegen wir Verständnisprobleme für den folgenden Essay voraussehen.

Dann aber sehen wir gerade in der Mißachtung von "Anstandsregeln wissenschaftlichen Handelns" ein kreatives und innovatives Potential, auf das nur mit Verlust zu verzichten wäre. Kritisch zu befragen und womöglich zu transzendieren wäre eine Reihe vermeintlicher Selbstverständlichkeiten, als da wären:
- die schon genannte individuelle Unkenntlichkeit der Argumentation und Hermeneutik
- die strikte Befolgung sprach- und sachlogischer Regeln (ein hoffnungsloser Vorsatz, wie sich aus den Gegebenheiten von Wissenschaftssprache, Alltagssprache und komplexer Gegenständlichkeit erkennen läßt)
- die Anerkennung fachspezifischer Themen-Erkenntnis und Schlußfolgerungsregeln
- die Vermeidung metaphorischer Figuren und vorsichtige und formal streng begründete Verwendung von Analogien.

Es ist klar, daß die epistemologische Diskussion nicht in der Aufrechterhaltung von Tabus und normativen Regeln sich erschöpft, dafür ist sie zu kontrovers und vielgestaltig. Somit stehen hinter den Spiegelstrichen in dieser Prägnanz nur selten anzutreffende Verdichtungen bestimmter Tendenzen.

Die jedoch sind Gegenstand unserer Kritik und ihre Anwesenheit im wissenschaftlichen Diskurs ist alltägliche empirische Erfahrung. Feyerabend (1980) sieht die unüberbrückbare Distanz:

> Rationalisten wollen, daß man immer rational handle; das heißt, man soll Entschlüsse nach Regeln und Maßstäben fällen, die sie und ihre Freunde für wichtig und grundlegend halten. Das Beispiel der Naturwissenschaften zeigt, daß solches Handeln zu nichts führt: die physische Welt ist zu komplex, als daß sie mit Hilfe "rationaler" Methoden beherrscht und verstanden werden könnte. Aber die soziale Welt, die Welt des menschlichen Denkens, Fühlens, der menschlichen Phantasie, die Welt der Philosophie, der Dichtung, der Wissenschaften, die Welt des politischen Beisammenseins ist noch viel komplizierter. Ist es zu erwarten, daß die Rationalisten in ihr Erfolg haben werden, nachdem sie in der physischen Welt versagt haben? (S. 36)

Unser Essay handelt von diesem Versagen (oder seiner allfälligen Möglichkeit), aber auch von der Unerläßlichkeit rationaler Strategien zur Vermeidung nicht nur technischen sondern auch ideologischen Versagens.

Dem dienen die Exkurse zu Wendungen des sogenannten "postmodernen" Denkens, die in noch gar nicht ausgeloteten Beziehungen zur Sicherheitsthematik stehen.

Feyerabends Kritik am Rationalismus ist natürlich auch eine Verdichtung von Kritik. In einer kritischen Sichtung spezifischer Möglichkeiten wissenschaftlicher Erklärung und Voraussage kommt als prominenter Vertreter der Analytischen Philosophie Stegmüller (1986) zu einem fast verwandt zu nennenden Schluß:

> *Daß wir für uns selbst nicht transparent, sondern teilweise undurchsichtig sind* - daß wir uns selbst und einander nicht so verstehen, wie wir das Wasserstoffatom verstehen -, ist zwar eine empirische Tatsache, aber eine für die menschliche Natur *konstitutive*. Würde sie einmal nicht mehr bestehen, so hätte sich der Mensch in eine andere Spezies verwandelt. Wie diese beschaffen wäre, darüber hönnen wir nicht nur keine rationalen Überlegungen anstellen; wir können darüber nicht einmal spekulieren. (S. 461)

Von dort aus fährt Stegmüller (1986) mit einer Diskussion des "praktischen Wissens" nach Hilary Putnam fort, das er unter Verwendung des Ausdrucks von Polanyi "implizites Wissen" nennt: "Implizites Wissen kann ... *nicht erschöpfend formulierbares Hintergrundwissen sein*" (S. 462) und weiter:

> Den Unterschied gegenüber dem physikalischen Wissen kann man hier etwa folgendermaßen beschreiben: In der Physik benützen wir *Meßinstrumente*. Die uns gegebene physikalische Theorie ist auch auf diese Instrumente und deren Wechselwirkung mit dem, was zu messen ist, anwendbar. In vielen Fällen des impliziten Wissens dagegen *müssen wir uns selbst als Meßinstrumente benützen*, ohne daß uns eine explizite Theorie über uns und die Wechselwirkungen mit dem zu Messenden (d.h. die anderen Personen) zur Verfügung stünde. (S. 463)

Und direkt zu unserem Problemfeld hinführend:

> Implizites Wissen spielt sogar in der Physik eine Rolle. Was physikalische Theorien beschreiben, sind idealisierte Fälle von geschlossenen Systemen. In der *Anwendung* hat man es mit *offenen* Systemen zu tun, die das idealisierte System *hinlänglich genau approximieren*, um genaue Voraussagen zu erhalten. Die Entscheidung darüber, *daß* in einem vorliegenden Fall eine hinreichende Approximation geliefert worden sei, beruht auf nichtformalisiertem impliziten Wissen. (ebenfalls S. 463)

In der Erinnerung daran, daß auch und gerade der Logik nichtwissenschaftliches Wissen vorangestellt und eingewoben ist (so etwa im Begriff der Wahrheit) und der Hervorhebung der Bedeutung von einfühlendem Verstehen und Intuition als wesentliche Aspekte menschlicher Erfahrungswelt, stellt Stegmüller aus einer im übrigen Feyerabend durchaus antagonistischen Position eine Verbindung zu unserem kritischen Anliegen her. Sie ist umso bemerkenswerter, da sie aus dem Denkkreis der analytischen Philosophie stammt. Denn von einer solchen kritischen Besinnung auf die Grenzen des rationalen und formalisierten Kalküls werden wir in der etablierten und dokumentierten Sicherheitswissenschaft nichts finden.

Von da aus rechtfertigen sich auch die von uns oben angekündigten Regelüberschreitungen: Weder Dilettantismus noch mangelnde Forschungssorgfalt lassen uns diesen Weg wählen, sondern die besonderen Eigenschaften des Problemfeldes. Die Vorbereitung einer neuen Denkweise, mehr als ein Vorschlag kann es noch zu diesem Zeitpunkt nicht sein, *muß* notwendig sich in vorwissenschaftlichem Feld aufhalten. Die Kritik selbst braucht sich ihrer Intuition, ihrer Ahnung, aber auch ihrer Plausibilität und Evidenz nicht zu schämen. Der Maßstab logischer Prägnanz oder gar das Unterbreiten einer Theorie lege artis sind auf dieser Stufe völlig unangemessen (ob sie überhaupt noch angemessene Maßstäbe sind, wird durchaus nicht zuletzt von Feyerabend in Zweifel gezogen). Wie meist in der Wissenschaftsgeschichte geschehen Erkenntniserweiterung und -verbesserung nicht in logischem Aufbau und linearem Prozeß. Normverletzung, Widerstand gegen eingefahrene Paradigmen, Mißachtung der Spielregeln bestimmter Gruppierungen, kurz Unordnung und Unbotmäßigkeit scheinen viel mehr an den Entwicklungen der Wissenschaften Anteil zu haben als die Orthodoxie wahrhaben will. Allerdings soll nicht behauptet werden, daß jedwede "Unordnung" zu gedeihlichen Prozessen führt (Feyerabend würde, wenn wir ihn richtig verstanden haben, eher genau dies meinen). In der geschilderten Weise ist viel zustande gekommen, das das Etikett der Unbrauchbarkeit verdient (wie übrigens auch in anerkannten wissenschaftlichen Techniken). Ungeklärt ist aber selbst dabei die Nützlichkeit der Umwege (die Orthodoxie sieht sie a priori nicht), und so bleibt ängstliches Vermeiden von unorthodoxen Zugangsweisen kleinlich und steril. Zumindest ist für ein

> Gleichgewicht ... zwischen jenen Erkenntnisweisen, die den Naturwissenschaften abgelauscht worden sind, und dem ungeheuren Schatz an nichtformalisiertem und nicht formalisierbarem Wissen, ohne welches diese Wissenschaften nicht bestehen könnten und auf welches wir alle in unserem außerwissenschaftlichen Alltag ständig angewiesen sind und angewiesen bleiben werden. (Stegmüller, 1986, S. 465)

mit Nachdruck zu votieren.

Wir haben uns also vorgenommen, einen Aufsatz im Sinne dessen zu schreiben, was Feyerabend (1980) "antizipierende Kritik" (S. 47) nennt. Ihr Wesen ist so ziemlich das Gegenteil von dem, was im logischen und rationalen Diskurs gefordert ist. Für sie bestehen (noch) keine expliziten Maßstäbe:

> *Man kritisiert ohne sichtbare Mittel der Kritik*, rein intuitiv eine Lebensform vorausahnend, die diese Mittel bereitstellen wird. Man kann die Lebensform nicht beschreiben, denn sie ist noch nicht da, man hat keine Gründe für die Unzufriedenheit, man drückt sie aber doch aus und schafft so die Tradition, die dann Jahrzehnte später den Prozeß verständlich macht und mit Gründen versieht. Man *argumentiert* nicht, man *behauptet*, man *beklagt* sich, man *widerspricht* und schafft so die Prinzipien der Argumente, die der Klage und dem Widerspruch Sinn verleihen. (S. 46)

Setzen wir statt "Lebensform" "Denkform" oder besser: "Denkprozeß" ein, so haben wir schon eine ganz brauchbare Beschreibung unseres Vorhabens. Von daher erklären sich auch die Ausflüge (die natürlich keine sind, sondern unverzichtbare Berücksichtigungen der Feldganzheit) in den kulturellen und sprachlichen Raum, auch manche Polemik gewinnt dann ihren Sinn. Wir scheuen uns dabei nicht, uns dem zu stellen, was Feyerabend (1980) dabei heraufziehen sieht: "Eine antizipierende Kritik [er meint, wie wir auch, gleichzeitig "Beschreibung, Anregung, etc."] hört sich immer etwas seltsam an und Konservative haben es leicht, ihre Absurdität nachzuweisen. Der Erfolg rationalistischer Argumente beruht vor allem auf diesem Umstand" (S. 47). Damit ist natürlich keine Fürsprache rationalistischer Strategie gemeint, wie in Feyerabends Argumentationszusammenhang ohne weiteres deutlich wird.

Allerdings nehmen wir für das Gesamt des Forschungsprozesses diese Form der Erkenntnisstrukturierung nicht als die einzige in Anspruch: in den empirischen Feldern wird durchaus mit etablierten Methoden und Argumentationsstilen gearbeitet. Wo allerdings - nicht zuletzt durch die empirischen Befunde gestützt - die Notwendigkeit neuer Denkprozesse evident wird, verlassen wir in der grundsätzlichen Debatte die fachspezifische Beschränkung. Das bedingt, daß mehr oder weniger entfernt liegende Gebiete der Gesellschafts- und Naturwissenschaften, die ihrerseits in Umbruchsphasen ihrer Modellierungen stehen, dahingehend befragt werden, ob man von ihnen nicht lernen könne. "Lernen" meint dabei einen im konventionellen Sinn äußerst problematischen Versuch des Transfers von Begrifflichkeiten und Modellen. Gewöhnlicherweise sind die in den Naturwissenschaften verwendeten Begrifflichkeiten streng definiert und stehen nicht selten für einen mathematisch exakt beschreibbaren Sachverhalt. Ihre umgangssprachliche Benennung stiftet dabei Verwirrung, die den Wissenschaftlern stets ein Dorn im Auge war und zu manchen Projekten der Tennung von Alltagssprache und Wissenschaftssprache geführt hat. Im Alltagssprachgebrauch schwingen Konnotationen mit, die in der formalisierten Fassung eines Begriffs ausgeschlossen sind. Andererseits bedeutet die formale Exaktheit auch immer eine Beschränkung auf den Gebietsbereich, in dem sie begründet ist. Etwas weniger exakte Wissenschaften als sie Physik und Chemie etwa sind, wie die Psychologie, stehen ganz besonders in diesem Dilemma. Ihre Kategorien sind in der formalen Gewinnung (wie etwa in der faktorenanalytischen Persönlichkeitspsychologie) vielleicht einigermaßen "exakt", aber um den Preis der alltagsrelevanten Anschaulichkeit. Es ist hier nicht der Ort, die Diskussion um die verschiedenen Sprachebenen, ihre Verständlichkeit und Handhabbarkeit zu vertiefen: Nur soviel sei angemerkt, daß wir aus den Erfahrungen mit der psychologischen Begrifflichkeit die Aufrechterhaltung eines alltagssprachlichen Bezugs mit den damit verbundenen Unschärfen der Bedeutung und dem konnotativen Feld eher favorisieren. Wir sehen sogar darin - und eigentlich nur darin - eine unausgeschöpfte Möglichkeit kreativen Potentials. Dieses Potential würde unverantwortlich verschwendet, redeten wir den fachspezifischen Definitionen das Wort. Diese vergrößern die Gräben zwischen den Wissenschaften und vermehren ihre Unverständlichkeit außerhalb eines esoterischen Expertenzirkels. Forschungen und Themen der Wissenschaft gehen aber in den Alltag ein und durchdringen ihn. Die Menschen müssen in der Lage sein, in ihrer "vorwissenschaftlichen" Begrifflichkeit sich ein *Bild* der sie angehenden Dinge zu machen. Dies ist alles andere als ein belächelnswerter Vorgang. Alle Normsetzung des Diskurses durch die "Experten" haben den Charakter eines "gelenkten Austauschs" (Feyerabend, 1980, S. 71), der keinem anderen Ziel als dem Machterhalt dient. Wir werden der Experten-Laien-Diskussion im folgenden breiten Raum geben, weil wir meinen, daß eine unseren Lebensumständen gemäße Sicherheitsdiskussion dadurch in besonderer Weise bestimmt ist.

Die "Umdeutung" ursprünglich fachspezifisch gemeinter Begriffe im essayistischen Versuch einer Neuorientierung sicherheitswissenschaftlichen Denkens findet auf diesem Hintergrund ihre Berechtigung: In Begriffen wie "Entropie", "Ordnung", "Unordnung", "Chaos" oder "Selbstorganisation" steckt mehr und fachübergreifendere Bedeutung als dem Experten auf seinem Erfahrungshintergrund zunächst sichtbar zu sein scheint. Die hermeneutische Kreativität ist gefragt und erst von ihr aus - ganz in Übereinstimmung mit der von Stegmüller empfohlenen Aufwertung des Nicht-Formalisierbaren - kann sich der Wissenschaftsprozeß lege artis weiter entwickeln. (Wobei wir noch Bedenken anmelden wollen gegen die bei Stegmüller nahegelegte Trennung zwischen wissenschaftlichem und "außerwissenschaftlichem Alltag": sie ist das zu Überwindende und die Ursache mancher Katastrophe. Auch davon handelt der Essay.) Die Übertragung solcher Begriffe in einen anderen, nicht einmal analogen Bedeutungszusammenhang bedingt das Verlassen der für sie (vielleicht schon) gültigen formalen Beschreibung. Das ist kein Verlust, gewonnen wird statt dessen eine neue Dimension der Bedeutung, die sich aus metaphorischer Evidenz und sinnstiftender Ähnlichkeit ergibt. Erleichtert wird dieser Prozeß, der in der Lage ist, verkannte, vergessene oder ignorierte Sinnzusammenhänge eines Problemfeldes wieder kenntlich zu machen, durch die Tatsache, daß viele der metaphorisch verwendeten Ausdrücke ein legitimes Bedeutungsfeld im alltäglichen Sprachumgang haben. Wir sehen darin in deutlichr Zurückweisung puristischer Tendenzen einen unverzichtbaren Vorteil. Erst im freien Sprachgebrauch, der - vielleicht - zur Verlebendigung des Diskurses beiträgt, indem er borniete Fachgrenzen sprengt, sind lebensbedeutsame Themen zu behandeln. Sicherheit ist ein solches, und so schlagen wir vor, der Erstarrung fachspezifischer Kompetenzen in der fachübergreifenden Sicherheitsproblematik mit einem solchen Sprachgebrauch zu begegnen. Er setzt nicht die "fundierte" wissenschaftliche Begriffsbildung außer Kraft.

Indem solchermaßen die Grenzen der Sprachreservate verwischt werden, bedarf es auch einer anderen Darstellungsform als der einleitend gekennzeichneten gesichtslosen Artikel der Wissenschaftlichkeit.

Eine solche Form ist der Essay. In unserem Kulturraum führt er ein Schattendasein, aus den Wissenschaften ist er fast völlig verbannt. Das liegt daran, daß er auf den Vorteilen der "Unseriösität" besteht, auf Subjektivität, Anmutung, Angemutetsein oft in ununterscheidbarer Vermischung mit Gewußtem, Ferne von Schreib- und Dispositionsregeln, überhaupt: ungeregeltem Herangehen. Einer solchen Erkundung fehlt das Gesicherte, und wo wir zitieren und referieren, geschieht dies nicht unter dem Anspruch akademischer Kunstfertigkeit (etwa Aktualität,

Wichtigkeit und Vollständigkeit betreffend), sondern unter eklektizistischem Gesichtspunkt, der - wo es gut geht - zu einiger Gestaltprägnanz der Argumentation und Darstellung führt. Künstler und Denker größerer Bedeutung haben eine solche Widerspruchslosigkeit der "Techniken" des Denkens und Schreibens schon immer gehandhabt, so der Ingenieur, Psychotechniker und Schriftsteller Musil, der im *Mann ohne Eigenschaften* (1978) alles das in zwei Sätzen verdichtet, was auch wir unterstreichen wollten:

> In Ulrich war später, bei gemehrtem geistigen Vermögen, daraus eine Vorstellung geworden, die er nun nicht mehr mit dem unsicheren Wort Hypothese, sondern aus bestimmten Gründen mit dem eigentümlichen Begriff eines Essays verband. Ungefähr wie ein Essay in der Folge seiner Abschnitte ein Ding von vielen Seiten nimmt, ohne es ganz zu erfassen, - denn ein ganz erfaßtes Ding verliert mit einem Male seinen Umfang und schmilzt zu einem Begriff ein - glaubte er, Welt und eigenes Leben am richtigsten ansehen und behandeln zu können. (S. 250)

I. Aspekte gegenwärtiger Handhabung von Sicherheit

I. 1. Sicherheit als anthropologisches Bedürfnis und ihre Vereinnahmung durch die Naturwissenschaft

I. 1. 1. Zu Inhalt und Semantik

Wogen von Literatur zur und über Sicherheit, verfaßt von Kulturkritikern, Philosophen, Feuilletonisten, Ingenieuren und Psychologen, legen den Verdacht nahe, daß es sich um besonders unsichere Zeiten handeln müsse, in denen solcher Eifer sich entfaltet.

Die außergewöhnliche und mundane Betroffenheit der Menschen durch nur scheinbar singuläre Systeme ist nun in der Tat historisch neu und anläßlich der Katastrophe (über den Begriff der Katastrophe wird noch zu reden sein) von Tschernobyl auch ins Bewußtsein getreten. Der Unfall war bis jetzt an den lokalen Ort gebunden. Das hat aufgehört. Die Ereignisfolgen selbst sind ebenso nicht mehr am Tag der Katastrophe absehbar.

Unser Vorhaben nun ist begrenzt, aber gleichzeitig unbescheiden: Wir wollen uns nicht in den Chor der Technologiekritiker und -auguren aus expliziter und verborgener Ideologie einreihen und doch die Aufmerksamkeit auf systemische Unzulänglichkeiten lenken und damit eine Kritik formulieren, deren erstes Anliegen die Vereinbarkeit von technischen und lebendigen Systemen ist.

Es wäre zu wünschen, daß diese Anmerkungen nicht den gängigen Lesegewohnheiten anheimfallen und aus mißverstehender Flüchtigkeit mit luddistischen Tendenzen (vgl. Sieferle, 1984, S. 68 ff) verwechselt würden. Wird auch hin und wieder entschieden Stellung genommen gegen zur Zeit favorisierte Auffassungen von Sicherheit, ihrer Herstellbarkeit beziehungsweise der Vermeidbarkeit von Unsicherheit, so liegt uns doch am interdisziplinären Dialog und am Versuch, im erweiterten Sinn psychologische Vorstellungen im Dialog mit anderen Fächern weiter zu entwickeln oder zu korrigieren.

Diese Form des fachübergreifenden Denkens scheint uns einzig akzeptabel und insofern der Beliebigkeit enthoben, als sie in Zukunft unabdingbar sein wird.

So ist diese Arbeit im wesentlichen theoretischen Charakters. Sie hat jedoch ihre Begründung in "handfester" Feldforschung im industriellen Bereich, die wir im Rahmen zweier Projekte durchführten, einmal für das Programm *Humanisierung der Arbeitswelt*, getragen vom Bundesministerium für Forschung und Technologie und zum anderen für das Programm *Sozialverträgliche Technikgestaltung*, getragen vom Land Nordrhein-Westfalen).

Die theoretische Begründung solcher Empirie, zumal wenn sie einen Paradigmenwechsel nahelegt, ist natürlich nicht Beiwerk der Feldforschung und auch keine marginale Gedankenspielerei, sondern gleichsam das Continuum der Praxis und ihr Garant für Transparenz. Insofern sei schon hier jede Tendenz einer "besinnungslosen" Praxis zurückgewiesen.

Wir können im weiteren unter der Vielzahl der Bedeutungen von *Sicherheit* bestimmte Aspekte focussieren, und das sind jene, die strukturale und prozeßhafte Bedingungen des Lebendigen ins Zentrum rücken. Am besten ist dieser Bedeutungsraum abzustecken durch eine Definition Kaufmanns (1973): "Von 'Sicherheit' im Sinne eines erstrebenswerten Zustandes ist vor allem dort die Rede, wo der Mensch nicht als ein unter *vorgegebenen* Bedingungen lebendes Wesen, sondern als ein autonomes, handelndes Wesen aufgefaßt wird. `Sicherheit` ist das Leitbild eines *herstellbaren* Zustandes" (S. 140). Hier ist mit wünschenswerter Deutlichkeit auf eine unverzichtbare Dimension des menschlichen Lebens verwiesen: die Autonomie der Handlung. Wir werden sehen, daß im Interesse "exakter" (und das meint zuallermeist numerischer) Erfassung etwa der Mensch-Maschine-Kommunikation, dieser zentrale Aspekt sich mehr und mehr zu verflüchtigen pflegt. Wenigstens in der Optik und Intention der mit dieser Frage befaßten Forscher. Wir werden zu diskutieren haben, inwieweit diese Ausgrenzung sicherheitsgefährdend ist. Im Begriff des *Leitbilds* wieder wird deutlich der gleichsam teleologische Charakter der Sicherheit.

Interdisziplinarität wird heute gefordert: kaum eine Arbeit, die sie nicht im ersten Drittel programmatisch beschwört. Gelegentlich verfällt die dann praktizierte Interdisziplinarität merkwürdiger Interpretation: die begleitenden Fächer werden als Hilfstruppen aufgerufen, die schon im eigenen Fach gefundenen Schlüsse zu stützen, was voraussetzt, daß die Inhalte der Beifächer selber sorgfältig ausgesucht sein müssen (wir werden ein Beispiel dafür kennenlernen). Gelegentlich auch werden die angrenzenden Gebiete einer Belehrung unterzogen, was den "interdisziplinären" Forscher als gebildet und erkenntnisreich ausweist. Schließlich gibt es alle denkbaren Durchmischungen beider Verfahren. Sinnloserweise wird in diesem Zusammenhang der Begriff des *Dialogs* gebraucht. Wir schlagen daher vor, sich eines solchen Dialogs (man denke an die monomanen Statements interdisziplinärer Kongresse) definiertermaßen zu enthalten und statt dessen kommunikative Kritik zum Instrument des Erkenntnisfortschritts zu erklären. Aber auch das ist kein geringer Beitrag zur Sicherheitsdiskussion, denn in der psychologischen Perspektive, die wir naturgemäß einnehmen, ist gerade das gesellschaftliche Subjekt zentriert. Die aktuelle Diskussion um Sicherheit konzentriert sich für unseren Geschmack zu sehr und zu oft an einem technologischen Denken, als daß die Subjektivität noch den gebührenden Raum hätte. Dabei zeigen die Betroffenheiten, daß alle statistischen Darstellungen vor dieser psychischen (nicht psychologischen!) Dimension unerheblich werden. Insofern versuchen wir unter anderem, auch die gerade fachspezifischen Borniertheiten der Psychologie durch Rückbesinnung auf das Subjekt zu mildern. Kaufmann (1973) hat dies in seiner grundsätzlichen Arbeit zur Sicherheit so umrissen:

> Die Stabilisierung der individuellen Lebensbezüge setzt eine "Selbstsicherheit" voraus, die im folgenden als *Stabilisierung am Innengaranten* bezeichnet sei. Sie muß als voraussetzungsvoller Zustand angesehen werden, und die schillernde Zeitdiagnose der "Unsicherheit" ... hat es vermutlich mit dem Tatbestand zu tun, daß dem gegenwärtig herrschenden Bewußtsein weder eine Stabilisierung an Außengaranten noch eine Stabilisierung am Innengaranten als selbstverständlich gilt. (S. 169)

Wir versuchen gewissermaßen eine "Anthropologisierung" der Sicherheit. An diesem Punkt wird unser über Kritik letztlich vermittelnder Ansatz deutlich. Die Empirie, die wir in den genannten Projekten zum Erleben von Sicherheit und Gefahr erhoben, dient nicht der Vertiefung der Gräben, sondern gerade einer zukünftigen Verbesserung der den lebenspraktischen Raum bestimmenden Interaktion. Die Kritik selber ist dabei Garant dafür, daß es nicht um manipulative Interessen dieser Vermittlung gehen kann, wie sie uns allen nicht fremd sind, da, wo kommerzielle Gesichtspunkte die Hauptrolle spielen.

Wir beginnen also nach dieser Abgrenzung des Untersuchungsfelds mit der Kritik einiger signifikanter Aspekte heutiger Sicherheitsforschung.

I.1.2. Die Professionalisierung der Sicherheit

Das Ansehen der Experten ist von Zeit zu Zeit und Fach zu Fach höchst unterschiedlich. Gewiß ist allerdings, daß die tatsächliche Leistung der Experten zu diesen Unterschieden wenig bis nichts beiträgt, kulturelle Gegebenheiten und auch dem Sozialpsychologen oft rätselhafte Beharrungstendenzen halten das eine Fach in strahlendem Glanz und das andere in der Nähe Beläheltheit. Interessant sind daher die Zeiten der Umbrüche (wie überhaupt): Solche Prozesse der Umbewertung professionellen Handelns hängen nicht zuletzt mit der Einschätzung des dabei verwendeten technischen Instrumentariums zusammen. Das "Menschliche" in den davon existentiell betroffenen Menschen rebelliert gegen die Verdinglichung. Lineare Vervollkommnung des technologischen Prinzips (oft genug Hauptehrgeiz des Ingenieurs) kehrt seine eigene Teleologie gegen sich selbst. In solcher Abgehobenheit vom anthropologischen Zentrum ist dann die *Havarie der Expertenkul-*

tur, so der Titel des *Kursbuchs 85*, unumgänglich. Dies ist eine Havarie von Erkenntnissen und -welten, die in Zukunft nur zu vermeiden ist, wenn die Erkenntnistechniken aller beteiligter Fächer umfassender Kritik zu unterziehen sind.

Solange die Wissenschaft in selbstgenügsamer Forschung Systeme entwirft und anwendet, deren gesellschaftliche Bedeutung dem breiteren Publikum eher verborgen ist, bleiben auch die Handlungsstrategien öffentlich unbeachtet. Das ändert sich schlagartig, wenn es an Leib und Leben nennenswerter Populationen geht. Die Reaktorkatastrophe von Tschernobyl war solch ein Ereignis, das die Experten über Nacht in den Rechtfertigungszwang, wo nicht -notstand versetzte. Radkau (1986) nimmt dies zum Anlaß grundsätzlicher Reflexionen zum probabilistischen Instrumentarium:

> Der Glaube an die Quantifizierbarkeit von Risiken war so groß, daß der Technologieausschuß des Bundestages die Bundesregierung ersuchte, "die Möglichkeit zu überprüfen, den Risikobeitrag von Sabotage oder Gewalthandlungen im Falle von Krieg zu quantifizieren und schließlich das Risiko beim Versagen von geplanten Katastrophenschutzmaßnahmen in die probabilistischen Überlegungen einzubeziehen". Im Computer-Zeitalter bot die Zahl den besten Sichtschutz gegen den Abgrund. (S. 47)

und weiter, an gleicher Stelle:

> Die "normalen Menschen" in ihrer Wissenschaftsferne ließen sich erst gar nicht auf das Spiel ein, die probabilistischen Kalkulationen mit Gegenrechnungen zu kontern - und nicht erst Tschernobyl, sondern schon frühere fachinterne Diskussionen zeigten, wie sehr die Laien im Recht waren, wenn sie das Zahlenspiel immer wieder verdarben.

In der Zentrierung der menschlichen Komponente des Systems treffen wir an dieser Stelle oft eine das Polemische streifende Ablehnung des statistischen Kalküls, und in der Tat gibt es Prozesse, die sich quantifizierender Beschreibung entziehen, die aber von den Naturwissenschaften und den Sozialwissenschaften lange ignoriert worden sind (nach der bekannten Methode, den Schlüssel, den man verloren hat, unter der Laterne zu suchen, nicht, weil das der Ort des Verlustes war, sondern weil es dort hell ist): Wir wollen uns der Polemik eher nicht anschließen und schlagen statt dessen eine durch die Systemeigenschaften differenzierte Reflexion vor. Wenn man auf diese Weise den Ort der Probabilistik genauer bestimmen kann, sind ohne weiteres die Vorzüge dieser Auffassung (auch ihre Unentbehrlichkeit!) erkennbar. Davon soll im Kapitel II.1.1. die Rede sein.

Das Expertentum gilt es also keineswegs abzuschaffen, wohl aber sollten Vergewisserung über seinen systemischen Stellenwert gewonnen als auch die notwendigen Ergänzungen bedacht werden. In dieser Hinsicht werden fortschrittliche Tendenzen zu einer aufeinander bezogenen Tätigkeit zwischen "Basis" und Expertenebene sichtbar: "Neben dem Expertenwissen kommt es entscheidend auf die Mobilisierung des lokalen Erfahrungswissens der Belegschaften an, also auf ihr Kontextwissen unter belastenden Arbeitssituationen und ihre eigene Subjekterfahrung im Arbeitsprozeß", so Naschold (1987, S. 36/37).

Dieser ständigen Kontrolle des Expertentums durch die, die in der lebendigen Auseinandersetzung mit der sicherheitsrelevanten Tätigkeit stehen, hat sich natürlich auch der psychologische Experte zu stellen. Das belehrende Potential der "Laien" ist bedeutend. Bedauerlicherweise hat sich das gerade bei denen, die mit "exakten" Techniken zu tun haben, noch wenig herumgesprochen. So finden wir oft dort unter dem modischen Signum dialogischer Bereitschaft jene Strukturen, die wir eingangs erwähnten. Das Beharren auf veralteten Konventionalismen wird so nur notdürftig verschleiert und offenbart sich aufmerksameren Lesern in Sätzen ungeschönter Prägnanz: "Reine Sachfragen eignen sich nun aber nicht für eine Diskussion und Entscheidung 'auf dem Marktplatz'." oder "Sachliche Unklarheiten, soweit es solche gibt, können nicht in der Öffentlichkeit, sondern nur im Kreise der Wissenschaft, nicht durch ideologische, nur durch von Sachkenntnis getragene Argumentation beigelegt werden". So erweist sich Fritzsche (1986, S. 554) als der eigentliche Ideologe, indem er im Jahre 2 nach Tschernobyl noch erklärt (denn unseres Wissens nach ist das Buch, aus dem diese Sätze sind, nicht neugeschrieben worden), daß es "reine Sachfragen" und durch "Sachkenntnis getragene Argumentation" überhaupt gebe. Hier verselbständigt sich die Scheinobjektivität im Gefolge durchsichtiger Interessen. Werden die Dinge "auf dem Marktplatz" entschieden, und das heißt ja unter Relativierung der Experten von den Betroffenen selbst, gehen die Rechnungen der expertengestützten Technologielobby nicht mehr so ohne weiteres auf. Das schwankende Bild der atomaren Energieerzeugung gibt davon ein beredtes Bild. Es ist vor allem seitens der Sozialwissenschaften stets auf die verborgene Ideologie derer hingewiesen worden, die sich der Ideologiefreiheit, gestützt durch "harte Fakten", rühmten. Und gerade hier weiß der kritische Probabilistiker, wie sehr genau sein Instrumentarium ideologisch dienstbar gemacht werden kann. (Zukunftswerkstätten, wie sie unter der Projektleitung Robert Jungks im Rahmen des Programms *Sozialverträgliche Technikgestaltung* des Landes Nordrhein-Westfalen durchgeführt werden, kennzeichnen hier eine Alternative.)

Besonders brisant ist solche Argumentation, wenn sie wie bei Fritzsche im Zusammenhang steht mit einem interdisziplinären Anspruch (in diesem Fall: Einbeziehung der Psychologie). Wir werden zu diesem Fall mißglückter Interdisziplinarität aus psychologischer Sicht noch einiges im folgenden Abschnitt zu sagen haben. Zu wünschen wäre zur Frage des Expertentums eine kritische Korrektur der immer zugrundeliegenden Ideologie, was gleichzeitig allerdings eine Kritik der darauf gestützten Machtstrukturen bedeutet. Im Wege der technokratischen Expertenkultur ist es allerdings mittlerweile schon dahin gekommen, was Ulrich Beck (1988) so beschreibt:

> Die Wissenschaft hat neben den vielen Taten, die sie selbst bejubelt, eine vollbracht, die sie sogar vor sich selbst geheimhält. Der Wahr-Falsch-Positivismus eindeutiger Tatsachenwissenschaft, Schreckgespenst und Glaubensbekenntnis dieses Jahrhunderts, ist am Ende. Er existiert nur noch als borniertes, einzelfachliches Bewußtsein, als solches allerdings sehr wirkungsvoll. Er ist, auch darin Zauberlehrling, dem Zweifel, den er freigesetzt hat, selbst erlegen. (S. 200)

Noch einmal: Von dieser Kritik und der Überlebensnotwendigkeit des Neudenkens ist die Psychologie keinesfalls ausgenommen. Gerade unser Fach hat sich in weiten Teilen nach Art der Überangepaßtheit eines Konvertiten von der reflexiven "Menschenwissenschaft" zur verselbständigten Technokratie entwickelt. Allerdings werden seit einigen Jahren auch hier gegenläufige Bewegungen sichtbar.

Unter der Themenstellung *Expertenkultur* wäre vielleicht eine Richtung einzuschlagen, wie sie Dreyfus und Dreyfus (1986/1987) diskutieren, indem sie - in Auseinandersetzung mit den Paradigmen der Forschungen zur künstlichen Intelligenz - das Expertentum als letzte Stufe eines Prozesses verstehen, dessen Organisiertheit weit mehr mit der Struktur lebendiger, das heißt offener Systeme zu tun hat als mit dem logischen Kalkül etwa eines binären Systems. Die Eigenschaften des Expertenstatus (als fünfte bei vier vorgeordneten Stufen) beschreiben die Autoren in Kategorien, die der Philosophie (vgl. Bergson, 1946/1985), der Theorie der Offenen Systeme (vgl. Prigogine & Stengers, 1986 und Jantsch, 1986) oder der Psychologie (vgl. Arnheim, 1977, 1979) sehr geläufig sind. Unter dem Aspekt quantifizierender Forschung haben diese Denkansätze jedoch einen gravierenden Nachteil: an entscheidender Stelle entziehen sie sich der Messung. Das hat andere Kulturen wie die ostasiatische auf dem Erdenrund nicht davon abgehalten, bedeutsame Leistungen zu zeitigen.In unserer Kultur hingegen wird auf der Basis einer Ausgrenzungsstrategie eine Objekt-Beherrschbarkeit favorisiert, die Volpert (1986) kritisch beleuchtet:

> Die Heraushebung der Objekte steht offenbar in einem zeitlichen Zusammenhang mit der Ausgrenzung des individuellen Selbst, der Abstraktion eines über die Zeit identischen Subjekts, das "Ich" bin. .... Durch die beiden, analogen Prozesse der Abstraktion werden das Ich und die Objekte gewissermaßen versteinert und voneinander getrennt. Dabei fällt dem Ich der Pol der Aktivität zu: die Objekte sind "mir" verfügbare Gegenstände, die Welt ist der Ort "meines" Eingriffes.

> Diese Konstitution des Individuums und der versteinerten Objekte kann zur Pathologie des sich allmächtig fühlenden Objekts führen, der [sic] Natur und Welt nicht bewohnen, sondern beherrschen will. Innerhalb des westlichen Kulturkreises mag dieser Weg geschichtlich notwendig gewesen sein. Er ist jedoch nicht der einzig denkbare. Das Individuum, das sich von den Dingen getrennt hat und über sie verfügen will, kann seine Isolierung wieder aufheben: indem es sich als Teil eines überindividuellen Zusammenhangs, nicht nur der Menschen, sondern der Welt und der Natur erkennt, und indem es sich damit in höhere Kreisläufe und Entwicklungsprozesse findet. (S. 49)

Einen Versuch, Systemstrukturen zu erfassen, stellt die Kybernetik dar, von der im folgenden die Rede sein soll.

I.1.3. Probleme der Kybernetik und des psychologischen Menschenbilds

"Eine leistungsfähige Systemanalyse ist letztlich nur möglich, wenn es gelingt, auch das menschliche Verhalten im MMUS [Mensch-Maschine-Umwelt-System] - wenn möglich mit numerischen Daten - in die Betrachtung einzubeziehen"

(Kuhlmann, 1981, S. 5). Tatsächlich hat die Kybernetik Norbert Wieners dazu beigetragen, die dynamischen Aspekte in belebten und unbelebten Systemen modellhaft zu erfassen. In der auch von Kuhlmann vertretenen Auffassung von qualitativer und quantitativer Systemdarstellung vermag eine kybernetische Darstellung auf beiden Ebenen einiges zu leisten. Dabei ist festzuhalten, daß in der oben genannten Auffassung qualitative Systemanalyse sich streng nach den logischen Entscheidungsmöglichkeiten richtet, die quantitative Analyse bedeutet dann die Auffüllung des logischen Kalküls mit numerischen Daten und das heißt meist wieder: Wahrscheinlichkeitswerten.

Was bedeutet nun in unserem Diskussionszusammenhang die Zielvorgabe, menschliches Verhalten im MMUS numerisch zu erfassen? Zunächst einmal ist festzuhalten, daß das MMUS als kybernetisches System gedacht ist, das eine gewisse Schwankungsbreite von Systemzuständen beschreiben kann, über regelnde Größen jedoch nie - etwa sich selbst aufhebend - außer Kontrolle geraten kann, womöglich mit anschließender Neuorganisation.

Ohne den Ausführungen in I.2.2. vorgreifen zu wollen, sind hier schon Bedenken anzumelden: Da es sich beim MMUS qua definitione um ein System unter Einbeziehung lebendiger Strukturen handelt, sind Zweifel angebracht an der Voraussetzung, daß ein Systemmodell - eben das kybernetische in der von Kuhlmann vorgestellten Form - ohne weiteres in der Lage ist, alle denkbaren Systemzustände, geregelte und ungeregelte, zu erfassen. Was für die geschlossene Welt mechanischer Arrangements gilt und auch, bei vorsichtiger Wahl der Zeitdimensionen, für physiologische Regelkreise, scheint bei der Einbeziehung der Menschen mit ihrer Fähigkeit zur Reflexion bedenklich: Die Fähigkeit zu bewußtem Handeln und reflexiver Brechung autonomer (kybernetischer?) Regulation entpuppt sich bei näherem Hinsehen als Störfaktor. Hier beginnt sich eine Struktur abzuzeichnen, die ernsthafterweise nur mit völliger Zukunftsoffenheit zu beschreiben ist. In den bemühten Versuchen, auch das Menschenmögliche numerisch zu erfassen, werden Aporien sichtbar. Rossnagel (1983) etwa bezweifelt die probabilistische Erfaßbarkeit von menschlicher Bösartigkeit grundsätzlich. Der von Kuhlmann skizzierte Wunsch der quantitativen Beschreibung mit numerischen Daten scheint strukturell unerfüllbar, sofern Menschen Teile des Systems sind. Diese Vermutung trifft fast weniger die hier besprochene Auffassung von Sicherheitswissenschaft, eher schon meint sie weite Teile der Psychologie selbst, der die Kuhlmannsche Utopie nicht fremd ist.

Der Verdienst Prigogines war es, die Sonderstellung der Gültigkeit des 2. Hauptsatzes der Thermodynamik für den begrenzten Bereich geschlossener Systeme zu betonen und die grundsätzliche Andersartigkeit offener Systeme zu beweisen. Die damit verbundenen Fragen der Reversibilität der Zeit seien hier nicht weiter erörtert, unsere Vermutung geht jedoch dahin, daß im von Kuhlmann vorgeschlagenen System eine zeitliche Reversibilität gemeint ist. Damit wird nicht viel anzufangen sein, und die Überraschungen, der solchermaßen begründete Forschung durch die Vielfalt des Lebendigen ausgesetzt ist, sprechen für sich: "Das wichtigste Resultat dieser Diskussion besteht darin, daß die Zukunft nicht länger gegeben ist. Sie ist nicht länger in der Gegenwart enthalten" (Prigogine & Stengers, 1986, S. 283).

Die stabilen Trajektorien, beschrieben in der Newtonschen Mechanik, haben ihren Platz nach Prigogine im ihnen gebührenden Grenzwertbereich zugewiesen bekommen: im Feld der Gleichgewichtsnähe. Zur Beschreibung des Lebendigen, gekennzeichnet gerade durch Gleichgewichtsferne, haben sie ausgedient.

Aus der Sicht einer mechanistisch-naturwissenschaftlichem Denken verpflichteten Wissenschaft bedeutet die prinzipielle Offenheit lebendiger Struktur eine Zumutung. In logischer Verfolgung ihrer Ziele ist eine immer weitergehende Bestimmbarkeit ihres Forschungsfeldes unerläßlich. Diesen Gang der Dinge können wir paradigmatisch in Kuhlmanns Auffassung von Sicherheitswissenschaft verfolgen.

Unsere Vermutung eines an der Funktionalität technologischer hardware orientierten Menschenbilds deuteten wir an. An diesem entscheidenen Punkt im erwähnten Lehrbuch bedarf es allerdings noch ausdrücklicherer Bekundungen, die auch an gegebener Stelle erfolgen: "An die Humanwissenschaften muß die Forderung herangetragen werden, spezielle Informationen auf möglichst hohem Meßniveau zu liefern. Zur Sicherung des gesamten Wirksystems Mensch-Maschine-Umwelt gelten hier grundsätzlich keine anderen Prinzipien als bei der 'Zuverlässigkeit und Gebrauchstauglichkeit von Maschinen'" (Kuhlmann, 1981, S. 153).

Hätte dieser Satz nur einen ungefähren Anspruch auf Wahrheit, wäre die Sicherheitswissenschaft (und mit ihr der mechanistische Zweig der Humanwissenschaft) fast aller Sorge enthoben. Leider stimmt die systemtheoretische Voraussetzung nicht und so zieht sich durch Beschwörung und Polemik der Mechanisten der Hauptirrtum, die Voraussetzungen geschlossener Systeme da herbei zu reden, wo es sich unzweifelhaft um offene Systeme handelt.

Herzuhalten zur Begründung hat dabei - in Verfolgung der programmgemäßen Interdisziplinarität - eine Psychologie, aus der die passenden Ansätze herausgefiltert worden sind.

Dreyfus und Dreyfus (1986/1987) fassen die realweltliche Aporie dieser Rationalität zusammen:

> Kurz gesagt, man setzt voraus, daß eine solche Situation strukturiert und statisch ist. Übernimmt man die Voraussetzungen dieses Modells, so setzt man die korrekte Anpassung von Wahrscheinlichkeitswerten auf Grund zusätzlicher Angaben gleich mit einer mathematisch korrekten Anpassung. Ganz egal, wie man solche Voraussetzungen im einzelnen festlegt, um Menschen und Maschinen vergleichen zu können, - um sie in einem Modell repräsentieren zu können, muß man diese Voraussetzungen explizit nennen und konstant halten. Wenn die Voraussetzungen aber statisch und explizit sind, kann die modellierte Situation nicht die unsichere, dynamische und unstrukturierte Welt widerspiegeln, in der wir Menschen leben (S. 72)

und die wir selbst in unserem Sein verkörpern, wäre hinzuzufügen.

Die Anpassung der humanen Struktur an die mechanische ist also als durchsichtige Forschungsstrategie im Sinne der Anpassung des Untersuchungsgegenstandes an das vorhandene Untersuchungsinstrumentarium zu erkennen. Es gibt nun durchaus ganzheitliche Sichtweisen in der Psychologie, die dem Experiment naturwissenschaftlicher Provenienz skeptisch bis ablehnend gegenüberstehen. Ob sie in der notwendigen Konsequenz lebendiger Dynamik gerecht werden oder ihrerseits zu dogmatischer Erstarrung neigen, ist dabei noch nicht entschieden, kann aber für eines dieser Modelle, nämlich die Archetypenlehre C.G. Jungs, mit einigermaßen gutem Gewissen angenommen werden. Die Brauchbarkeit dieser Theorie für konservative bis faschistische Tendenzen - historisch hinreichend belegt - gibt davon Zeugnis. Und ausgerechnet solcher Modelle bedient sich Fritzsche (1986, S. 550 ff) zur Stützung seines Technikoptimismus' (hier in Dingen der Kernenergie). Zur Erklärung technologischer Skepsis werden nicht Systemeigenschaften oder sozialpsychologische Phänomene (empirisch erhebbar) herangezogen, sondern Vermutungen über unbewußte, archetypische Prozesse, die Ablehnung oder Befürwortung etwa atomarer Großtechnologie steuern sollen. Unabhängig vom bereits erwähnten Mißbrauchspotential gerade des Jungianischen Instrumentariums enthüllt sich hier der interessengesteuerte Methodeneklektizismus in seiner bedenklichsten Form: Seriösere Spekulationen hätten allesamt das Ergebnis (geplant und gewünscht) gefährdet: nämlich die Diffamierung des Skeptikers der Segnungen atomarer Energiegewinnung als Knecht eines neurotisierenden Archetyps. Wir wollen uns ersparen, den Gedankengang detailreich vorzustellen, es mögen einige Schlaglichter genügen: Welche Archetypen mögen den Zeitgenossen vor der Atomkraft, dem Feuer aus der Kernspaltung, zurückschrecken lassen? Der gigantische Frevel des Prometheus, der sich anmaßte, die Exklusivität der Feuernutzung den Göttern streitig zu machen. Die Strafe ist bekannt und war furchtbar. Die Kraft der Götter, ihre Bedeutung relativierenden Frevel zu rächen, scheint aber, folgt man Fritzsche, erlahmt zu sein, von Tschernobyl ist in diesem Zusammenhang noch nicht die Rede.

Vor soviel Mut des Atom-Ingenieurs - wie anders: von Erfolg gekrönt - steht der Skeptiker beschämt. Allein, in seiner dunklen Schwäche vermag er die Lichtgestalten aber auch nicht zu schwärzen, als Ersatz wendet er sich seinerseits - natürlich höchst Ratio-widrig - tröstlichen Archetypen zu (damit Glanz auch auf ihn abfalle). In Frage kommt da nur der Sonnen-Archetypus, zeitgemäß in Gestalt der verehrten Sonnenenergie. Außer dieser tiefenpsychologisch motivierten Entlastungsstrategie scheint an der erwähnten Textstelle dem Autor keine andere, womöglich rationalere Argumentation für die Kernfusion oder die Umsetzung und Nutzung der Sonnenenergie zu sprechen.

Gegen Eklektizismus sind nicht nur Einwände zu erheben. Interdisziplinarität bedarf solcher Auswahl, um sich nicht zu verzetteln. Gründlich geprüft werden muß hierbei die Frage der Methodenadäquanz, es genügt keineswegs, als Fachfremder (wie Fritzsche, er ist Ingenieurwissenschaftler), die Methodologie eines kooperierenden Fachs (hier: die Psychologie) gleichsam als Selbstbedienungsladen zu mißbrauchen, um vorher feststehende Ansichten zu belegen.

I. 2. Die sozialpsychologischen Implikationen

I. 2. 1. Kritik am Begriff des Menschen als dem "schwächsten Glied" im Umgang mit Technologien

Einigkeit scheint in der ingenieurswissenschaftlich ausgerichteten Sicherheitsforschung (und nicht nur da) darüber zu bestehen, daß es um die Systemsicherheit in puncto Auswirkung und Funktion besser bestellt wäre, wenn sie nicht auf so etwas Unzuverlässiges wie den Menschen angewiesen wäre. Alle logischen und quantifizierenden Modelle der Sicherheitsbeurteilung finden eine strukturale Grenze an diesem Störfaktor. Das hängt ohne Zweifel mit seiner besonderen Eigenschaft als lebendiges System zusammen. In welcher Weise dem sicherheitswissenschaftlichen Positivismus dennoch Gültigkeit verschafft werden soll, sahen wir in den vorigen Abschnitten und bedauerten, daß das Spezifische der humanen Struktur (welches *nicht* eindeutig benannt werden kann, aber eine eindeutige Evidenz hat) dabei auf der Strecke blieb.

Wir schlagen einen anderen Umgang mit der menschlichen Unzuverlässigkeit vor, der nur scheinbar den Nachteil geringer Praktikabilität hat. Ausführlicher wird davon in Kapitel II zu handeln sein. Eine ganzheitliche Auffassung vom Menschen kann der Isolierung einer so konstituierenden Eigenschaft wie der, Fehler und Irrtümer zu produzieren, nicht zustimmen. Das hat bedeutende Folgen für die Forschungsstrategie: Es macht einen erheblichen Unterschied, ob man die Fehlerhaftigkeit als Untersuchungsgegenstand gleichsam mit spitzen Fingern auf das Objektiv legt, um Strategien zur Ausmerzung dieses unerwünschten Vorkommnisses zu entwickeln, oder ob man sie als ein unabdingbares Ingredienz selbstorganisierender Prozesse ansieht. Im ersten Fall wird man sich bemühen, die Fehlerquote durch technologische und/oder psychologische Maßnahmen zu minimieren. Erfahrungsgemäß zeigt sich, daß die Phantasie der Beteiligten oder die zur Hilfe genommenen Computerprogramme nicht ausreichen, die durch die Sicherheitsmaßnahmen selbst veränderten Systemzustände zuverlässig zu prognostizieren. Das von Rossnagel (1983, S. 237) erwähnte Phänomen des Umschlags linear optimierter Sicherheit ist dabei nur ein Grenzfall (wir kommen noch darauf).

Wird die Hinfälligkeit empirischer und probabilistischer Sicherheitsstrategien zu offenkundig, steht dann plötzlich inmitten des rationalen Kalküls von Logik und Wahrscheinlichkeit die Mißgestalt des Menschen als schwächstes Glied. Sie erklärt nichts und trägt nichts zur Verbesserung der Systemzustände bei. Die Psychologie, die dann aufgerufen wird, traktiert den Störfaktor auch nur mit ihrem technizistischen Instrumentarium.

Im zweiten Fall handelt es sich zunächst einmal nicht um eine Strategie, sondern um die Zurkenntnisnahme einer Unabänderlichkeit (zugegeben: dieser Erkenntnisprozeß ist in seiner Konsequenz und Beschleunigung nicht unbeeinflußt geblieben von Erfolgen und Mißerfolgen technizistischer Sicherheitsphilosophie). Es galt, Ernst zu machen mit den Anregungen aus evolutionstheoretisch und psychologisch begründeten Eigenschaften lebendiger Systeme (vgl.v. Weizsäcker & v. Weizsäcker, 1984 und aus psychologischer Sicht Wehner, 1984; Wehner & Mehl, 1987; Wehner & Reuter, 1986). Von da aus verkehrt sich natürlich in einem gewisssen Sinn die Ausgangsfrage: es geht nicht mehr um die An- und Einpassung des "schwächsten Glieds" in die vorgegebene technologische Kette, sondern es wäre zu fragen, welche Technologien in welcher Weise mit lebendigen Systemen kompatibel sind (und zwar wieder nicht nur im funktionalistisch-pragmatischen Sinn).

Vielleicht verhält es sich mit der menschlichen Irrtumsfähigkeit ja so, wie Beck (1988) meint: "Wir müssen in die 'Niemandssteuerung' der dahinjagenden wissenschaftlich-technischen Entwicklung durch Veränderung ihres Selbstverständnisses und ihrer politischen Gestaltung Steuerrad und Bremse einbauen. Das setzt als minimalen ersten Schritt die Wiederbelebung der Lernfähigkeit, der Irrtumsfähigkeit voraus" (S. 201). Es bestehen systemische Zweifel daran, daß ein sozialer Prozeß wie die Technologieentwicklung aus sich heraus - analog zur Selbststeuerung des Lebendigen - die genannten Korrekturen ausführen kann. Von daher ist die im Zitat erwähnte Grundlegung der Lern- und Irrtumsfähigkeit zu verstehen. Sie ist aber noch mehr: sie ist selber Korrektiv. Beck fährt an der genannten Stelle fort:

> Menschliches Versagen ist nicht, wie man uns nach jedem unmöglichen Unfall weismachen will, die Ursache allen Übels. Es ist, genau umgekehrt, ein wirksamer Schutz gegen technokratische Allmachtsvisionen. Wir Menschen irren uns. Das ist vielleicht die letzte Gewißheit, die uns geblieben ist. Wir haben ein Recht auf Irrtum. Eine Entwicklung, die dies ausschließt, führt weiter in den Dogmatismus oder den Abgrund - wahrscheinlich beides. (S. 201)

I.2.2. Was alles im Mensch-Maschine-Umwelt-System nicht vorkommt

Aus dem bisher Gesagten mag ersichtlich geworden sein, daß unsere Vorbehalte gegen kybernetische Modelle von Art des Kuhlmannschen Mensch-Maschine-Umwelt-Systems zu differenzieren sind. Wie schon erwähnt, sind die Vorteile kybernetischer Betrachtungsweisen evident. Auch spricht es für die Annäherung an eine ganzheitliche Auffassung, den Interaktionsrahmen um Umweltbedingungen zu erweitern. Andererseits darf nicht darüber hinweggesehen werden, daß die Kybernetik zwar ein Beschreibungsmodell bietet, das aber über Intentionen und Erkenntnis - beziehungsweise Gestaltungsinteressen, denen diese Beschreibungen dienen - nichts aussagt. Es wird so wieder einmal die vermeintliche Ideologiefreiheit und objektive Erkenntnismöglichkeit eines wissenschaftlichen Instruments suggeriert, die es in der Tat nicht geben kann. Nichtsdestoweniger offenbart sich, wie wir gelegentlich anmerkten, die Ideologie "zwischen den Zeilen".

Das sind gesellschaftstheoretische Einschränkungen zum Gebrauch des MMU-Systems. Systematische Einwände klangen ebenfalls schon an: Damit die Funktion des Systems glaubhaft wird, darf es keine strukturellen Unterschiede in der Regelhaftigkeit der beteiligten Elemente geben. Das bedeutet die fahrlässige Gleichsetzung menschlicher Regelhaftigkeit mit technischer. Ohne Zweifel gibt es in der lebendigen Struktur Regelkreise, oder besser: Geschehnisse, die mit einiger Plausibilität als Regelkreismodelle beschrieben werden können. Darauf hingewiesen zu haben ist L.v. Bertalanffys Verdienst. Glaubwürdig sind diese Modelle jedoch nur in isolierten physiologischen Zusammenhängen innerhalb gewisser Zeitdimensionen. Der hier wieder sichtbare Methodenzwang zu partikularistischen Sehweisen widerspricht unseren Intentionen. Dies wird in der Psychologie durchaus gesehen: "Das Modell [der Regelkreis] ist jedoch nur da fruchtbar anzuwenden, wo die Variablen und Prozesse, die den Elementen des Modells zugeordnet werden, hinreichend identifizierbar und metrisierbar sind. Solange diese Präzisierungen nicht vorliegen, bleibt das Sprechen vom Regelkreis metaphorisch und anlogisierend" (Dorsch, 1982, S. 560).

Mit den erforderlichen Präzisierungen ist in ganzheitlich gesehen Zusammenhängen vorerst nicht zu rechnen, womöglich aus strukturellen Gründen nie. Wir erinnern uns an Kuhlmanns Forderung zur Auffüllung qualitativer Beschreibungen durch Quantifizierung und geben auf diesem Hintergrund zwei Autoren das Wort, die grundsätzlichen Bedenken erheben:

Denn eine *probabilistische* Betrachtungsweise, nach der eine Einrichtung als sicher gilt, wenn unter Berücksichtigung der in Betracht zu ziehenden Motivationen, Fähigkeiten, Aktionsmöglichkeiten, technischen Hilfsmittel, der Zuverlässigkeit und Leistungsfähigkeit des Verteidigungssystems und weiterer Einflußgrößen die Eintrittswahrscheinlichkeit bestimmter unerwünschter Ereignisse unterhalb vorgegebener Werte liegt, ist für die Gefahren menschlicher Böswilligkeit nicht durchführbar. (Rossnagel, 1983, S. 107)

Wir stehen vor dem Problem adäquater Beschreibungsdimensionen der lebendigen Struktur und, was die Sache wesentlich erschwert, lebendiger Struktur mit Reflexionsvermögen. Zu grundsätzlichem Verdikt verstehen sich daher auch Bammé et al. (1986): "Die Dimension des Werdens, die Kategorien des Möglichen sind mit der logischen Struktur, die der klassischen Naturwissenschaft zugrunde liegt, prinzipiell nicht erfaßbar. Ebenso ist das reflektierende Subjekt aus dieser Denkweise systematisch ausgeschlossen" (S. 133).

Mit dem menschlichen Reflexionsvermögen eng verknüpft ist natürlich die politische Dimension. In ihr erst vermag das denkende und handelnde Individuum konkret sich und seine Lebensbedingungen zu gestalten. Aus den damit verbundenen Ungewißheiten ergeben sich neue Schwierigkeiten für die sicherheitswissenschaftliche Prognostik.

I. 3. Empirische Felder und die ökologische und politische Dimension

Nur wenigen fällt es heute noch ein, ein wissenschaftliches Untersuchungsfeld als herauslösbar aus ökologischen und politischen Zusammenhängen zu denken. Spätestens seit dem *Manhattan - Projekt* in Los Alamos sind auch aus dem Labor stammende physikalische Fragen in ihrer gesellschaftlichen Relevanz evident. Das problematische Verhältnis von Labor und Umwelt dauert an etwa in der Gentechnologie. Bei all dieser Offenkundigkeit verblüfft, daß in der praktisch-naturwissenschaftlichen Tätigkeit über weite Strecken sich noch jene *splendid isolation* erhalten hat, in der wir die Grundlage unserer Verlegenheiten sehen.

Allenthalben eingerichtete Ethikkommissionen (in Amerika verbreiteter als bei uns, aber auch hier schon in Mode, vgl. Lenk & Ropohl, 1987) vertiefen den Verdacht der endgültigen Trennung von Praxis und Reflexion. Die Partikularisierung des Expertentums wird auf diese Weise nur um die Dimension des Ethik-Experten erweitert. Die damit notwendig verbundene Funktionalisierung ethischer Kontrolle bedingt ihre Unwirksamkeit. Sie reiht die humane Kategorie Sicherheit ein in die Verfügungsmasse anderer gesellschaftlicher Interessen. Verfügt wird durch Gruppenartikulation, was wiederum das Entstehen oder die Berücksichtigung ganzheitlicher Pläne erschwert oder verhindert. Trivialerweise gilt für den ökologischen und politischen Umgang mit Sicherheit die interessengeleiteten Planung in besonderem Maße: ein übergreifendes ethisches Konzept von einiger Konsensfähigkeit muß in den heutigen Zusammenhängen, wie es gelegentlich so schön heißt, "kostenneutral" sein. Sicherheit hingegen ist dies nie und nicht selten trifft man auf der Produktionsebene und in den Planungsstäben die mitunter unverblümt geäußerte Ansicht von der Kontraproduktivität der Sicherheit (vgl. Lenk & Ropohl, 1987, passim).

Dies ist der erste Schritt zur "demokratischen" Willensbildung in Dingen der Sicherheit. Diese Willensbildung geschieht mit ziemlicher Zuverlässigkeit nach dem kleinsten gemeinsamen Nenner, oder, was bedeutend kritischer ist, nach der Finanzkraft der mächtigsten Lobbyisten (wobei üblicherweise die Finanzkraft nicht zur Optimierung der Sicherheitsmaßnahmen aufgewendet wird, sondern als politische Einflußgröße in die Waagschale geworfen wird).

Sprachen wir in den vorigen Abschnitten eher von wissenschafts-immanenten Problemen der Sicherheit, so fällt jetzt der Blick auf die gesellschaftlichen Implikationen, deren Vieldeutigkeit und Gestaltreichtum sich technokratischem Denken entziehen. Erst an katastrophalen Folgen oder beeindruckenden Skandalen wird für die Zeitgenossen erkennbar, daß Sicherheit und Fehlerhaftigkeit eo ipso vielleicht die letzten die Menschen betreffenden Kategorien sind, deren Eingebundenheit in das *gesamte* Feld gesellschaftlichen Seins konstituierend ist. Tatsächlich ist diese Bedingung so elementar, daß die Durchkreuzung sicherheitswissenschaftlich hergestellter Fakten durch soziale Prozesse gerade in dem Maße erwartbar wird, in dem die Sicherheitswissenschaft sich für diese Interdependenz als unzuständig erklären möchte.

Wie wäre also den Unwägbarkeiten gesellschaftlich-humaner Herkunft beizukommen? Durch politischen Konsens, Demokratisierung des Sicherheitsziels? Durch der Technik verordnete Ethikkommissionen? Durch Verstärkung der Kontrollen (und wer kontrolliert die Kontrolleure?)? Durch Normung und Gesetzeswerke? Auf all diese Fragen wissen wir natürlich auch keine Antwort, wir wissen lediglich, daß die Zeit der Partikularisierung und der interessegesteuerten Frage- und Denkverbote entschieden zu Ende gehen muß. Zu den vor den Fragezeichen stehenden Kategorien gibt es ja etablierte Institutionen, die ihr Amt (Herstellung und Vermehrung von Sicherheit) engagiert verfolgen, meist in akribischer Abgrenzung voneinander.

Jenseits unserer reflektierten Empirie sind wir zunächst einmal der Meinung, daß einer wünschenswerten Entwicklung schon dadurch gedient ist, wenn man das Nicht-Wünschbare möglichst präzise benennen kann.

Das Nicht-Wünschbare stellt sich strukturell in Konzepten dar, deren Unzulänglichkeit zu diskutieren bisher unser Anliegen war. Die Unzulänglichkeiten sind strukturell insofern, als Punkte in den Konzepten zu nennen sind, die widerspruchsvoll werden, wenn man die nicht reflektierten Konsequenzen hinzudenkt. Es sind der Schlüssigkeit und Evidenz zuliebe abgebrochene Fragestellungen und Gedankengänge. Inhaltlich ist oft - läßt man sich nur auf einen, vielleicht zeitweiligen Partikularismus ein - das Konzept tauglich. Alle Institutionen, die wir oben in ihrem Aufgabenbereich fragend umschrieben, sind aus einer ganzheitlichen Strategie nicht wegzudenken. Sie haben nur keinen Exklusivitätsanspruch mehr. Das Vernünftige und strategisch Richtige wird erst in der Isolierung falsch.

So war unsere anfängliche Überlegung zur "additiven" Ethik eine strukturale Kritik, und dasselbe gilt für das meiste bisher Gesagte. Goethe kannte solchen Umschlag der Werte:

Vernunft wird Unsinn, Wohltat Plage;
Weh dir, daß du ein Enkel bist!
Vom Rechte, das mit uns geboren ist,
Von dem ist leider! nie die Frage.
      (Faust I, Schülerszene)

Deswegen sprechen wir uns lieber gegen die Apodiktik von Rationalität und Normung aus (ohne sie uns wegdenken zu können). Wir unterstreichen den folgenden Satz und halten ihn gleichzeitig für gefährlich verkürzt: "Nach Kriterien der Vernünftigkeit, der Tradition oder der Erfahrung und dem Stand von Wissenschaft und Technik, ausgedrückt etwa in der Forderung nach Anwendung der besten verfügbaren oder besten anwendbaren Praxis, werden die anzulegenden Sicherheitsmaßstäbe gesetzlich festgeschrieben" (Fritzsche, 1986, S. 544). Unsere Bedenken verdichten sich in der Frage: Genügen die genannten Kriterien zur gesetzlichen Festschreibung, und was ist mit letzterer gewonnen?

Erkenntnis ist uns deshalb mehr als die vom logischen Empirismus geforderte, für den erstrebenswert ist, "die wirkliche Welt zu erkennen, d.h. unsere Wahrnehmungen auf ein System logisch zusammenhängender Sätze abzubilden" (Frank, 1988, S. 183). Denn wie es um die Sinnhaftigkeit logisch zusammenhängender Sätze mitunter steht, wußte schon Ambrose Bierce (1987):

> Logik, die - Die Kunst, in strikter Übereinstimmung mit den Beschränkungen und Unfähigkeiten der menschlichen Nichterkenntnis zu denken und zu argumentieren. Grundlage der Logik ist der Syllogismus, der aus einer Haupt- und einer Zweitprämisse sowie einer Folgerung besteht - etwa so:
> Hauptprämisse: Sechzig Männer können eine Arbeit sechzigmal so schnell erledigen wie ein Mann.
> Zweitprämisse: Ein Mann kann ein Loch in sechzig Sekunden graben.
> Folgerung: Also können sechzig Männer ein Loch in einer Sekunde graben.
> Dies kann man als einen arithmetischen Syllogismus bezeichnen, durch den wir mittels einer Verbindung von Logik und Mathematik doppelte Gewißheit erlangen und zwiefach gesegnet sind. (S. 70)

Dieser Verselbständigung des Methodischen ist durch genaue Erinnerung an die ursprüngliche, von keiner Methodologie majorisierte Fragestellung zu begegnen. Die von uns erhobenen Daten werden deshalb stets im Licht einer solchen der ursprünglichen Wahrnehmung verpflichteten Neugier interpretiert werden.

I.3.1. Empirische Befunde zum Normungsproblem

Daß die Kriterien für das, was als sicher gelten soll oder als unsicher, Gegenstand normierender Bemühungen sein könnten, ist vom subjektiven Standpunkt, also dem Standpunkt des Individuums, welches sich in der Welt zurechtfinden muß, zunächst einmal überraschend.

In Worten der ingenieurwissenschaftlich geprägten Sicherheitswissenschaft stellt sich das so dar:

> Will man die Entscheidungen objektivieren und auf eine allgemeine und bestimmte Grundlage stellen, wird man in einem gewissen Maße auf eine quantifizierende Normung der noch zulässigen Risiken nicht verzichten können. Eine bloße Klassifizierung der Risiken gewährleistet eine Gleichbehandlung nur unzureichend. Die Gesetzmäßigkeiten, von denen die technische Planung und die Konstruktion der Einzelaggregate getragen werden, drücken sich aus in der exakten Sprache der Mathematik. Dem Gestalter und Nutzer gefährlicher Technologie müssen für die Verringerung des Risikos klare, durch Zahlenangaben festgelegte Ziele vorgegeben werden. (Kuhlmann, 1981, S. 423)

Interessant ist hier das Aufeinanderprallen technisch-naturwissenschaftlich beschreibbarer Grenzziehungen ("in der exakten Sprache der Mathematik") und der psychologischen, d.h. kognitiven und emotionalen Möglichkeiten, damit umzugehen. Was bedeutet es für die psychologische Situation eines Menschen, für sein (vorausgesetztes) Bedürfnis nach Sicherheit im Umgang mit Technik, wenn er erfährt, daß eben diese Sicherheit durch normende Bestimmungen vergrößert werden soll? Vergrößert dies sein Vertrauen in seine unbeschädigte Zukunft? Was erscheint ihm hilfreich an solchem Bemühen, und was löst seine Skepsis aus? Ist er einverstanden mit einer Strategie, die den sicheren Umgang mit Technologien zunächst einmal auf relativ allgemeinem und abstraktem Niveau festlegen will? Erkennt er das dahinter stehende Weltbild der Normierer und akzeptiert er diese Sicht?

Ein solcher Katalog ist nun nicht wie in der klassischen Experimentalsituation sukzessive abzufragen und in den Antwortmöglichkeiten gemäß einer starren Vorgabe skalierbar. Vielmehr wird angestrebt, auf der Basis einer lebendigen Interaktion Einstellungen der Gesprächspartner (nicht: Versuchspersonen!) zu finden, die das kognitive und emotionale Feld beschreiben, indem sich die betreffende Person mit dem Problem normierter oder normierbarer Sicherheit auseinandersetzt.

Dieses Erkenntnisinteresse bedingt eine offene Gesprächssituation, in der eine dialogische Struktur nicht nur angestrebt, sondern geradezu konstituierend ist.

Dennoch bedarf eine solche Empirie der Gesprächslenkung. (Es sollen ja Ansichten zu einem mehr oder weniger umrissenen Thema erhoben werden) Die Themendarstellung selbst verweist auf eine solche Strukturierungsmöglichkeit: die DIN-Normen sind Gegenstand des Gesprächs. In diesen Normen wird der Anspruch erhoben, "Grundlagen für das sicherheitsgerechte Gestalten technischer Erzeugnisse (zu vermitteln), gegebenenfalls auch im Sinne der einschlägigen Rechts- und sonstigen Vorschriften, z.B. Energiewirtschaftsgesetz (EnWG), Gesetz über technische Arbeitsmittel, Unfallverhütungsvorschriften (UVV'en).", so Sälzer (1980, S. 1131).

Es wird jedoch an der gleichen Stelle eine Einschränkung gegeben: "Ob ein technisches Erzeugnis im ganzen gesehen sicherheitsgerecht gestaltet ist, kann jedoch mit Hilfe dieser Norm allein nicht beurteilt werden". Beide Zitate beziehen sich auf DIN 31000/VDE 1000.

Da nun nicht den Gesprächspartnern einer Laien- und einer Expertengruppe zuzumuten ist, die das Problem der Sicherheit betreffenden Normen (DIN 820 und DIN 31000 insbesondere) ausführlich zu studieren, haben wir als gesprächsleitendes Kriterium Kernsätze aus diesen Normen ausgewählt, die sich möglichst allgemein mit dem Begriff der Sicherheit und den darauf bezogenen Begriffen befassen. Sätze, in denen zu besonderen Schutzmaßnahmen Aussagen gemacht werden, wurden hingegen nicht berücksichtigt, weil sich Kognitionen und Emotionen der gefragten Art in der Auseinandersetzung mit sehr konkreten Vorschriften weniger gut kenntlich machen lassen als in Sätzen von grundlegender Bedeutung, in denen sich Einstellungen zur technischen Sicherheit und ihrer Herstellbarkeit manifestieren. Solche Sätze sind beispielsweise:

> Die Inanspruchnahme der Technik bringt neben wachsenden Vorteilen vielfach vermehrte Gefahren mit sich, die teils von den technischen Erzeugnissen selbst ausgehen, teils in der Verhaltensweise des Menschen im Umgang mit technischen Erzeugnissen begründet sind.
> Diese Gefahren können vermieden oder verringert werden, wenn bei der Gestaltung technischer Erzeugnisse die in dieser Norm aufgeführten sicherheitstechnischen Leitsätze berücksichtigt werden. (DIN 31000/VDE 1000, S. 4)

oder

> Menschengerechte (ergonomische) Gestaltung. Technische Erzeugnisse sollen so gestaltet werden, daß das Arbeiten mit ihnen bzw. ihre Verwendung weitgehend erleichtert wird. Damit wird auch einer möglichen Gefahr vorgebeugt. Das bedeutet, daß das Erzeugnis den Körpermaßen, den Körperkräften und den anatomischen und physiologischen Gegebenheiten des Menschen angepaßt werden soll. (DIN 31000/VDE 1000, S. 20)

Man sieht: die Auswahl der Normsätze läuft auf eine empirische Prüfung grundsätzlicher Elemente der Normungsideologie hinaus, deren Behauptungen im ersten Zitat aus der DIN 31000/VDE 1000 sichtbar werden. Erst einmal steht dieser Anspruch im Gegensatz zu den Befunden der Fehlerforschung (vgl. Wehner, Stadler & Mehl, 1983) und den Leitgedanken einer Theorie offener und autopoietischer Systeme. Dies wird besonders deutlich im Satz über die ergonomische Gestaltung, in dem ein Wissenschaftsparadigma zum alleinigen Kriterium erhoben wird, das zu kritisieren wir öfter Gelegenheit hatten. Insbesondere ist Anstoß zu nehmen an einem linearen Verständnis von Arbeitserleichterung als gefahrenvermeidendem Instrument. Diese Diskussion ist hier im einzelnen nicht nachzuvollziehen, ebensowenig, wie Durchführung und Auswertung unserer Untersuchung hier eine detailreiche Wiedergabe erfahren können.

Den Experten ist die Berufskompetenz ein wesentliches Kriterium, was kein Wunder ist, aber auch spezifische Einschränkungen mit sich bringt. Eine solche wäre in der Focussierung berufstypischer Sicherheitsfragen zu sehen und in der Akzeptanz von in der Berufssozialisation vermittelten Sicherheitsideologien. Sicherheit ist verkürzt gesprochen durch "Normung" und "Aufpassen" (beim Umgang mit gefahrenträchtigen Technologien) zu gewährleisten. Verbunden damit ist eine Hierarchisierung der Sicherheitsstrategien, wie sie Lehrinhalt der Ingenieurswissenschaft ist und in einem bestimmten Geltungsbereich erprobt, aber als eher mechanistisches Modell spezifischen Systemeigenschaften nicht gerecht werden kann. Kritische Reflexionen systemtheoretischen Inhalts sind in der Expertengruppe so gut wie nicht vertreten.

Die Professionalisierung drückt sich weiter in einer Neigung zur Verantwortungsdelegation und zum Ausblenden persönlicher Betroffenheit aus. (Dies sind Aspekte professionellen Handelns, die uns in der politischen, gesellschaftlichen und ethischen Dimension des Umgangs gerade mit neuen Technologien bedenklich stimmen, hier finden sie eine empirische Bestätigung.)

Ingenieure zeichnen sich demnach durch eine konvergente Grundhaltung aus, die sie für einen adäquaten Umgang mit divergenten, unvorhersehbaren und dissipativen Strukturen schlecht gerüstet erscheinen läßt. Anders die Laien. Ihr Erleben des Problemfelds Sicherheit und Normung ist einerseits weiter strukturiert als das der Sicherheitsfachleute, andererseits (notwendig) vager (i.S. präziser wissenschaftlicher Definitionen). Dies kennzeichnet sehr gut einen viele Bereiche durchziehenden Konflikt: Worauf wird um den Preis "wissenschaftlicher" Exaktheit verzichtet, welche Dimensionen entziehen sich dem Bemühen nach "professioneller" Genauigkeit und welche Chancen liegen in der "laienhaften" Vagheit? Ist in einem potentiell "unordentlichen" (sprich: zeitweise chaotischen) System "Exaktheit" herkömmlichen Verständnisses noch eine brauchbare Kategorie? Und wenn ja, für welchen Ausschnitt der wirklichen Systemzustände? (Wir erinnern hier an Prigogine, der darauf besteht, daß durch die Dynamik dissipativer Strukturen nicht die statischen Gesetze klassischer Mechanik widerlegt seien, sondern nur in ihrem Anwendungsspektrum genauer zugeordnet.)

Die Laien in der hier besprochenen Untersuchung haben die Ganzheitlichkeit der Lebenswelt im Auge und fassen sie unvermeidlicherweise ungenauer (wobei ihre Beispiele aus konkreter Betroffenheit jedoch sehr genau sind) als die wohldefinierten Kategorien der Sicherheitswissenschaft. Das zeigt sich unter anderem am Umgang mit dem Begriff der *psychischen Belastung*, der ganz sicher ein Bedeutungsumfeld mit sich führt, das seine ergonomische Verwendung weit übersteigt, die als technische Dimension die Begrifflichkeit der Ingenieure dominiert.

Beziehen wir uns auf die Nomenklatur etwa bei Dreyfus und Dreyfus (1986/1987), so würde man sagen, daß das professionelle Sicherheitsverständnis Kompetenz (die dritte Stufe in dem fünfstufigen Modell) oder allenfalls Gewandtheit (Proficiency, Stufe vier) widerspiegelt. Das intuitionsgeprägte Expertentum (Stufe fünf) läßt sich aus den gefundenen Antwortkategorien nicht herauslesen. Es wäre natürlich verfehlt, im eher ganzheitlichen Denken der Laien eine Idee dieses Expertentums angedeutet zu sehen. Dreyfus und Dreyfus bestehen zu recht darauf, daß Intuition durch solide Fachkenntnis gestützt sein muß. Es gilt nur dem positivistischen Irrtum vorzubeugen, daß die Kenntnis professioneller Rationalität bereits die erstrebenswerte Voraussetzung adäquaten Handelns ist. Insofern wäre es wünschenswert, gestützt auf die Ergebnisse der vorliegenden Untersuchung, nicht eine Konvergenz der professionellen Denkstile anzustreben (sie wohnt ihnen ohnehin inne), sondern die Konvergenz professioneller und "laienhafter" Strategien zu fördern. Die typischen Beengtheiten des von spezifischer Berufssozialisation geprägten Denkens würden eine begrüßenswerte Erweiterung erfahren, nähme der Fachmann sich am vagen Holismus des Laien ein Beispiel. Auf der Basis der Kompetenz (hier im Dreyfus & Dreyfus'schen Sinne) gewönne so die ganzheitlichere Sicht der Lebensbezüge der Laien die nötige Substanz, die zur adäquaten Problemlösung unabdingbar ist. Hier kommen wir in der Interpretation des empirischen Materials zum gleichen Schluß, der sich in den kritischen Reflexionen einstellte: die Isolierung der "Expertenkultur", wie sie in konventionellen Auffassungen der Sicherheitswissenschaft propagiert wird (Kuhlmann, Fritzsche), ist mit Nachdruck zurückzuweisen.

Dies sollte nicht ohne Auswirkung auf die Curricula des sicherheitswissenschaftlichen Studiums bleiben: Abschied zu nehmen wäre von der "splendid isolation", in die sich naturwissenschaftlich arbeitende Fächer gerne steigern, und anzustreben wäre Aufklärung über die "Aufweichung", die die "hard facts" der physikalischen und chemischen Forschung im wirklichen Lebenszusammenhang, z.B. in den Köpfen der betroffenen Laien, erfahren. Diese Aufklärung müßte als Lernziel die Befähigung enthalten, mit den Spezifika dieses Vermittlungsprozesses angemessen umgehen zu können. Bis jetzt schien es uns so, und unsere Untersuchungen im ganzen bestätigen diese Hypothese, daß seitens der Ingenieurwissenschaft dieses Problem unterschätzt wird.

Würde eine solche integrierende Strategie schon in der Ausbildung des Sicherheitsingenieurs verfolgt, wäre auch ein Effekt zu minimieren, der uns durchaus unerwünscht erscheint, der in der vorliegenden Untersuchung sichtbar wurde wie auch in unseren weiteren empirischen Studien und der einen Befund erhärtet, auf den Senghaas-Knobloch und Volmerg (1990) hinweisen: die Neigung des Ingenieurs zu einem moralischen Dilemma. Er unterscheidet zwischen seinem professionellen Ich und einem Ich, welches die verbleibenden Dimensionen des gesellschaftlichen und privaten Seins umfaßt. Hier finden meist die Bereiche eines umfassenderen Verantwortungsbewußtseins und der Betroffenheit eine Heimat, die wir besser im professionellen Ich aufgehoben dächten.

Aus Gründen solcher Aufteilung ist auch das professionelle Handeln des Sicherheitsingenieurs nicht konfliktfrei, und es ergäbe sich schon aus einem einfacheren Effizienzgedanken die Notwendigkeit, Voraussetzungen für eine neue Ganzheitlichkeit des Berufsbilds Sicherheitsingenieur im oben angedeuteten Sinn zu schaffen. Im Ausbildungssektor bedürfte es hier der Einführung oder Umstrukturierung von "Nebenfächern" wie Soziologie, Psychologie und Philosophie, worauf an dieser Stelle allerdings nicht weiter einzugehen ist. Die Einbeziehung der Ethik-Diskussion in die Ingenieursarbeit (institutionell in der Einrichtung einer interdisziplinären Ethik-Kommission im Verband Deutscher Ingenieure; vgl. Lenk & Ropohl, 1987) scheint uns in die gemeinte Richtung zu weisen, wobei jedoch an unsere oben genannten Bedenken zu erinnern ist.

Wie jedoch die politischen Verhältnisse der beteiligten Kräftegruppen sich darstellen und welche Ordnungsstrukturen hier als erstrebenswert angesehen werden, mag in folgender Diskussion deutlich werden.

I. 3. 2. Die Suggestion eines Schaubilds

Um die verborgenen Wertungen in der Sicherheits- und Technikdiskussion kenntlich zu machen, sei zur Illustration ein Schaubild (Abbildung 1) vorgestellt, das Kuhlmann (1981, S. 410) zitiert (nach D. Altenpohl), dessen Aufgabe es ist, Ausgewogenheit und Unausgewogenheit im Kräfteverhältnis beteiligter Gruppen im Prozeß der Technologiefolgenabschätzung darzustellen. Altenpohl scheint dies am Beispiel der Kernkraftwerke aufzeigen zu wollen.

Es bleibe nicht unbemerkt, daß Kuhlmann an der angegebenen Stelle in wissenschaftlicher Korrektheit die gewählten Dimensionen und Beziehungen der Parameter als offen ansieht und das Beispiel expressis verbis zur "Verdeutlichung der prinzipiellen Aussage" gewertet sehen möchte. Desgleichen vertritt er einige Seiten davor (S. 401) die Auffassung einer Ordnung der Gesellschaft als offenes und dynamisches System (daß sich daraus andere als die schon erwähnten Schlußfolgerungen ziehen lassen, bleibt das Problem).

Wir können hier nicht auf die Ideologie des Urhebers (Altenpohl) eingehen, die Vermutung liegt aufgrund des Gestalteindruckes nahe, daß sie im Bau von Kernkraftwerken etwas Erstrebenswertes sieht. Interessanter ist es, die gestalthafte Ordnung einmal näher zu betrachten. Vorausgeschickt sei, daß der Durchmesser der Kreise "das Ausmaß der öffentlich dargelegten Argumente" symbolisiert.

Suggestiv ist zunächst einmal der Zustand des ausgewogenen Kräfteverhältnisses im ersten Bild: auf allen Ebenen folgt die Darstellung den von der Gestaltpsychologie aufgewiesenen Prägnanztendenzen (Metzger, 1986a, 1986b; Rausch, 1966).

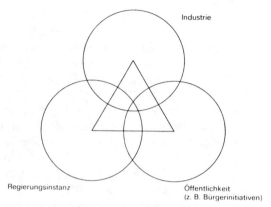

Bild 9-2: Ausgewogenes Kräfteverhältnis der an einer TA beteiligten Partner (Der Durchmesser der Kreise entspricht dem Ausmaß der öffentlich dargelegten Argumente)
Quelle: D. Altenpohl [9-9]

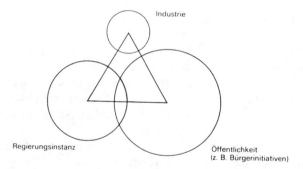

Bild 9-3: Ungleichgewicht bei einer TA durch Dominanz der Öffentlichkeit (Beispiel: Bau von Kernkraftwerken)
Quelle: D. Altenpohl [9-9]

Abbildung 1: Nach Kuhlmann (1981, S. 410)

Der Teleologie der Ausgewogenheit ist in vollkommener Weise genüge getan. Auf der Strecke geblieben ist die Frage, ob im bekundetermaßen offenen und dynamischen System (s. Kuhlmann und unsere eigene Auffassung) diese Harmonie erstens möglich und zweitens erstrebenswert ist. Ist tatsächlich eine Zielvorstellung gemeint, so erinnert die Gestalt fatal an einen Gleichgewichtszustand geschlossener Systeme ohne viel Hoffnung auf veränderte Zukunft. Logischerweise fehlt dann auch die Zeitdimension. Nimmt man diese hinzu und denkt sich die Ausgewogenheit als Kontinuum, dann fehlt der Hinweis auf die unumgängliche Oszillation der Parameter, deren Grenzwerte wiederum nicht bestimmbar sind und womöglich mitunter den Zustand des zweiten Bildes erreichen können.

Ohne den Begriff der Dauer im System ist die Veranschaulichung aber nicht zu gebrauchen, da ein statischer Zustand nicht gut gemeint sein kann. Darstellung zwei ist aber vom ersten Bild deutlich als Mißstand abgesetzt, und genau das scheint uns - nehmen wir einige Annahmen wie die der Offenheit und Dynamik ernst - fehlerhaft. In der Tat irritiert die Gestalt den nach Harmonie dürstenden Betrachter: Die Industrie hat nichts mehr mit der Öffentlichkeit zu schaffen, nicht mal mehr mit der Regierungsinstanz. Die Menge der öffentlich dargelegten Argumente "z.B. (der) Bürgerinitiativen" ist unschön aufgebläht und deckt sich noch einigermaßen mit denen der Regierungsinstanz (wenigstens bezogen auf das Verständnis des Idealfalls). Aber die letztere hat deutlich weniger gesagt. Am wenigsten "öffentlich dargelegt" hat die Industrie ihre Argumente. Da von den Autoren im Ungleichgewicht nichts Positives gesehen wird (so unsere begründete Vermutung), bleiben Überlegungen anzustellen, wie das Ungleichgewicht zu beheben sei. An dieser Stelle ist die - wissenschaftlich natürlich korrekte - Anmerkung Kuhlmanns (s.o.), die Verhältnisse des Schaubildes könnten auch ganz andere sein, kritisch zu reflektieren: Sie sind nun so, wie sie sind, und unsere Aufmerksamkeit gilt ja der Suggestion, und jene lenkt den Blick auf verborgene Voraussetzungen, die das Schaubild für selbstverständlich erklärt, die es aber bei genauerem Hinsehen keineswegs sind. So suggeriert das vorgegebene Kräftefeld beispielsweise die gesellschaftliche Gleichwertigkeit der Parameter. Noch davor liegende Wertvorstellungen, die allenthalben die Interessenrichtung des Handelns angeben, bleiben unsichtbar. Im vorgeschlagenen Modell wäre der Gleichgewichtszustand wiederherzustellen, wenn entweder die Industrie ihre Öffentlichkeitsarbeit forcierte oder Staat und Öffentlichkeit sich zurückhielten. Auf welche Weise die Argumentation der Industrie allerdings wieder eine Schnittmenge mit den übrigen Beteiligten herstellen soll, ist klar: durch Vergrößerung ihres Argumentationsanteils.

Wir verweisen schon auf die Sogwirkung einer prägnanten Gestalt: Unter ihrem Eindruck verstummt die Kritik gern. Dahinter keine Tendenz zu vermuten, wäre fahrlässig. Bedenklich wird es nur, wenn die suggestive gute Gestalt erstens systemisch falsch ist (durch Ausblendung der Dynamik in der Zeit und die damit verschwiegene Schwankungsbreite) und zweitens in positivistischer Verkürzung gesellschaftliche Wertvorstellungen und ethische Dimensionen außer Betracht läßt. An dieser Stelle wird die Suggestion zur Manipulation: "Industrie", "Regierungsinstanz" und "Öffentlichkeit" (z.B. Bürgerinitiativen) sind keine durch gleiche Struktur ("Kreise") abbildbaren Kräftefelder. Ihnen ist die vorgeordnete Wertdimension beizugeben und zwar explizit und nicht implizit, wie es ja ohnehin geschehen ist. Was für die gesellschaftlichen Gruppen gilt, gilt natürlich erst recht für das Kräftefeld ihrer Argumentation. Selbst wenn das ausgewogene Kräfteverhältnis etwas erstrebenswertes ist, so ist die *quantitative* Seite der "öffentlich dargelegten Argumente" - und nichts anderes kann der Durchmesser der Kreise andeuten - von absoluter Irrelevanz. Wertvorstellung und Ideologien sind hier die wesenhaften Ursprünge der qualitativen Seite der Argumentation.

Die implizite suggestive Absicht weist also auch hier in die Herkunftsrichtung des Modells: So etwas fällt einem ein, wenn man der Meinung (und der Hoffnung) ist, die schiere Argumentationsmenge schaffe über ihren quantitativen Ausgleich den erstrebenswerten Zustand. Die quantitative Dimension eines Arguments kann man leicht in Verbindung brinden mit dem Aufwand der Öffentlichkeitsarbeit, und da denkt man unwillkürlich an den Werbeetat. Von dem ist bekannt, daß er, beispielsweise die Energieversorgungsunternehmen betreffend, nicht gering ist, und zu einem "blow up" des beklagenswert dürftigen Kreises der Industrie kam es ja auch im Gefolge der Tschernobyl-Katastrophe. Welche Ethik da konstituierend war, und wie es um die Erstrebbarkeit eines so hergestellten (wenn überhaupt) Gleichgewichts steht, ist der Nachdenklichkeit des Lesers anheimgegeben.

I. 3. 3. Bemerkungen über verborgene Ideologien im Gewand der Objektivität

Wir haben einem eher marginalen Beispiel aus einem Lehrbuch der Sicherheitswissenschaft im letzten Abschnitt soviel Aufmerksamkeit der Analyse zukommen lassen, weil sich an diesem Zusammenhang bezeichnende Unzulänglichkeiten rational-logischer Vorgehensweisen illustrieren ließen. Bestechende Schlüssigkeit und augenfällige Plausibilität verstellen den Blick auf die ungenügende Aufarbeitung der Voraussetzungen.

Wir können die *gute Gestalt* der Argumentation auf zwei Ebenen stören: auf der systemischen und auf der gesellschaftlichen, wobei die letztere ein Teil der ersteren ist. Es sind dies auch die beiden Ebenen, auf denen eine rationalistisch-funktionalistische Auffassung von Sicherheit im weitesten Sinn zu kritisieren ist. Der systemischen Kritik - sie klang schon des öfteren an - ist das Kapitel II gewidmet.

Die gesellschaftlichen Implikationen sind in ihrer *Verborgenheit* besonders brisant, nämlich immer dann, wenn nicht reflektierte Kräftefelder die rationalen Konzepte durchkreuzen. Selbstverständlich besteht eine enge Beziehung zwischen dem systemischen Verständnis von Sicherheit und dem Grad der Explikation die Sicherheit betreffender "Rand"-faktoren. Ziel der Arbeit ist daher, u.a. den Blick dafür zu schärfen, daß mit dem Ausmaß der konventionellen funktionalistischen Rationalität die Ausgrenzung der gesellschaftlichen "Störvariablen" einhergehen *muß*.

Der Gedanke ist natürlich nicht neu, in den Sozialwissenschaften ist diese Kritik in der Diskussion um Behaviorismus und Positivismus hinlänglich durchexerziert worden. Umso verwunderlicher ist, daß die Sicherheitswissenschaft davon in weiten Teilen etablierter Lehrmeinung unberührt geblieben ist. Vielleicht hängt das damit zusammen, daß in einer ingenieurswissenschaftlich inspirierten Sicherheitswissenschaft im Zuge eines geforderten wie gewollten Pragmatismus über eine lange Zeit hin eine tatsächliche oder auch nur gehoffte Irrelevanz der gesellschaftlichen Variablen durchgehalten werden kann (die Etablierung eines Mensch-Maschine-Umwelt-Systems - wir wiederholen uns - ist *kein* Argument dagegen). Wir meinen das durchaus positiv: Eine pragmatisch konzipierte Sicherheitswissenschaft erfüllt einen wesentlichen Gesellschaftsauftrag. Und unbezweifelbar dient es der Vermehrung von Sicherheit im Umgang mit Technik, wenn der Sachverstand der mit der Technik Umgehenden (oder sie Ersinnenden) erkenntnis- und handlungsleitend ist für die Sicherheitskonzepte. Insofern enthalten wir uns, zumal als Nicht-Techniker, jeder Kritik.

Allerdings lehrt die Vielfalt des Lebens, man könnte auch weniger pathetisch von der Vielfalt der Alltagserfahrung reden, die Unsicherheit der allein durch technischen Sachverstand geleiteten Sicherheitskonzepte (und auch hier ist, zur erneuten Wiederholung, die etablierte "Interdisziplinarität" kein Gegenargument).

Tschernobyl hat unsere Empirie bereichert: Ohne die Katastrophe wären wir in unseren Forschungsprojekten nicht so reichhaltig mit publizistischem Material in Dingen der Sicherheit im Technologiebereich ausgestattet worden. Ein stattliches Archiv nur dreier Wochenzeitschriften (*Die Zeit, Der Spiegel* und *Stern*) kam da seit dem Mai 1986 zusammen. Eine Auswertung gleichsam "prima vista" und ohne metrische Untermauerung ergibt eine klare Tendenz in Richtung grundsätzlichen Mißtrauens "objektiven" Sicherheitsprognosen und -prüfungen gegenüber. Die von uns beklagte "verborgene Ideologie" erscheint wieder im Gewand des politischen Skandals, nämlich immer dann, wenn überraschenderweise die für sicher gehaltene Sicherheit wieder einmal nicht gewährleistet war. Dabei sei nicht unerwähnt, daß in vielen Fällen die Systemsicherheit im engeren, technologischen Bereich durchaus standgehalten hat (was für die Ingenieure spricht). Zum Versagen beigetragen haben Kategorien wie Besitzgier, Gleichgültigkeit, Routine, Bestechlichkeit und Gewissenlosigkeit. Und damit ist wieder einmal klar, daß das Ganze der Systemkomponenten nicht in kategoriale Fächer trennbar ist, sondern daß eine Komponente die andere so stören kann, als wenn ihre eigensten Funktionen nicht gewährleistet wären. (Es ginge jedem Ingenieur an die Berufsehre, wenn die logische und quantitative Erstellung einer Fehlerbaumanalyse mangelhaft wäre; daß eine Störung für das System gerade durch ein *funktionierendes* Element zu dem gleichen unerfreulichen Endresultat führen kann, verfällt fachspezifischer Verdrängung.)

I. 3. 4. Politisch motivierte Verdrängung

Aus unseren Überlegungen zur Prägnanz der *guten Gestalt* und der damit erzielbaren Suggestion des Richtigen, Wahren und Guten ergeben sich folgenreiche Strategien für die Durchsetzung des Gewollten. In dieser Diskussion ist Sicherheit schon längst nicht mehr Gegenstand objektivierbarer Wissenschaft. Erkenntnis muß sich den gesellschaftlich vermittelten Gestaltschließungsprozessen anpassen und das meint in der letzten Konsequenz, daß noch so solide erhobene und mit Sorgfalt verrechnete Daten unter die Herrschaft der Interessenstrukturen geraten und noch weit vor der Fälschungs- und Manipulationsebene durch Deutung und Gewichtung dienstbar gemacht werden.

Nun beginnt dieser Prozeß natürlich nicht erst beim Vorliegen der Daten; Untersuchungstechniken und die Techniken der Datenordnung bereiten das gewünschte Ergebnis bereits vor. Deshalb kommen auch regelmäßig bei der Sicherheitseinschätzung von großtechnischen Anlagen unterschiedliche Ergebnisse zustande, wenn etwa ökologisch orientierte Gutachter mit der Industrie nahestehenden konkurrieren.

Erste Voraussetzung der Gestaltschließung ist der störungsfreie Umgang mit Widersprüchen. Ein Denksystem, das Rationalität, Logik, Eindeutigkeit und hard facts adoriert, kann mit Widersprüchen und Ambiguität schlecht umgehen. In der engen Weltsicht Karl Poppers signalisieren sie etwas Unerwünschtes: die Falschheit der bisherigen Annahme, wobei zur Ehrenrettung Poppers zu vermerken ist, daß ihm die Falsifikation gerade etwas Erwünschtes ist, da sie den Erkenntnisfortschritt konstituiert. Von dieser interessenfreien Neugier ist im etablierten Forschungsbereich wenig übriggeblieben und in der angewandten Forschung noch weniger. Das verwundert eher nicht: die angewandte Forschung will nicht Erkennen vermehren, sondern Funktionen verbessern und in ihnen die Gewinnchancen.

Also müssen die Widersprüche glatt gebügelt werden. Das geschieht, wie schon angedeutet, an verschiedenen Stellen: am Anfang durch Auswahl der Methodologie, im Forschungsprozeß durch Datengewichtung und -selektion und am Ende durch interessegeleitete Interpretation. Das alles steht noch keineswegs im Ruch der Unwissenschaftlichkeit oder der Unredlichkeit, wobei darüber zu grübeln wäre, wie weit es die Wissenschaftsethik gebracht hat.

Die Widersprüche bleiben jedoch, und in ihrer Unberücksichtigtheit pflegen sie, wie die Freudschen Verdrängungen im Unbewußten, so im Verborgenen schrecklich zu wirken. Ein guter Teil dieser Wirkungen kann allerdings durch erneute Wahrnehmungsselektion und Interpretation wieder gebannt werden und führt daher nicht zu den überfälligen Korrekturen. In dieses Feld der Aktivität gehören Polemiken gegen die "Unwissenschaftlichkeit" der Kritiker, das Bestehen auf der Relevanz des Expertentums und die rosarote Färbung der Zukunft, die umso leuchtender gemalt wird, je düsterer die Prognosen sind.

Fragen von notwendiger Konkretheit werden als unwissenschaftlich marginalisiert und erfahren väterliche Antworten von erstaunlicher Nichtssagenheit -

wenn überhaupt. Diese und andere Strategien haben längst offensichtlich die Ebene individueller Improvisation verlassen. In *Der Spiegel* (11/87, S. 16 f) liest man unter der Überschrift "Tricks vom Tüv":

> Der als industriefreundlich bekannte Tüv Bayern, technischer Gutachter für die meisten Kernreaktoren und Nuklearanlagen in der Bundesrepublik, hat in einem internen Protokoll zur Vorbereitung der Anhörungen für die Plutoniumfabrik Alkem in Hanau und die Wiederaufbereitungsanlage in Wackersdorf, "die wichtigsten Regeln für das Verhalten der Sprecher auf Erörterungsterminen" festgeschrieben. Danach sollen von den Tüv-Beamten etwa bei peinlichen Fragen besorgter Bürger, "die Tricks des Zeitgewinnens durch Rückfragen, Präzisieren der Fragestellung, ausweichendes Antworten angewandt werden". Das Protokoll stellt außerdem "goldene Regeln" für Tüv-Gutachter auf:
> 1. Nicht der (Genehmigungs-)Behörde widersprechen.
> 2. Nichts sagen, wenn nicht dazu aufgefordert.
> 3. Vorrede der Behörde - soweit irgend möglich - bestätigen.
> 4. Kurze Antworten geben, Details nur, soweit speziell gefragt.
> 5. Anderen Gutachteraussagen nicht widersprechen, auch wenn sie falsch waren.
> 6. Antworten für kritische Fragen, deren klare Beantwortung unzweckmäßig ist, vorbereiten.

Diese Aufstellung liest sich als Handlungsanweisung zur Herstellung einer widerspruchsfreien, prägnanten Gestalt der Durchsetzung politisch gewollter Technologien. Die Aufgabe der Wissenschaft in Forschung und Anwendung, gegebenenfalls gewollte, aber nur schwer zu verantwortende Tendenzen zu korrigieren, ist hier durch vorauseilenden Gehorsam "erledigt" worden.

An diesem Punkt ist freilich nicht mehr von den gebräuchlichen Praktiken der scientific community zu reden (wie verkommen sie auch mittlerweile sein mögen), hier ist alles ethische Maß dispensiert. (Wir wissen selbstverständlich, daß die technischen Überwachungsvereine ihre Aufgabe der Technologiekontrolle in der Regel gewissenhaft nachkommen und unser archiviertes Material von journalistischen Arbeiten zur Sicherheitsproblematik aus den Jahren 1985-1988, aus dem das vorstehende Beispiel genommen ist, weist auch Fälle ernsthaften Widerstands des TÜVs politischen Erwartungen, etwa was die Sicherheitsüberprüfungen von Kernkraftwerken betrifft, gegenüber aus. Zu illustrieren war lediglich eine Strategie der *Gestaltschließung* und des Ausgrenzens von Widersprüchen.)

Dabei sind die Fragen, die die Widersprüche im Umgang mit der Sicherheit evident machen, einfach. Und gerade bei der komplizierten Großtechnologie, bei deren Etablierung und Betrieb die Experten gerne unter sich blieben, decken die naivsten Fragen die verzweifeltsten Aporien auf. Wie stets ist es das Vorrecht der Philosophen (wie der Kinder), diese Fragen zu stellen und die bedeutendsten Philosophen stellen die einfachsten (und effektivsten), so im folgenden Georg Picht (zitiert nach Rossnagel, 1983):

> Der Schutz der Anlagen [Kernkraftanlagen] muß über Tausende von Jahren hinweg garantiert werden können. Weder Naturkatastrophen, noch Epidemien, Wirtschaftskrisen, Revolutionen, Bürgerkriege oder Kriege dürfen die komplizierten Sicherungsmaßnahmen außer Kraft setzen, die alle Sachkenner für unentbehrlich halten. Das fordert eine politische und soziale Ordnung, die ebenso lange stabil bleibt, wie die ganze uns bekannte Menschheitsgeschichte bisher gedauert hat. Wer be-

hauptet, eine Plutonium-Ökonomie sei "sicher", muß sagen, wie er einen solchen Zustand herstellen will. (S. 239)

Tatsächlich gehört es zu den hier in Rede stehenden politischen Verdrängungen, daß die zweifellos vorhandenen (in welchem Ausmaß auch immer) Vorstellungen über diese herstellbare Sicherheit *nicht* gesagt werden. Wie sie auch aussehen mögen: es besteht der dringende Verdacht, daß sie in einer demokratischen Gesellschaft nicht konsensfähig sein werden. Rossnagel (1983, S. 107) entwirft da ein detailreiches Szenarium einer nicht mehr lebenswerten Welt.

Mit der Widerspruchsfreiheit (hier: im Sinn der *guten Gestalt*) ist es wie mit der Irrtumsfreiheit. Systeme und Strategien, die auf beide angewiesen sind, pflegen im Bereich lebendiger Strukturen und Prozesse, und darum handelt es sich ohne Zweifel im Feld der Sicherheit, untaugliche Ergebnisse zu erzielen. Über Denk- und Frageverbote und Tabus sind die Probleme nicht lösbar, sondern in ihrer desolaten Auswirkung nur verschiebbar. Besser scheint es, auf die Vorzüge prägnanter Gestaltschließungen zu verzichten, "Ergebnisse" zugunsten von Fragen weniger zu favorisieren, und so einen qualitativen Fortschritt zu ermöglichen, der zwar weniger prätentiös daherkommt als alle propagandageschützten Visionen neuer Technologien (vom Schnellen Brüter bis zur Künstlichen Intelligenz), dafür aber augenscheinlich menschengemäßer ist. Es ist daher vom Umdenken bisheriger Konzepte zu reden, ein Umdenken, dessen Vorzüge in der nicht verleugneten Vorläufigkeit und Kritisierbarkeit bestehen, ein Umdenken, das unspezifische Erfahrung und Intuition wieder zuläßt.

Eine Neubewertung der menschlichen Kategorien der Intuition und Konnotation geht damit notwendig einher. Der in Kapitel II zu diskutierende Paradigmenwechsel betrifft nicht nur die Sicherheit und ihre Wissenschaft. Er scheint wissenschaftliches und Alltagsdenken mit neuen Strukturen zu konfrontieren und möglicherweise beide Bereiche nach ihrem für das das moderne Denken kennzeichnende Auseinanderfallen wieder aufeinander zuzuführen. Inwiefern nun die psychologische Kategorie der Konnotation in unserem Problemfeld sich empirisch darstellt, ist Thema der Arbeit von Richter und Wehner in diesem Buch.

II. Die Notwendigkeit des Paradigmenwechsels

II. 1. Analytische Verfahren und Offene Systeme

Dreyfus und Dreyfus (1986/1987, S. 238 ff) diskutieren anhand der Technik des "Entscheidungsbaums" die Vor- und Nachteile eines logisch-rationalen Verfahrens zur Bewältigung in die Zukunft weisender Aufgaben. Das Verfahren der Entscheidungsbaum-Analyse (etwa für Management-Entscheidungen) ist analog zum in der Sicherheitswissenschaft gebräuchlichen Verfahren der Fehlerbaum-Analyse. Deshalb sind die von Dreyfus und Dreyfus angeführten Kritikpunkte cum grano salis für den Sicherheitsbereich übertragbar (vgl. Pilz, 1985, S. 305).

Zunächst einmal stellt ein solches Verfahren durchaus einen Fortschritt zu einfachen und linearen Denkweisen dar. Dynamische Aspekte und eine gewisse Zukunftsoffenheit werden hier einbezogen. Die Zukunftsoffenheit ist jedoch strukturell an die logischen Entscheidungsmöglichkeiten gebunden. Irreguläre Entwicklungen des Systems sind nicht vorgesehen. Diese Einschränkung betrifft die "qualitative" Stufe der Analyse (vgl. Kuhlmann, 1981, S. 81 ff). Ziel des Verfahrens ist jedoch, die jeweiligen Möglichkeiten (die Verästelungen des Baums) mit Wahrscheinlichkeitswerten auszustatten, um über die Systemzustände quantifizierte Aussagen machen zu können. Hier jedoch beginnen Probleme, die man dem rational-logischen Gewand des Verfahrens nicht ansehen würde und die im Endergebnis auch verborgen bleiben. Dreyfus und Dreyfus (1986/1987) schildern das so:

> Die zweite Phase der Entscheidungsanalyse besteht im Zuweisen von Wahrscheinlichkeitswerten zu den verschiedenen möglichen Ereignissen. Normalerweise macht das der Entscheidungsträger selbst oder ein von ihm eingesetzter Ersatzexperte. Da im allgemeinen aber solche Wahrscheinlichkeiten nicht von denselben objektiven Gesetzmäßigkeiten geregelt werden wie die Entscheidung "Kopf"oder "Zahl" bei Werfen einer Münze, bezeichnet man sie als subjektive Wahrscheinlichkeit. Sie spiegeln meist vermutlich persönliche Vorlieben wieder [sic], entsprechen also den Vorurteilen des Entscheidungsexperten selbst. Die von einer solchen Prozedur erzeugte Entscheidung wird also so ausfallen, wie dieser es für richtig hält - nicht aber vielleicht ein anderer, der die Wahrscheinlichkeitsverhältnisse anders einschätzt. (S. 239/240)

Das, was im rationalen Prozeß der Analyse ausgeschlossen werden sollte, nämlich das Subjekt in seiner Beliebigkeit und Unprüfbarkeit, schleicht sich auf diese Weise wieder ein mit dem erheblichen Nachteil der Intransparenz. Denn mögen auch die sicherheitsanalytischen Verfahren dem Fachmann in bezug auf ihre wissenschaftstheoretischen Schwachstellen kein Rätsel sein, so täuschen die quantitativen Ergebnisse auf der Ebene der politischen Entscheidungsträger eine Wißbarkeit und Manipulierbarkeit des Problems "Sicherheit" vor, die ihrerseits wieder irrationales Verhalten aller Beteiligter fördern. Das Gewicht der "Zahl" als Argument ist in unserer Kultur unabschätzbar. Ob und in welcher Weise diese "Zahlen" auf einem rationalen Kalkül gründen, wird dann nicht mehr gefragt. Wir stehen also vor dem merkwürdigen Phänomen, daß im Grenzfall eine Aussage, die ob ihrer Torheit allgemeiner Heiterkeit anheimfiele, ohne jede Qualitätsänderung für begründet erklärt wird, wenn sie sich ein numerisches Mäntelchen umwirft.

Die numerische Irrationalität ist jedoch nur einer der verborgenen Widersprüche. In der Logik des Systems sind noch andere enthalten: Es stellt sich die Frage, was vom komplexen Geschehen im Feld der Sicherheit durch die rationalen Analyseverfahren erfaßt werden kann. Dreyfus und Dreyfus (1986/1987) beschäftigen sich in diesem Zusammenhang mit dem Status des Experten, ihre Fragestellung lautet: In welcher Weise sollte der Experte sich dieser Verfahren bedienen, wie verändert oder definiert sich seine Eigenschaft als Experte im Umgang mit diesen Techniken? Aus diesem Blickwinkel kommen sie zu sehr ähnlichen Ergebnissen, wie wir sie gelegentlich im 1. Kapitel andeuteten: das Expertentum als fünfte Stufe des Fertigkeitserwerbs "funktioniert" qualitativ grundsätzlich anders als die vorgeordneten Stadien. Erst auf der letzten Stufe ergänzen sich Erfahrung und ganzheitliche Zugangsweise zu einem Handlungsstil, dessen gesetzmäßige Erfassung erhebliche Schwierigkeiten bereitet, weswegen auch die Artificial Intelligence-Forschung [AI] und die Utopie tauglicher Expertensysteme nach Dreyfus und Dreyfus im unerlösten Status verbleiben müssen.

Die Zergliederung des Komplexes *Sicherheit* im analytischen System ist nicht mehr in Einklang zu bringen mit der ganzheitlichen Auffassung eines Sicherheitsexperten, der wesentliches "im Gefühl" hat (und von daher - horribile dictu - tatsächlich brauchbare Arbeit leistet). Der Sicherheitsexperte, der seiner Intuition (und Erfahrung, beides gehört untrennbar zusammen) zu mißtrauen gelernt hat, der der rationalen Analyse ein effizienteres Arbeiten zutraut, degradiert sich nach Dreyfus und Dreyfus selber auf vorige Stufen seiner Entwicklung, wenn's hochkommt auf die Stufe der Kompetenz, bei ängstlicherer Verehrung der "hard facts" auf die des fortgeschrittenen Anfängers, der tatsächlich seine Handlung an regelhaften Strategien orientiert.

Der Sicherheitsexperte übt im Umgang mit den analytischen Verfahren also Selbstverleugnung: "Bei der Entscheidungsanalyse [man lese: Sicherheitsanalyse] hingegen zwingt ihn die abstrakte und skelettartige Natur der künftig möglichen Bedingungen dazu, plausible Entscheidungen rational zu erdenken, anstatt sich auf seine Erfahrungen zu verlassen", so Dreyfus und Dreyfus (1986/1987, S. 242).

Hier ist eine der entscheidenden Stellen, an denen strukturelle Uneinigkeit herrscht über das Machbare und Wünschenswerte: Während die Apologeten der Expertensysteme und der künstlichen Intelligenz alle Handlungs- und Kompetenzstufen im humanen Bereich für auf digitale Automaten abbildbar erklären (im Zeitalter der Hochgeschwindigkeitsrechner und der Parallelprozessoren sowieso), wird dem von einer eher ganzheitlich denkenden Gegenseite geantwortet, daß zumindest auf der höchsten Stufe der Aneignung von einer solchen Handlungsstruktur nicht die Rede sein kann. Der Experte (als Vertreter dieser letzten Stufe) ruft nicht nach Art der Computer in Blitzesschnelle alle Möglichkeiten ab und stattet sie halb oder ganz unbewußt mit Wahrscheinlichkeiten aus, um dann seinen Beschluß zu verkünden oder seine Handlung auszuführen, sondern er kommt aus der erfahrungsgestützten Intuition (seit Bergson gibt's noch immer kein besseres Wort dafür) einigermaßen umstandslos zum funktional-richtigen Ergebnis. Dieses richtige, wiewohl nicht unfehlbare Ergebnis umfaßt dann regelmäßig auch nicht programmierbare Eventualitäten. Die Entscheidungsanalyse ist also nicht nur "skelettartig", sondern für den Experten auch "korsettartig" im Sinne einschneidender Beschränkungen:

> Beim Entwurf eines Entscheidungsbaumes [Fehlerbaumes] muß man jedoch alle die plausiblen Alternativentscheidungen angeben, die mögliche Reaktionen auf ein Folgeereignis darstellen. Und dies läßt sich für ein ungenau als "das Unerwartete" definiertes Ereignis wohl kaum machen .... Ignoriert man die Möglichkeit "unerwarteter" Ereignisse, erhält man nicht nur ein verzerrtes Bild der Realität, sondern darüber hinaus führt, wie Entscheidungsanalytiker Rex Brown herausstreicht, die Berechnung einer optimalen Entscheidungsstrategie mit Hilfe eines Baums in diesem Fall zu einer ungerechtfertigten Benachteiligung von Entscheidungen, die eine Verzögerung oder ein

Innehalten zum Abwarten unvorhergesehener Ereignisse einführen. (Dreyfus & Dreyfus 1986/1987, S. 242/243)

Wir erinnern uns daran, daß wir im 1. Kapitel Sicherheit als Feld unter Beteiligung lebendiger Strukturen definiert und die Auffassung zurückgewiesen haben, unter solchen Voraussetzungen seien Gesetzmäßigkeiten, die sich in der klassischen Mechanik bewährt haben, ohne weiteres übertragbar auf die Funktion des *ganzen Systems*. Strategien, um Sicherheit herzustellen, beginnen jedoch nicht erst auf der Expertenstufe - dann wäre es um jene schlecht bestellt. Auch soll bei unserer bisherigen Betonung der Eigenschaften des Experten-Handelns nicht außer acht bleiben, daß gesellschaftlich notwendige Arbeit auf allen davor liegenden Stufen der Handlungsaneignung nötig und möglich ist. Im Gefolge der Argumentation bei Dreyfus und Dreyfus (1986/1987) reichen durchstrukturierte rationale und logische Kalküle immerhin bis zur Stufe drei, der Kompetenz. Es wäre nun abwegig zu vermuten, daß mit dieser Qualität nicht wesentliche Beiträge zu leisten wären, zumal eine Steigerung der Qualität der Expertenarbeit durch rechnergestützte Kompetenzen durchaus gesehen und für erstrebenswert gehalten wird. Die grundsätzliche Kritik wendet sich nur gegen die verhängnisvolle Tendenz, in der Stufe der Kompetenz die Lösung der Probleme zu suchen, nur weil dort die erfolgreichste Beteiligung des technischen Instrumentariums zu finden ist. Hier wäre einer polemischen Abgrenzung der Lager Einhalt zu gebieten und die kritische Praxis zu fördern, die in der Ergänzung menschlicher Möglichkeiten durch Algorithmisierung und Digitalisierung diesen Systemen ihren wahren Stellenwert zuweist, anstatt in faustischen Utopien der Abschaffung organischer Minderwertigkeit zu schwelgen. Perrow (1984/1987) entwirft deshalb ein Programm mit umfassendem Anspruch:

> Wir haben also vier Aufgaben vor uns: Wir müssen die neue Disziplin der Risikoanalyse untersuchen, da diese zur Inkaufnahme von Risiken rät, die nach meiner Meinung unannehmbar sind und unzureichend eingeschätzt wurden; wir müssen den Bereich der Entscheidungsfindung untersuchen, da hier behauptet wird, der Bevölkerung fehlten die Voraussetzungen, um Entscheidungen über die einzugehenden Risiken zu treffen; wir haben den organisatorischen Dilemmata nachzugehen, die zwangsläufig in Hochrisikosystemen auftreten, und wir müssen zeigen, daß die Analyse dieser drei Probleme in Verbindung mit unseren eigenen Untersuchungen von Systemeigenschaften und Systemunfällen sehr wohl zu einigen bescheidenen Empfehlungen führt, wie sich jene Risiken verringern lassen, die wir angeblich eingehen *müssen*. Ich bin vor allem der Meinung, daß ein vernünftiges Leben unter Risiken bedeutet, Kontroversen wach zu halten, auf die Bevölkerung zu hören und den zutiefst politischen Charakter aller Risikoanalysen zu erkennen. Letzten Endes geht es nicht um Risiken, sondern um Macht - um die Macht nämlich, im Interesse einiger weniger den vielen anderen enorme Risiken aufzubürden. (S. 357)

II.1.1. Eingeschränktes Plädoyer für die Sicherheitswissenschaft

Die Frage nach der Zuweisung des richtigen Stellenwerts des rationalen Kalküls ist bisher von szientistischer Seite erstaunlich irrational behandelt worden. Was ein theoretischer Strukturvergleich und erst recht die kritische Praxis hätte leisten können (und hinter dem Rücken der Positivisten auch geleistet haben), ist dem Wunschdenken und der Utopie der "Brave new world", der Mechanisierung anheimgefallen. Das ist umso bedauerlicher, als für diese Vorgehensweise manche Lanze zu brechen wäre. Wollte man weiter ausholen, so liegt im Irrationalismus natürlich das Gedankengut von Subjektivismus, Vorurteil, Alchimie und Aberglaube, die in ihrer Borniertheit gewiß soviel Fehler zu verantworten hatten, wie wir heute dem Technizismus anlasten.

Es gilt also, den emanzipatorischen Gedanken des Rationalismus nicht unbetont zu lassen. (Es ist noch heute ein Problem: die Kritik des Rationalismus findet nur zu leicht den Beifall der Obskuranten, deren manipulatives Interesse unübersehbar ist und von denen in den Ausführungen zur Postmoderne noch zu reden sein wird.)

Sicherheit ist da natürlich eines der heikelsten Gebiete. Ihre ontologische Bedeutung läßt sie von Interesse sein für Rationalisten und Irrationalisten. Von einer Vermehrung ihrer selbst ist dann nicht mehr die Rede. Neuerdings wird dieser besonders brisante Punkt zur Diskussion gestellt: "Mit anderen Worten, in Risikodiskussionen werden die Risse und Gräben zwischen *wissenschaftlicher und sozialer* Rationalität im Umgang mit zivilisatorischen Gefährdungspotentialen deutlich. Man redet aneinander vorbei." (Beck, 1986, S. 39).

Es gibt verschiedene Ebenen, auf denen Sicherheit ein erstrebenswerter Zustand ist, diese Ebenen dürften sich in ihrem Bezug zur Sicherheit qualitativ unterscheiden und somit auch unterschiedliche Strategien nahelegen. So wird die Sicherheit lebendiger Systeme (i.S. der Funktionssicherheit und des Überlebens) ohne Zweifel anders gewährleistet als die Sicherheit (Funktionssicherheit und Gefahrlosigkeit) technischer Systeme. Interaktionen zwischen beiden bedürfen besonderer Ausbalancierung der unterschiedlichen Erhaltungstechniken. In Dingen der Bewahrung unseres Lebens und unserer Ungefährdetheit - zumindest wenn keine größeren technischen Interaktionen hinzukommen - sind wir alle im Dreyfus und Dreyfusschen Sinn Experten. Relativ zuverlässige Schutzvorkehrungen bewahren uns ohne bewußten Einsatz vor körperlichen Schäden. Es ist dies eine phylogenetisch erprobte Sicherheit, deren Funktionieren nicht auf rationales Planen angewiesen ist. Deswegen ist sie wenig störanfällig, was sie auch nicht sein darf, wenn uns unser Überleben lieb ist. Es ist unwahrscheinlich, daß die organismische Sicherheit analog zum rationalen Plan einer technischen Sicherheitsstrategie formulierbar sein wir. Wir bezweifeln auf der Basis einer gestalttheoretischen und ganzheitlichen Auffassung, daß die komplexe Reflexleistung des lebendigen Organismus bei der Abwehr einer Gefahr (eines Sturzes etwa) nach Art eines blitzartig ablaufenden Entscheidungsbaums vonstatten geht. Hier scheint, tief verwurzelt in der evolutionären Struktur, sich "Expertentum" im reinen Sinn ausgebildet zu haben. Korrespondierend damit ist die evolutionär verankerte Fehlerfreundlichkeit zu sehen, von der später zu reden sein wird.

Bezeichnend für die organismisch etablierten Sicherheitsstrategien ist nicht nur ihre Unabhängigkeit von der Rationalität, sondern ebenso ihre Unverbesserbarkeit durch rationale Eingriffe, beispielsweise durch bewußtes Training. Die stabilsten und kompetentesten Formen der Gewährleistung von Sicherheit sind von unserem Verstand unabhängig.

Diese schöne Ausbalanciertheit gilt nur für das ideale Reservat einer von Technik ziemlich freien Ökologie. Die durch den Verstand ersonnenen Systeme können nicht so eingegliedert werden, daß die verstandesfreie Sicherheitsstrategie angemessen auf sie reagiert. Die Methode der Wahl ist hier die rationale Bewältigung der strukturell neuen Probleme. So, wie sich auch die Funktionssicherheit nicht "von selbst" organisiert (in der lebendigen Struktur tut sie genau dies), so wird auch die Kontrolle der Gefahrenpotentiale nicht aus dem System sich quasi organismisch ergeben (um da eine Annäherung an die Zuverlässigkeit lebendiger Strukturen zu gewinnen, kam man beispielsweise auf die Idee, Mechanismen automatischer Selbstkontrolle in technische Prozesse einzubauen).

Technische Systeme vermitteln dem Unerfahrenen keine Signale ihrer Funktionstüchtigkeit oder Ungefährlichkeit. In der Evolution des lebendigen Organismus sind korrespondierende Wahrnehmungen dafür nicht vorgesehen. Dennoch ist auch hier ein intuitives Expertentum vorzufinden, es basiert nur auf anderen Voraussetzungen. An die Stelle der organismischen Reaktionsmöglichkeiten muß die lernende Aneignung treten, die nach der Auffassung von Dreyfus und Dreyfus (1986/1987) tatsächlich für die frühen Stufen auf dem logischen Kalkül des "Know-that" aufbaut, um zum "Know-how" (nicht immer) fortzuschreiten. Techniker, wenn sie Experten sind, berichten von einem solchen "Gefühl" für das Verhalten des von ihnen betreuten Systems. Unbedingte Voraussetzung aus psychologischer Sicht ist jedoch die Kenntnis und Aneignung einer als ganzheitlich erlebbaren Technik. Zur Gefahrenminderung bedarf es dann nicht unbedingt des rationalistischen Sicherheitskalküls. Der erfahrene Autofahrer verhält sich in kritischen Situationen psychologisch gesehen so als ob er seine Körpergrenzen um die räumliche und energetische Dimension des Fahrzeugs erweitert hätte (was tatsächlich der Fall ist, wie beispielsweise beim Einparken in enge Lücken zu studieren ist. Daß die räumliche Dimension leichter ins Körperschema zu integrieren ist als die energetische, widerlegt die Vermutung nicht, denn es sind gerade die unerfahrenen Autofahrer, die aus dem Irrtum etwa über die kinetische Energie ihres Fahrzeugs die gräßlichsten Unfälle produzieren).

Diesem Tatbestand (der Integration von Technik in die organismische Dimension) tragen Dreyfus und Dreyfus (1986/1987) mit folgender Definition Rechnung:

> Wenn wir von Intuition oder Know-how sprechen, so bezeichnen wir damit ein Verstehen, das sich mühelos einstellt, wenn unsere aktuelle Situation vergangenen Ereignissen ähnelt. Wir werden "Intuition" und "Know-how" synonym benutzen, obwohl ein Wörterbuch sie voneinander unterscheiden würde: dort würde "Intuition" rein kognitive Handlungen bezeichnen, während "Know-how" dem geschickten Ausführen körperlicher Fertigkeiten entspräche. (S. 52)

Bei den für unsere Zeit kennzeichnenden großtechnischen Systemen kann von einer Aneigbarkeit im ganzheitlichen Sinn kaum gesprochen werden.

Schon auf der Ebene der Steuerprozesse ist, wie Weizenbaum (1987, S. 92 ff) bemerkt, die Undurchschaubarkeit der Programme ein wesentliches Problem. Zwar ist die ganzheitliche Aneignung nicht durch die Detailkenntnis des System bedingt (ich kann Experte als Autofahrer sein, ohne die Physik eines Otto-Motors in Formeln fassen zu können), ein gewisser, über die Sinne vermittelter Gestalteindruck von Funktion und Gefährdungspotential muß jedoch noch möglich sein (beim Auto ist das der Fall, es wäre eine psychologisch interessante Frage, wie komplex und dimensioniert ein System sein darf, damit die Ganzheitserfahrung noch bestehen bleibt).

Immerhin obliegt den Steuerungsprogrammen unter anderem die Sicherheitsgewährleistung komplizierter Anlagen. Weizenbaum (1987, S. 128 ff) weist auf die naive Annahme hin, daß zumindest der Programmierer kompetent für sein Programm sein müsse und Störungen schnell und sicher beheben könne, auch ein irreguläres Verhalten des Programms sei ausgeschlossen. Gerade auf der Stufe der Vernetzung von Computersystemen und ihrer physikalischen Durchschaubarkeit kann aber nach Weizenbaum Durchschaubarkeit nicht mehr verlangt werden. Die Sicherheit großtechnischer Anlagen liegt also auf einer strukturalen Ebene, die Expertentum weitgehend ausschließt.

Das läßt für die Gewährleistung dieser Sicherheit nicht gutes hoffen. Es bedarf dabei nicht einmal des empirischen Beweises wie er in Harrisburg oder Tschernobyl geliefert wurde, daß im Notfall das sichere Handeln des intuitionsgestützten Experten unterbleibt, diese Handlungsebene ist aus systemischen Gründen ausgeschlossen.

Nichtsdestoweniger besteht die Sicherheitswissenschaft auf der Effizienz ihrer Techniken. Unter den Fachleuten herrscht weitgehend Einigkeit darüber, daß vollständige Sicherheit nicht zu garantieren sei, wobei es noch ein eigenes Thema ist, wie und ob diese Einsicht den betroffenen Nicht-Fachleuten vermittelt wird. Unglücklicherweise schafft ein selbst in fachwissenschaftlichen Publikationen verwendeter Sprachgebrauch in seiner Ungenauigkeit Verwirrung. Dies ist befremdlich bei einem auf Exaktheit stolzen Berufsstand. So schreibt Pilz (1985):

Vollständige [Hervorhebung vom Verf.] Sicherheit einer Anlage oder in einem Verfahren verlangt, daß alles im voraus erkannt und eliminiert wird, was einmal zum Problem werden könnte. Diese Aufgabe stellt sich bei:
-Verfahrensentwicklung
-Planung, Errichtung und Inbetriebnahme einer Anlage sowie bei
-Manipulationen und Änderungen im Betrieb.
Die Lösung der Aufgabe erfordert Sachkenntnis, Erfahrung, Phantasie und Kreativität sowie Disziplin. Sie wird in der Bundesrepublik Deutschland unterstützt durch ein umfangreiches technisches Regelwerk ... , das durch seine Empfehlungen, Richtlinien und Vorschriften viele Probleme von vornherein abfängt. (S. 290)

Zunächst einmal ist der logischen Schlußfolgerung zuzustimmen: "Vollständige

Sicherheit" bedingt tatsächlich, "daß alles im voraus erkannt und eliminiert wird". Nur liegt ohne Zweifel dort die Aporie verborgen, die Technikern, die es mit der Wortwahl genauer nehmen, verbietet, von vollständiger Sicherheit zu sprechen. "Alles ..., was einmal zum Problem werden könnte" ist wahrhaftig nicht vorauszusehen, denken wir nur an unsere systemtheoretischen Überlegungen. "Diese Aufgabe stellt sich ..." also überhaupt nicht. Einschränkungen, die Pilz im genannten Aufsatz an späterer Stelle macht, sind bei genauem Hinsehen nur Bestätigungen der unaufgegebenen Utopie vollständiger Sicherheit. So heißt es weiter: "Zwar kann die Anwendung der beschriebenen Methoden [die systemischen Methoden der Sicherheitsanalyse] allein keine Sicherheit garantieren. Dazu sind noch viele andere Arbeiten und Überprüfungen notwendig" (S. 306).

Unscharfe oder widersprüchliche Begründungen für sicherheitsanalytisches Vorgehen sollten uns jedoch nicht den Blick für Notwendigkeit und Angebrachtheit dieser Verfahren verstellen. Wir betonten oben die Effizienz organismischer Sicherheitstendenzen und ihre strukturelle Verschiedenheit vom sicherheitstechnischen Vorgehen. Wir wiesen darauf hin, daß Sicherheit auf diese Weise nur in einem relativ engen ökologischen Feld herstellbar sein kann. Heute und noch vielmehr in der Zukunft muß die Sicherheit von Funktionssystemen untersucht und festgestellt werden, die sich intuitiver Aneignung durch schiere Größe und durch die in ihnen verwendeten Informations- und Steuerungstechniken entziehen. Auf den Punkt gebracht stehen sich in diesen Systemen, in ihrem Selbstverständnis Triumphe der Systematik, eine ins äußerste gesteigerte Rationalität und die in der Systematik verborgene Irregularität gegenüber. Für letztere fehlt bei bei den Verteidigern der technologischen Sicherheitsstrategien der Blick. Und doch wäre gerade bei einer solchen Akzeptanz des ebenso Unvermeidlichen wie Unerwünschten mit neuem Gewinn die Wertung zu lesen, die Pilz (1985) den sicherheitsanalytischen Verfahren angedeihen läßt:

Als Planungshilfsmittel richtig eingesetzt, sind diese Methoden - in Ergänzung zu anderen üblichen systematischen Vorgehensweisen -, geeignet,
- unsere Arbeit zu organisieren und zu strukturieren,
- die Transparenz unseres Denkens und Handelns zu verbessern sowie
- die Qualität von Untersuchungen zu vereinheitlichen und somit letztlich die Sicherheit von Anlagen und Verfahrensabläufen zu verbessern. (S. 305)

Dem ist zuzustimmen. Die Kompliziertheit der Systeme und die analog zu den von Weizenbaum (s.o.) geschilderten Problemen der Unübersichtlichkeit bei Computerprogrammen erschwerte bis verunmöglichte Aneigbarkeit des System-*Ganzen*, verlangen rationale Verfahren der Sicherheitsgewährung, deren unverzichtbarer Vorteil die Kommunikationsfähigkeit ist. Selbst wenn man den Gedanken favorisiert, daß das Beste am Experten-Status die nicht-analysierbare Empfindung ist, die sich im (meistens) richtigen Handeln vergegenständlicht, nicht jedoch im expliziten Regelwerk, so bleibt Unbehagen darüber, die Sicherheit etwa großtechnischer Anlagen dieser Exklusivität zu überantworten. Gerade unter der oben diskutierten politischen Dimension der Sicherheit muß eine Ebene gefunden werden, die Pilz zurecht mit "Transparenz unseres Denkens und Handelns" bezeichnet. Haben wir vorhin die rationalen und systematischen Verfahren der verborgenen Ideologien verdächtigt und das sowohl im politischen wie im engeren wissenschaftlichen Bereich bestätigt finden müssen, so ist doch unbezweifelbar, daß der für Wahrheit ausgegebenen Intuition eine ungleich größere Gefahr in dieser Richtung innewohnt. Es ist altes Erbe der Aufklärung, durch rationale Verfahren zur Emanzipation beizutragen. In einer wirklich transparent und wissenschaftlich redlich durchgeführten Sicherheitsanalyse nach den bekannten und bei Pilz (1985) geschilderten Verfahren ist eine *kommunizierbare* Ebene der Kritik oder Zustimmung hergestellt durch Definition der Grundannahmen und der Berechnungsschritte. Für den, der die Analyse nachvollzieht, sind auch die "verborgenen" Irrationalismen (etwa in der Zuweisung der Wahrscheinlichkeitswerte oder die Beschränkung auf die Operationsmöglichkeiten des logischen Kalküls) sofort erkennbar und kritisierbar, bzw. im bescheidenen Rahmen verbesserbar. (Daß die Analysen von den *Betroffenen* nicht gelesen werden und daß dieser erwartbare Tatbestand die Manipulationsgelüste interessierter Kreise aufstacheln mag, spricht nicht gegen die Verfahren, sondern hängt mit sozialpsychologisch interessanten Tendenzen zusammen.)

So ist es natürlich nicht unsere Aufgabe, die Notwendigkeit systematischen Vorgehens und die Brauchbarkeit der Probabilistik in der Sicherheitsanalyse mit ingenieurswissenschaftlichen Argumenten zu stützen, dies überschritte weit unsere Kompetenzen. Wohl aber können wir uns auf die in Wertungen wie der von Pilz (s.o.) mitgemeinte Psychologie beziehen. Und da ist die "Transparenz" und Kommunizierbarkeit von "Denken und Handeln" gewiß eine psychologische Kategorie, deren Berücksichtigung im anstehenden Problemzusammenhang nicht anders als in systematischer Weise vonstatten gehen kann. Ähnlich bestellt ist es um die angesprochenen Aspekte der Organisation und Strukturierung der sicherheitsanalytischen Arbeit (Punkt 1) und der Vereinheitlichung der Untersuchungsqualität (Punkt 3). In unserer Perspektive wären hier neben den kommunikativen Aspekten die kognitiven Anteile im Umgang mit Sicherheitsproblemen relevant. Ein rational strukturiertes Organisationsprinzip und der metrisch-empirische Vergleich von Systemdaten fördern durchaus die Empfindung von *Gestaltschließungen*, die für gelungene Problemlösungen typisch sind. Um es in eine simple Frage zu kleiden: welch' andere kommunikative Informationen sollen für Konsens oder Dissens bei der Beurteilung der *Sicherheit* eines komplexen technischen Systems Bestand haben als die Daten einer lege artis durchgeführten Sicherheitsanalyse? An dieser Stelle ist der von uns im obigen Zitat hervorgehobene Begriff des Planungshilfsmittels in seine Rechte zu setzen: Die Analysedaten stellen ein Informationsnetz dar, dessen Parameter und Schritte einigermaßen transparent sind, deren Fehlerhaftigkeit sich dem Kundigen relativ schnell offenbart und die von daher probate Ausgangspunkte für die weitere Diskussion sein sollten. An dieser Stelle sei auf einen Gedanken verwiesen, den R. Bromme (persönl. Mitteilung, 19.10.1988) in seiner Kritik unseres Manuskripts mitteilt, daß nämlich Abstraktionen im Wissenschaftsprozeß durchaus *Ganzheitlichkeiten* repräsentieren und von daher a priori kein Gegensatz etwa zwischen mathematischer Formalisierung und intuitiver Modellierung bestehen muß, da auch formalistische Modelle ihrerseits ganzheitlichen Charakter haben und es vornehmlich auf die jeweilige Angemessenheit der Modelle ankommt. Daraus ergibt sich fraglos ein weiteres Argument für die *kommunikative* Brauchbarkeit systematischer Modelle.

Verteidigt man die systematische Analyse von einem eher psychologischen Standpunkt aus, präzisieren sich allerdings auch die Vorbehalte gegen das allfällige Eigenleben, das die rationalistische Sehweise auch auf diesem Gebiet zu entfalten pflegt.

Die Faszination, die wir den Gestaltschließungen gesellschaftlicher Suggestion oben zumaßen, ist natürlich auch das Problem eines wohlgeordneten Datenmaterials: von einem bestimmten Punkt an erweist sich das Hantieren mit den "hard facts", ihr Hin- und Herwenden, das Erproben mancher Ordnungsstrukturen und die immer wieder neuen Interpretationsfacetten als so interessant, daß das Datenmaterial eigentlich gar nicht mehr für einen realen Untersuchungsgegenstand stehen müßte. Es hat ein sehr zufriedenstellendes Eigenleben gewonnen. Der Verweis auf die Rationalität der Analyse führt an diesem Punkt in die Irre. Wir befinden uns nicht im Bereich der reinen Logik, und so wird der vorzüglichste Fehlerbaum sinnlos ohne sein ökologisches Feld (so ja auch Perrow, 1984/1987, s.o.). Dieses Feld umfaßt aber all die "Störvariablen", denen wir in den vorigen Abschnitten unsere Aufmerksamkeit zuwandten.

So hat Ulrich Beck (1986) recht, wenn er die Rationalität der Klarheit wegen einmal dichotomisiert, um die Interdependenzen dadurch noch zu verdeutlichen: "Wissenschaftliche und soziale Rationalität brechen zwar auseinander, bleiben aber zugleich vielfältig ineinander verwoben und aufeinander angewiesen" (S. 39).

Die Mathematik ihrerseits vermag allerdings noch einige unversöhnliche Anmerkungen zur impliziten Irrationalität der rationalen Sicherheitsanalysen beizutragen. Kuhbier (1986) verweist auf die zahlreichen Widersprüche in Studien zur Reaktorsicherheit, die sich aus dem naturwissenschaftlichen Anspruch auf Exaktheit und dem notwendigen Rekurs auf menschliche Subjektivität andererseits ergeben. Sind beispielsweise schon Modelle von Funktionsabläufen in großtechnischen Anlagen wegen ihrer Realitätsvereinfachungen und -verzerrungen problematisch, gerät die Basis der Rationalität vollends ins Schwimmen, wenn bei nicht mehr in Modellen abbildbaren Funktionen oder Zusammenhängen Expertenurteile herangezogen werden müssen. Hier bricht sich die Subjektivität fast ungehindert Bahn. Selbstverständlich sind solche Eingeständnisse nur an das Fachpublikum gerichtet und kommen höchst selten den wirklich Betroffenen zu Gesicht. Für den, der sich ein Empfinden für die Aussagekraft der Sprache erhalten hat, sei die verklausulierende und ungelenke Darstellung eines solchen Eingeständnisses aus der von Kuhbier (1986)) zitierten "Risikoorientierten Analyse zum SNR-300" der Gesellschaft für Reaktorsicherheit (GRS) Köln 1982 vorgestellt:

> Andererseits wurde um die Angabe von Wahrscheinlichkeiten - in der Interpretation als Grad an Sicherheit -, mit dem ein Wertebereich für die Lage eines ungenau bekannten, aber an sich festen Wertes (Konstanten und Gesetzmäßigkeiten) für zutreffend gehalten wird, gebeten. Die Antworten zu diesen Fragen beschreiben subjektive Wahrscheinlichkeitsverteilungen, die gewichtet zu einer subjektiven Wahrscheinlichkeitsverteilung zusammengefaßt werden. Diese dient zur Quantifizierung der Unsicherheit in der Kenntnis der betrachteten festen Größen und zur Fortpflanzung dieser Unsicherheiten bis zu den Ergebnissen, für die sich dadurch subjektive Vertrauenbereiche ergeben. (S. 611)

Kuhbier (1986) leitet dieses Zitat als Illustration von "menschlichem Versagen" in Dingen der Sicherheitsanalyse ein:

> Schließlich sind es "nur" Menschen, die die oben erwähnten Studien oder ähnliche erstellen. Sie können unwissentlich oder wissentlich falsche Ergebnisse einbringen. Zur *ersten* Kategorie gehören Ergebnisse aus falschen Berechnungen oder aus der Verwendung falscher Modelle, die nicht als solche erkannt werden (können). Bearbeiter können auch schlicht inkompetent sein. Wer sich das nicht vorstellen kann, lese das folgende Zitat aus der "Risikoorientierten Analyse zum SNR-300", S. 294.

Inkompetenz ist der gefährlichste Feind der Sicherheit zumal dann, wenn sie in larviertem Gewand auftritt, insonderheit in der Maske der "Experten", die in solchem Zusammenhang dann aber auch gar nichts mehr mit dem Dreyfusschen Expertentum (s.o.) zu tun haben. Die Durchsetzung der Rationalität (scheinbar, weil gefordert) mit Irrationalität (geradezu unvermeidlich) gewinnt hier erstaunliche Prägnanz. Es ist nur mit dem interessengeleiteten Denkverbot zu erklären, wenn die impliziten Irrationalitäten unentdeckt und undiskutiert bleiben, oder wenn sie, wie etwa in der Argumentation des Mathematikers Kuhbier (1986) explizit werden, aber kaum sichtbare Korrekturen hinterlassen. Die merkwürdige Beharrungstendenz im Zustand der *guten Gestalt* (und eine durchgeführte "Risikoorientierte Analyse" mag für eine solche durchgehen) wehrt sich mit Händen und Füßen gegen ihre Abschaffung durch die Kritik.

Fanden wir in den Überlegungen zur politisch-gesellschaftlichen Situation der Sicherheit Schlußfolgerungen (wie etwa bei Rossnagel, 1983), die die Zuversicht in ihre Verwirklichung schwinden lassen, so lesen wir nun erstaunt, daß die mathematische Kritik uns nicht hoffnungsfroher stimmen kann: nicht nur, daß Kuhbier (1986, S. 609) beklagt, daß der systemischen Notwendigkeit, Unfälle in Kernkraftwerken als singuläre Ereignisse aufzufassen, zuwider gehandelt wird durch die Verwendung von Mittelwerten bei der Bestimmung von Unsicherheitsmargen (statt von Standardabweichungen), auch die grundsätzlichen Bedingungen der Sigma-Algebra sind nicht wiederzufinden, wie in einem abschließenden Zitat deutlich werden mag:

> Offenbar sind sich auch die Autoren der "Risikoorientierten Analyse zum SNR-300" dessen bewußt [der größten Vorsicht bei der Behandlung der geschätzten Werte, so Kuhbier weiter oben] denn sie verzichten in ihren Zusammenfassungen konsequent auf die Angabe von Vertrauensintervallen,

> Standardabweichungen oder ähnlichen Maßen für die Unsicherheit der geschätzten Ergebnisse. Meiner Ansicht nach ist die Annahme eines Streufaktors von 100 durchaus angebracht. Als Mathematiker würde ich sogar noch einen Schritt weitergehen und sagen: Berechnen oder schätzen kann man die Wahrscheinlichkeit eines Störfalles überhaupt nicht. Es lassen sich bestenfalls Plausibilitätsbetrachtungen durchführen und Überlegungen dazu anstellen, welche Ursachen für eine Störung infragekommen und wie man ihnen begegnen kann - und deshalb sind die genannten Studien auch wichtig. Für eine wahrscheinlichkeitstheoretische oder statistische Behandlung fehlen alle Voraussetzungen: Nicht einmal die vollständige Ereignismenge ist bekannt oder überhaupt definierbar. Damit ist aber auch die darauf aufzubauende Sigma-Algebra unbekannt, und worauf soll man dann ein Wahrscheinlichkeitsmaß definieren? (Kuhbier, 1986, S. 612)

Resümieren wir: im Licht einer kritischen und ökologischen Perspektive läßt die sich objektiv und rational gebende probabilistische Sicherheitsanalyse etliche Fragen, die aus ungelösten Widersprüchen stammen, offen. Diese Widersprüche werden sichtbar in der Kritik durchaus unterschiedlicher Wissenschaftszweige, wobei die Soziologie und die Psychologie nicht einmal die Federführung zu haben bräuchten.

Da "präzise Wissenschaften" wie Mathematik und Physik ihre Bedenken erheben, brauchen wir keine Homologieschlüsse (Jantsch, 1986) aus dem Theoriengebäude der Ungleichgewichtsthermodynamik (Prigogine) zur Hilfe zu rufen. Fölsing (1980) zitiert in seiner fundamentalen Kritik der statistischen (Stichwort: "statistische Verdünnung") und probabilistischen Argumentation im Bereich der Sicherheit die Bedenken der Physiker Hans Behte, Wolfgang Panofsky und Viktor Weisskopf in einer Stellungnahme zum Rasmussen-Report:

> Die Wahrscheinlichkeit eines unfallauslösenden Ereignisses ist schwer anzugeben. Viele Aspekte müssen erst durch Erfahrung und Forschung besser verstanden werden, bevor solche Rechnungen nachvollziehbar sind ... Wenn wir unsere Erfahrungen mit Problemen dieser Art zugrundelegen, in denen sehr kleine Wahrscheinlichkeiten auftreten, dann haben wir kein Vertrauen in die gegenwärtig berechneten absoluten Werte für die verschiedenen Unfallzweige. (S. 183)

Zum hier noch anklingenden Optimismus grundsätzlicher Erkennbarkeit zukünftigen Systemverhaltens bei verbesserter Parameter-Kenntnis wird im folgenden Abschnitt einiges zu sagen sei.

An eine Abschaffung sicherheitsanalytischen Vorgehens aufgrund vielfacher Kritik ist natürlich keinesfalls zu denken. Die Notwendigkeit der Sicherheitsanalyse erschließt sich jedoch für uns nicht aus den ihr zugesprochenen Bedingungen der vorurteilsfreien Logik und rationalen Objektivität, sondern aus einem eher sozial- und kommunikationspsychologischen Begründungszusammenhang. Die Analyse ist dann gewissermaßen der Sprachkonsens, über den bei der Diskussion etwa großtechnischer Anlagen Verstehbarkeit hergestellt werden kann. Das setzt natürlich voraus, daß diese "Sprache" von den Beteiligten "gelernt" wird. Das ist eigentlich nicht schwierig: die Voraussetzungen der Probabilistik könnten gut und gern zur "Allgemeinbildung" gehören.

Die Probabilistik kann sich leicht zu einem selbstgenügsamen Gedankenspiel entwickeln, das die alltägliche Dimension verfehlt: ein Beispiel hierfür ist das Maß für die technologische Risikoakzeptanz, welches Kuhlmann (1981) weniger zur Diskussion stellt als uns als Erkenntnisfortschritt vorrechnet:

> Unser Vorschlag lautet seit längerem, sich am natürlichen Todesrisiko auszurichten. Es ist praktisch in allen Industrieländern gleich groß und verändert sich nur langsam mit der Zeit, wobei es auch die zivilisatorischen Leistungen der Technik widerspiegelt. Die Sterberate in Abhängigkeit vom Lebensalter zeigt nach Abzug der "unnatürlichen" Todesursachen Unfall, angeborene Mißbildung und Unreife im Altersbereich vom 5. bis 15. Lebensjahr ein breites Minimum. Dieses niedrigste natürliche Sterberisiko erscheint geeignet als "absolutes Grundmaß" des technischen Risikos gegen Tod. (S. 428)

In solchen Überlegungen wird das Humane als ein Ganzes von Rationalität, Irrationalität, Wunsch und Befürchtung endgültig zur numerischen Größe. Der Rationalismus entlarvt sich hier als das, was als Gefahr schon immer in ihm war: die Dehumanisierung durch Partikularismus. Fölsing (1980, S. 187/188) läßt es dann auch nicht an einer spöttischen Kritik dieses Kuhlmannschen Gedankengangs, den er als Teil "einer selbstfabrizierten Sicherheitsphilosophie" richtig bezeichnet, fehlen. Auch bringt er die Kuhlmannsche Rechnung auf den Punkt, indem er nicht unerwähnt läßt, daß eine solchermaßen gegründete technische Installation "eine jährliche Todesrate von zwei Getöteten auf 10000 Personen noch zu(läßt)" (S. 188).

In einer Gesellschaft, in der die statistische Verteilung nie die tatsächlichen Verhältnisse abbilden kann, sind solche Rechnereien stets von denen vertreten worden, die zeitig dafür sorgen konnten, daß die Wahrscheinlichkeit, daß gerade sie von negativen Folgen betroffen würden, sich eben *nicht* nach dem Rechenmodell ermitteln läßt. Im Einzelfall lassen sich Vorkehrungen treffen, die den Schluß erlauben, das persönliche Risiko tendiere gegen Null. Das setzt genauere Kenntnis der Rechenmodelle und den Willen zur Doppelzüngigkeit voraus. Es liegt uns fern, dies für ein geheimes oder halböffentliches Ziel der Inferenzstatistiken zu halten, obschon die politische Verwertung dieses Wissenschaftszweigs nach den Katastrophen der letzten Jahre keine allzu idealistischen Hoffnungen begründet.

Der Versuch, über solche Datenarbeit Klarheit und Sicherheit zu vermitteln, darf vorerst als sozialpsychologisch gescheitert angesehen werden und als methodologisch noch keineswegs ausdiskutiert. Das liegt u.a. an bestimmten Systemeigenschaften, von denen im folgenden Abschnitt zu reden sein wird.

II.1.2. Zustände des Nichtgleichgewichts

Die Wissenschaft nimmt für sich in Anspruch, die Welt und ihre Erscheinungen zu erklären und das Leben durch Voraussage erträglicher zu gestalten. Erkenntnis ist die eine Dimension und Verbesserung der Lebensumstände durch kenntnisreiches Vorausschauen die andere.

Ginge es nicht um die funktionalistische Seite, so wäre möglicherweise der Streit der Meinungen weniger kraß: folgenloses (oder -armes) Erkennen als selbstgenügsamer Akt mag geduldiger stimmen. In der Frage der Sicherheit aber bleibt es naturgemäß nicht bei der Erkenntnis. Sie muß zu etwas Handfestem nutze sein, und das ist die Vermehrung der Sicherheit.

Das funktionale Interesse in seiner fraglosen Berechtigung muß sich jedoch mit dem jeweiligen Kenntnis- (oder Erkenntnis-)stand abfinden und seine Maßnahmen darauf aufbauen. Und damit gerät der Praktiker in die Unzulänglichkeit der Theorie. Es mag damit zusammenhängen, daß kein praktisches Handeln ohne eine implizite Theorie zu denken ist, und während die unzulängliche Praxis noch auf eine bessere Zukunft verweisen kann ("wenn wir erst mehr Erfahrung gesammelt haben"), ist die Theorie - wird sie einmal expliziert - in ihrer sofortigen Kritisierbarkeit aller Ausreden bloß. Das liebt der Praktiker nicht und deshalb erspart er sich und seinen potentiellen Kritikern den explizierenden Blick auf die handlungsleitende Theorie.

Die praktische Sicherheitswissenschaft ist also in bezug auf ihre verborgenen theoretischen Annahmen zu studieren. Das geschah ansatzweise in den vorigen Abschnitten, und hier soll es um die Diskussion erkenntnis- (und also praxis-)leitender Alternativen gehen. Dazu ist es jedoch nötig, einleitend den Stellenwert der Theorie noch einmal zu umreißen.

Der eingangs erwähnte Anspruch der Wissenschaft auf Erklärung muß sich schwerwiegende Einschränkungen gefallen lassen, die aus der Natur menschlichen Wahrnehmens, Denkens und Erkennens sich ergeben.

Wahrnehmen und Denken strukturieren sich ausweislich der Forschungen der Gestalttheorie (Wertheimer, Köhler, Koffka, Metzger et al.) in autonomen Gesetzen, folgen den Prinzipien autopoietischer Systeme sensu Varela und Maturana (vgl. Schmidt, 1987). Die hypostasierten "Fortschritte" des Denkens und Erkennens werden in dieser Perspektive blaß und fragwürdig. Schon gar nicht kann von einer kontinuierlichen Zunahme geredet werden, die die Beherrschbarkeit zukünftiger Fragen aus gegenwärtigen Modellen unterstellt.

Im Begriff des Modells liegt natürlich der Schlüssel der Kritik: da ein direkter Zugang zur Wirklichkeit aus denk- und wahrnehmungspsychologischen Gründen ausscheidet, wie der Radikale Konstruktivismus diskutiert (vgl. Schmidt, 1987), bleibt es bei den Bildern und Modellen, in denen wir die Wirklichkeit einzufangen versuchen. Während die Reliabilität solcher Erkenntnismodelle eher ein marginales Problem ist (zeittypische Übereinstimmungen zwischen den Erkenntnissuchenden, der temporäre Konsens, ist definitorisch für eine etablierte Wissenschaft), steht es um die Validität meistens schlecht. Nur merkt es so recht keiner. Und je mehr ein pragmatisches Interesse dominiert, umso weniger darf die nicht-existente Validität besprochen werden. Starke und metaphysisch begründete Tabus sorgen dafür.

Ausgedrückt in den von Christine und Ernst Ulrich von Weizsäcker (1984) verwendeten Begriffen von Erstmaligkeit und Bestätigung betont Jantsch (1986) die Bedeutung einer *beständigen* Umwandlung von Erstmaligkeit in Bestätigung für dissipative Strukturen (und lebendige Systeme sind dissipative Strukturen par exellence) bei der Informationsverarbeitung.

Der Diskussion dissipativer Strukturen vorgreifend sehen wir hier - cum grano salis - ein Charakteristikum etablierter Wissenschaft: sie fürchtet die Symmetriebrüche des Erkennens, das Infragestellen einmal gewonnener Sicherheiten und den lebendigen Metabolismus. Daher auch das Mißverständnis vom linearen Erkenntnisfortschritt, ihm liegt das Axiom geschlossener Systeme zugrunde, deren Voraussagbarkeit gewährleistbar erscheint. Einem übermächtigen Wunsch nach Gestaltschließung (auch hier wieder) wird der unverstellte Blick auf die tatsächlichen Systemeigenschaften des Erkenntnisprozesses geopfert. Es hat den Anschein, als ob die Apologeten der Gewißheit Gleichgewichtszustände deshalb favorisieren, weil ihnen selbst die dissipative Potenz immer neuer und ungewisser Autopoiese abhanden gekommen ist. Aber selbst wenn der Wunsch der Vater des Gedankens ist, so ändert er nicht die Systemeigenschaften: "Erkenntnis ist kein linearer Prozeß, sondern ein Kreisprozeß zwischen System und Umwelt" (Jantsch, 1986, S. 91).

Nehmen wir die Konstruktion der Realität in unserem Denken durch Modellbildung ernst, müssen wir uns natürlich des Anspruchs enthalten, bei der Kritik vorhandener Modelle der Wahrheit, sei es durch Evidenz, sei es durch Falsifikation, objektiv näher zu kommen (an dieser Stelle wäre schon wieder gegen Popper zu argumentieren). Indem wir uns für eine neue Sicht des Sicherheitsdenkens aussprechen, machen wir keine Aussage über die "Wahrheit", sondern lediglich über Grenzziehungen und Konturen bekannter und noch weiter zu entwickelnder Modellvorstellungen.

Wie oben des öfteren angedeutet, ist der erkenntnistheoretische Rahmen etablierter Sicherheitswissenschaft nicht schwer zu identifizieren: er steht im Kontext der Mechanik, in deren Problembereich die Sicherheitswissenschaft auch ihr pragmatisches Feld hat. Es wundert deshalb auch aus historischen und wissenschaftsgeschichtlichen Gründen nicht, daß das Modell der Vorgehensweise am ehesten in den Paradigmen der klassischen oder Newtonschen Mechanik zu suchen ist. (Wir folgen im weiteren der Diskussion, wie sie Jantsch, 1986, S. 55 ff, in Anlehnung an Prigogine führt.) Hier sind die Bewegungen einzelner Punkte vollständig determiniert. Eine Gerichtetheit der Zeit wird nicht gedacht. Impulse stammen nicht aus dem System selber, selbstorganisierende Strukturen sind unbekannt. Das ideale Pendel wäre ein Paradigma dieses mechanischen Verständnisses. Die schöne Prognostik, die ein solches Denken ermöglicht, wird jedoch bekanntlich durch das, was Jantsch an der angegebenen Stelle die "schmutzige Wirklichkeit" nennt, empfindlich gestört. Abgeschlossenheit der Systeme ist in dieser Konsequenz nicht außerhalb artifizieller Laborbedingungen denkbar. Darunter hatte namentlich die Psychologie als Laboratoriumswissenschaft zu leiden, wenigstens so lange, wie sie sich irrtümlicherweise als klassische Mechanik der Apparatur Mensch mißverstand (wir erinnern uns an die oben zitierte Gleichsetzung von

Mensch und Maschine bei Kuhlmann, 1981, die ja nicht von ungefähr in diesen Diskussionszusammenhang kommt).

Mit solcher Mechanik und ihren idealen Voraussetzungen war der Realität nur in begrenztem Maße beizukommen. (Es ist Jantsch beizupflichten, daß dieses Modell "freilich in vielen Fällen nutzbringend angewandt werden kann", 1986, S. 56 -, immerhin funktioniert unser unverzichtbarer alltäglicher Maschinenpark im großen und ganzen nach diesem Modell.)

Gerichtete Dynamik wird dann erst im 2. Hauptsatz der Thermodynamik beschrieben (Clausius). Die Zunahme der Entropie bis zum Erreichen des thermodynamischen Gleichgewichts ist nicht reversibel. Dies gilt jedoch nur für geschlossene oder isolierte Systeme, deren Entropiezunahme man auch als fortschreitende Desorganisation, als Maximierung der Unordnung beschreiben kann (L. Boltzmann). In der Voraussetzung der Geschlossenheit des Systems liegt eine beschränkte Anwendbarkeit des 2. Hauptsatzes der Thermodynamik, die immer noch für Verwirrung sorgt (s.u.).

Beiden physikalischen Beschreibungsebenen ist eine prinzipielle Umweltlosigkeit eigen, es sind Gleichgewichtssysteme, deren Voraussetzungen die offenkundige Realität belebter und unbelebter Materie nur für einen wohldefinierten Grenzbereich beschreiben.

Offene Systeme, die in energetischem Austausch mit ihrer Umwelt stehen, bedürfen einer anderen Beschreibungsebene. Typischerweise nimmt die Entropie in ihnen nicht notwendigerweise zu, sie

> haben die Möglichkeit, laufend freie Energie aus der Umgebung zu importieren und Entropie zu exportieren ... Thermodynamisch betrachtet gilt dann die allgemeine Erweiterung des zweiten Hauptsatzes für offene Systeme, die die Entropie*änderung* d S in einem vorgegebenen Zeitintervall in eine innere Komponente d_iS (Entropieproduktion infolge irreversibler Prozesse innerhalb des Systems) und eine äußere Komponente d_eS (Entropiefluß infolge Austausches mit der Umgebung) aufspaltet: $dS = d_eS + d_iS$, wobei die innere Komponente d_iS (wie beim isolierten System) nur positiv oder Null, aber niemals negativ sein kann ($d_iS \gtrless 0$).Der äußere Entropiefluß d_eS hingegen kann beide Vorzeichen annehmen. Daher kann die Gesamtentropie unter Umständen auch abnehmen, oder es kann ein stationärer, geordneter Zustand aufrechterhalten werden ($dS = 0$), für welchen dann gilt: $d_iS = - d_eS \gtrless 0$, (soweit Jantsch, 1986, S. 58)

Hier haben wir die thermodynamische Modellierung namentlich lebendiger Prozesse, deren (vorübergehende) Stabilität fern vom Gleichgewicht in einem fortwährenden Austausch mit der Umwelt aufrechterhalten wird. Ordnung ist hier nicht ein statischer oder von zunehmender Desorganisation bedrohter Zustand, sondern ein dynamisches Regime, das des Ungleichgewichtszustandes bedarf und sich in ständiger Selbsterneuerung durch Austausch erhält. Solche Strukturen heißen "dissipativ" und erhalten sich "autopoietisch", was wiederum eine strukturelle Autonomie des Systems bei gleichzeitiger energetischer Offenheit voraussetzt. Ordnung geschieht auf dieser systemischen Stufe durch Fluktuation: *"Sein* und *Werden* fallen auf dieser Ebene zusammen" (Jantsch, 1986, S. 59).

Verabschiedet werden muß folglich jeder Reduktionismus, nach Prigogine sind jene drei Beschreibungsmodelle (s.o.) aufeinander nicht reduzierbar, die Wirklichkeit ist nicht mehr abbildbar in *einem* Modell. Zurückzuweisen ist in diesem Zusammenhang die gelegentlich aufscheinende Tendenz, das Modell autopoietischer und dissipativer Strukturen als Widerlegung der beiden Gleichgewichtsmodelle anzusehen (vgl. Prigogine & Stengers, 1986, passim, oder Jantsch, 1986, S. 59). So gilt für die Beschreibung schon der unbelebten Wirklichkeit, daß "zumindest diese drei Betrachtungsebenen gleichzeitig herangezogen werden müssen" (Jantsch, 1986, S. 59).

Im Bereich der Sicherheit ist jedoch - wenigstens solange man Sicherheit nicht allein als die technische Funktionszuverlässigkeit definiert - das lebendige Element konstituierend. Wir können nun bestimmte die Einengung der mechanistisch-physikalischen Perspektive in der Sicherheitspraxis kritisieren als ein Verharren auf den Gleichgewichtsebenen der Beschreibung. Die beteiligte lebendige Struktur - der Mensch - ist einem solchen Systemdenken nur unter Leugnung seiner ureigensten Eigenschaften als in der Gleichgewichtsferne sich erhaltende Struktur einzuordnen. Wir begegneten dahingehenden axiomatischen Forderungen etwa im Mensch-Maschine-Umwelt-System (Kuhlmanns, s.o.). So, wie die grundlegenden Eigenschaften von Subsystemen hier verkannt werden, erweist sich auch das dynamische Modell der Kybernetik als untauglich: angewiesen auf negative Rückkopplung vermag die Evolution des Systems durch positive Rückkopplung mit dem Modell der Regelkreise nicht erklärt zu werden. Unerklärlich bleiben auch die für lebendige Strukturen kennzeichnenden Entwicklungen neuer Formen, der Wechsel von Stabilität und Instabilität, eben die "Ordnung durch Fluktuation". Positive Rückkopplung ist von einem bestimmten Punkt an das Ende eines kybernetischen Systems und der Beginn neuer, aber nicht mehr aus dem alten beschreibbarer Formen. Allerdings haben solche Strukturbildungen den aus der Sicht konservativer Theorie unangenehmen Nachteil prinzipieller Unvorhersagbarkeit. Damit wird verständlich, daß dem funktionalen Anspruch der Praxis gewordenen Sicherheitswissenschaft mit solchen Modellen nicht gedient ist. Eine gegenüberstellende Sicht der verschiedenen Systemebenen und ihrer Charakteristika wäre an dieser Stelle angebracht, und wir bedienen uns der von Jantsch (1986, S. 67) vorgeschlagenen (vgl. Tabelle 1).

Die Wirklichkeit läßt sich jedoch auf Dauer nicht aus, wie man sagen könnte: gestalttheoretisch organisiertem Wunschdenken (Prägnanztendenz!) mit inadäquaten Modellen und daraus resultierenden Projekten traktieren. Die "normalen Katastrophen" (Perrow, 1984/1987) heutigen Sicherheitsbemühens geben über die theoretischen Irrtümer Auskunft.

Die Folgen, die sich aus einer Beachtung *aller* drei genannten Beschreibungsebenen in der Sicherheitsdiskussion ergeben, sind so offen wie sie die grundlegende Forderung der Ungleichgewichtsdynamik beschreibt.

Tabelle 1: Nach Jantsch (1986, S. 67)

Kennzeichnender Systemaspekt	Strukturbewahrende Systeme		Evolvierende Systeme
Gesamtsystem-Dynamik	statisch (keine Dynamik)	konservative Selbstorganisation	dissipative Selbstorganisation (Evolution)
Struktur	Gleichgewichtsstruktur, permanent	Devolution auf Gleichgewichtszustand hin	dissipativ (fern vom Gleichgewicht)
Funktion	keine Funktion oder Allopoiese	Bezug auf Gleichgewichtszustand	Autopoiese (Selbstbezug)
Organisation	statistische Schwankungen in reversiblen Prozessen	irreversible Prozesse in Richtung auf den Gleichgewichtszustand	zyklisch (Hyperzyklus), irreversible Drehrichtung
Interner Zustand	Gleichgewicht	nahe Gleichgewicht	Ungleichgewicht
Umweltbeziehungen	abgeschlossen oder offen (Wachstum möglich)		offen (ständiger, ausgewogener Austausch)

Tafel 1. Ein Überblick über die Hierarchie der kennzeichnenden Systemaspekte macht die Unterschiede zwischen zwei grundsätzlich verschiedenen Klassen von Systemen deutlich. Strukturbewahrende Systeme befinden sich im Gleichgewichtszustand oder bewegen sich irreversibel auf diesen zu. Evolvierende Systeme befinden sich fern vom Gleichgewichtszustand und evolvieren durch eine offene Abfolge von Strukturen.

Die Bestimmtheit der Kritik fußt zunächst nicht auf einem "positiven" Erkenntnisfortschritt, sondern auf der Kritik unangebrachter Modellvorstellungen, die freilich seit ihrem Bestehen der Wirklichkeit nicht in dem von ihnen selbst geforderten allgemeinen Gültigkeitsanspruch standgehalten haben und ihre Dauer nur dem ubiquitären Phänomen der subjektiven Wahrnehmungskonstruktion verdanken. Über die "Rationalität" wird neu nachzudenken sein. Erst dadurch wird Sicherheit gestaltbar sein. Bezeichnenderweise ist die Ganzheitlichkeit ein Thema, das in der Diskussion offener Systeme wieder in den Vordergrund rückt. "Für mich als praktizierenden Wissenschaftler ist es selbstverständlich, daß man sich nicht nur um sein eigenes Fach kümmert, sondern versucht, einen umfassenderen Blick für die kulturellen Bedeutungen der eigenen Zeit zu bekommen", so Ilya Prigogine in einem Brief vom 13.6.1986 (zitiert nach Altner, 1986, S. 188) und er fährt fort: "Als Europäer leben wir am Schnittpunkt von mindestens zwei Rationalitäten. Und wir können nicht darauf verzichten, Wissenschaft, Kultur und Demokratie in Beziehung zueinander zu setzen" (S. 188) und weiter unten: "Heute sehen wir die konstitutive Rolle irreversibler Prozesse auf allen Ebenen. Sicherlich - und diesen Punkt versuchte ich zu betonen - hat diese jüngste Entwicklung der Wissenschaft die humanwissenschaftlichen Disziplinen nähergebracht, da hier Zeit als ein wesentlicher Parameter immer eine wichtige Rolle gespielt hat" (S. 189).

Gerade nicht die von einer einseitig rationalistisch-technizistisch orientierten Wissenschaft praktizierte Vereinnahmung der humanen Dimension führt zu einer brauchbaren Integration, sondern erst der Paradigmenwechsel der Naturwissenschaft selbst bringt uns einer wohlverstandenen Interdisziplinarität näher. Alle Gewaltakte der Realitätsverkürzung durch untauglichen Modell-Oktroi unterbleiben hierbei. Die Rationalität ist nicht mehr eindeutig und linear, schon gar nicht mehr ewig, sondern selber dissipative Struktur und in die lebendige Auseinandersetzung wesenhaft einbezogen: Prigogine schließt den erwähnten Brief daher: Doch ich bin überzeugt, daß wir erst am Anfang jener Treppe stehen, die uns zu einer "Neuen Rationalität" führen wird. Die Konturen dieser "Neuen Rationalität" müssen noch gezogen werden. Doch dafür brauchen wir, glaube ich, Zeit, Werte und Kreativität. Ist es ein Zufall, daß diese Eigenschaften genau die hervorstechendsten Eigenschaften menschlichen Bemühens sind? (S. 190)

Die Spezialisierung einer verselbständigten Sachkompetenz muß als obsolet angesehen werden: der Fachmann in seiner im Gleichgewicht ruhenden Kompetenz hat es unterlassen: a) die (ursprünglich wohl noch vorhandene) Einheit humaner Weltgestaltung (Leonardo da Vinci!) fortzuführen und als solche zu entwickeln und b) die einmal als probat empfundene Rationalität immer wieder erneut zu prüfen und gegebenenfalls in ihrem Geltungsbereich einzuschränken. Das Versagen unter b) stammt natürlich aus dem Versagen unter a). Ein fortgesetztes Sich-Stellen der ganzen Lebenswirklichkeit ist mit einem dauernden Aufrechterhalten von systemwidrigen Normen unvereinbar. Der Blick auf die Realität, konstituierend, wie er naturnotwendig ist, ist doch ein zuverlässiges Korrektiv sich fortzeugender Borniertheit. Letztere ist das Charakteristikum der zum Gleichgewicht erstarrten Lehrmeinung, deren Ehrgeiz es nicht selten ist, Norm zu werden.

Die Angst vor der Unsicherheit hat damit den gefährlichsten Zustand geschaffen: die Aufhebung der Sicherheit als offene, autopoietische und dissipative Struktur und ihre Etablierung als starres Dogma. In diesem Zustand bedeutet sie eine Gemeingefahr.

Das zu Vermeidende kehrt im Vermeidungsinstrument unfehlbar wieder und offenbart sich erst dann als das nicht mehr Beherrschbare. Die "Katastrophe" ist erst dadurch unvermeidlich, als die ursprüngliche Einheit von Gefahr und Sicherheit (man erinnere sich an unsere Andeutungen oben zu den "natürlichen" Sicherheitsstrategien) aus einer panischen Phobie heraus zerstört wurde und mit einer lebenswidrigen Struktur, nämlich der starren Rationalität mißverstandener "Natur"-Wissenschaft, Lebendiges, also das Gefährdet-sein, *abgeschafft* werden sollte. Es bleibt nur, den sich allfällig einstellenden Überraschungen, daß die gewählte Strategie naturgemäß an allen Ecken und Enden versagt, das hilflose "welch' eine Katastrophe!" hinterherzuschicken.

"Zum anderen wird das plötzliche Umschlagen des Zustandes von komplizierten Systemen - eine 'Katastrophe' - beschreiben, die nach scheinbar folgenlosen kleinen Änderungen schlagartig ein völlig neues Verhalten zeigen" (S. 131). Hier verweist Görnitz (1987) auf das Geschehen um jene Bifurkationspunkte herum, deren richtiges Verstehen uns einer alten, wiewohl vergessenen Sicht der "Katastrophe" erinnern läßt. Noch der griechische Kulturkreis wußte von der Bedeutung der Katastrophe als Wendepunkt und Umkehr und bezeichnete diesen in seinen Dramen, deren Wesen das Prozeßhafte des Lebendigen ist, als das Umfassende scheinbar einander widersprechender Strukturen und nicht als das Ende. Görnitz (1987, S. 132) bringt in diesen Zusammenhang den von Niels Bohr geprägten Begriff der Komplementarität, dessen Bedeutung in der Quantenphysik grundlegend ist. Zu Recht ist er nach Görnitz von der Dialektik abzuheben, die eine lineare Ordnung in der Synthesis denkt. Die darin verborgene Teleologie hat uns später noch zu beschäftigen, sie ist schroff getrennt vom Erhalten und Aushalten der Komplementarität, die sich simplen Ordnungsvorstellungen entzieht.

Die menschliche Größe, die im altgriechischen Begriff der Katastrophe noch aufscheint, verengt sich und verblasst in kulturellen Dimensionen, die das Seiende zugunsten utopischer Teleologien stiefmütterlich behandeln und ihr Augenmerk weniger auf die lebendige Struktur lenken als auf eine von den notwendigen Unklarheiten des Seins befreite Sphäre der Erlösung: im Christentum des Neuen Testaments erfährt der Begriff die uns geläufige Beschränkung auf den "katastrophalen" Untergang, eine Endgültigkeit, in der das Leben nichts mehr vermag und jenseitige Erlösungsmächte aufgerufen sind.

Kulturgeschichtlich gesehen stellen sich so schon die Weichen des Umgangs mit der Sicherheit: solange eine feste Verankerung in transzendenten Geborgenheiten geglaubt wird, ist die Sicherheit als psychische Dimension unabhängig von der Kunst der Fachleute. Man ist "in Gottes Hand", was wegen der prinzipiellen Unendlichkeit des Seins Gewähr genug ist (vgl. Wehner & Reuter, 1986).

Ohne die Gewogenheit der Götter, die die "Sorglosigkeit", die securitas, befördern und ohne das Heilsversprechen des göttlichen Ungeschehen-Machens der "Katastrophe" sieht's für das Sicherheitsbedürfnis des Menschen böse aus. Die Sorge tritt auf den Plan und mit ihr die zur Verfügung stehenden Techniken der Vor-Sorge.(Einer vertiefenden Diskussion in Hinsicht auf Heidegger enthalten wir uns in diesem Zusammenhang, wiewohl gerade seine Ontologie in eine immer noch aktuelle Technikkritik mündet.) Sind schon die Heilserwartungen "normiert", so gilt dies noch in gesteigertem Maß für die als tauglich angesehenen "weltlichen" Sicherheitstechniken. Es wäre sogar anzunehmen, daß der Verlust von Securitas und Erlösungsversprechen infolge der ontologischen *Verunsicherung* ein vermehrtes Bedürfnis nach Sicherung der Sicherheit ausgelöst hat. Und dazu fällt den an Descartes und Newton geschulten Wissenschaftlern nur die in Gesetzesaussagen und dann in Normen gefaßte "Erste Rationalität" (wie wir sie in Anlehnung an die oben zitierten Ausführungen Ilya Prigogines nennen wollen) ein. Gefahren wird nicht durch Umzentrierung und Umstrukturierung des Denkens begegnet, sondern sie sollen in einem gleichsam "magischen" Ritual durch Mehr-vom-Selben gebannt werden. In offenen und dynamischen Systemen ist jedoch eine bloße Veränderung der Quantitäten eine untaugliche Antwort auf drohende Systemzusammenbrüche. Die so gewählte Antwort verschärft die konfrontative Haltung, die aus der Illusion stammt, der Gestalter sei außerhalb des Gestalteten, eine Illusion, die für das naturwissenschaftliche Experiment klassischer Prägung bekanntlich grundlegend ist.

In einer solchen Sicht der Dinge ist die Katastrophe im neutestamentarischen Sinn 1. unvermeidlich und 2. aller Chance, die im Bedeutungsrahmen der "Wandlung" noch gelegen hat, ein für allemal entkleidet. Das, was die verlorengegangene Sicherheit neu und diesmal besser etablieren sollte, ist strukturell, praktisch und logisch die eigentliche Katastrophe. Sie stammt jedoch nicht aus grundsätzlichen Aporien, auch nicht aus Fehlern, sondern aus einem Irrtum (vgl. die Irrtums-Fehler-Diskussion etwa bei Wehner & Mehl, 1987).

Die Entfremdung der Welt, die die Betroffenen (und das sind in der Regel nicht die "Macher" der Neuen Technologie selbst, vgl. unsere Diskussion oben) in berechtigter ontologischer Furcht angesichts der Unbeherrschbarkeit der technischen Systeme beschleicht, ist ihrem Wesen nach die aufgezwungene Fehleinschätzung, die aus einem heute für das *Ganze* obsoleten wissenschaftlichen Paradigma stammt. Wir sagen: *heute* obsolet, weil wir natürlich nicht verkennen, daß die cartesianische Rationalität zu ihrer Zeit und auch noch bis heute im eingeschränkten Bereich nötig und probat (im Sinne der Anwendungstauglichkeit) und zum anderen emanzipatorisch und aufklärerisch war und ist. Die Großtechnologie allerdings hat eine Dimension erreicht, daß die Fehlerhaftigkeit, mit der die Newtonsche Mechanik selbst bei Automobilen und Flugzeugen Überraschungen bietet, kaum mehr tolerabel ist. Die Kritik hat also nicht die Abschaffung der Maschine zum Ziel (die auch schon im Luddismus nicht schwärmerisch-romantisch war, sondern von Existenznot getrieben, vgl. Sieferle, 1984), sondern eine Entwicklung und Implementierung der Technik nach wissenschaftstheoretisch veränderten, d.h. konkret den Erkenntnisfortschritten aus den Modellen etwa der Ungleichgewichts-Thermodynamik Rechnung zu tragenden Dimensionen. Dazu ist keine Irrationalität vonnöten, wohl aber eine Rationalität "zweiter Art", die ein Neudenken von Sicherheit und Fehlerhaftigkeit voraussetzt und ermöglicht (welch' letzteres nur ein scheinbarer Widerspruch ist!). Die neu zu denkende Einheit von Welt und Technik ist von folgender Art: "Es handelt sich um eine Welt, die wir als eine natürliche verstehen können, sobald wir verstehen, daß wir ein Teil von ihr sind, eine Welt, aus der sich jedoch die alten Gewißheiten verflüchtigt haben" (S.

294), so Ilya Prigogine und Isabelle Stengers in ihrem Buch "Dialog mit der Natur" (1986). Und es bleibt nicht bei der Verflüchtigung der Gewißheiten, für unverzichtbar erklärte Voraussetzungen des "geordneten" Lebens sind ebenfalls in neuem Licht zu sehen. Die Autoren fahren fort: "Diese Welt, die anscheinend die Sicherheit von stabilen, dauerhaften Normen aufgegeben hat, ist zweifellos eine gefährliche und unsichere Welt" (1986, S. 294).

Es ist unübersehbar: am Beginn des Paradigmenwechsels im Sicherheitsdenken steht nicht mehr die Ideologie des Mehr-vom-Selben, sondern eine neue Phänomenologie, ein neues Zur-Kenntnis-Nehmen der Zustände, Prozesse und Systemeigenschaften. Damit befindet sich die Wissenschaft von den dissipativen Strukturen in altehrwürdiger Tradition von Philosophie *und* Naturwissenschaft: vor der Klassifikation und der Manipulation hat die Beobachtung zu stehen. Dem wird so natürlich auch heute kein Naturwissenschaftler widersprechen, nur die Erkenntnisgeschichte selbst widerlegt die Ehrbarkeit des beobachtenden Naturstudiums. Die kritische Potenz der Beobachtung, des "Sieh hin und Du weißt" (Jonas, 1985, S. 236) ist nicht durch das Postulat der Radikalen Konstruktivisten aus der Welt geschafft, die von der Konstruktion der Wirklichkeit durch Wahrnehmung und Kognition ausgehen. Diese Diskussion ist hier jedoch nicht zu vertiefen.

Immer folgte zu schnell der Verwertungszusammenhang und damit eine erkenntniswidrige Verkürzung der Beobachtungstätigkeit. Poppers Falsifikationsforderung hat sich in der Erkenntnis- und Anwendungsgeschichte gerade der Technologien selber falsifiziert. Im Sinne alsbaldiger und möglichst verkäuflicher Gestaltschließungen läßt man es lieber auf eine womögliche Falsifikation gar nicht erst ankommen. Die Technikgeschichte ist voll von Beispielen, die anstelle drohender Falsifikation "Fortschritte" nach der Methode "Augen zu und durch" bevorzugten.

Sprechen Prigogine und Stengers vom *Dialog* mit der Natur, so meint dieses Vorgehen gerade nicht das Diktat eines Ziels, sondern auch die teleologische Offenheit des Prozesses, die in den Apriori-Begriffen des Gelingens oder Scheiterns nicht ausdrückbar ist. Genausowenig, wie ein solcher Dialog fatalistische Resignation meint, ist mit der damit notwendig verbundenen Technikkritik Technikfeindlichkeit gemeint. Wohl aber bedeutet die Kritik den Abschied eines naiven und gradlinigen Fortschrittsdenkens. Akzeptanz der Welt als offenes System fordert den Abschied von den Teleologien, die im Wissenschaftsverständnis von geschlossenen Systemen enthalten sind. Das hat weitgehende gesellschaftliche Folgen, die der Ideologie errechenbarer Bilanz-Optimierung entgegenstehen. Röglin (1981) sieht das so: "Das Denken von der Katastrophe her motiviert neue Fähigkeiten und Tugenden derjenigen, die unsere Großtechnologien im weitesten Sinne des Wortes bedienen und zwingt die Öffentlichkeit, realistisch die Logik der Industriegesellschaft und ihre öffentliche Akzeptanz zu reflektieren" (S. 541).

Erstaunlicherweise führt uns also auch der Weg der Diskussion dissipativer Strukturen zum gesellschaftlich-politischen Themenkreis, den wir aus anderem Blickwinkel in den vorigen Abschnitten schon umrissen haben.

Und in der politisch-gesellschaftlichen Dimension werden auch gerade die Auseinandersetzungen ausgetragen, die zu Tarnzwecken sich ein naturwissenschaftlich-rationales Mäntelchen umhängen. Es bedarf dann schon einer gewissen Auslegungskunst, die den Blick für das gesellschaftliche Umfeld der Argumentation geschärft hat, um die Motivation eines bestimmten Begründungszusammenhanges angemessen einschätzen zu können. Diese kritische Auslegung kann in zweierlei Weise stattfinden. Zum einen über den Weg einer verstehenden Hermeneutik, die in umfassender Weise die Situation des Geschriebenen und Gesprochenen berücksichtigt (und sich keineswegs etwa auf fachspezifische, sprachlogische oder ähnliche Einschränkungen einläßt, die also auch "zwischen den Zeilen" liest). Zum anderen über die Erhebung objektiver Sprachdaten und ihre Verrechnung sowie der anschließenden verstehenden Interpretation.

Der erste Weg ist in diesem Essay an vielen Stellen beschritten, der zweite ist vorgestellt in dem Beitrag von Reuter und Wehner in diesem Buch.

II. 2. Die Qualität des Subjektiven

So, wie die Subjektivität in der wissenschaftlichen Interpretation ihre berechtigte Position hat, ist sie in der Diskussion um Sicherheit eine wesentliche, wenn auch häufig vernachlässigte Kategorie. Sicherheit ist für den Menschen nur insoweit von Belang, als sie in seinem Wahrnehmungsfeld als erwünschter Zustand gegenwärtig ist. Alle Sicherheitsproblematik, die keine Wahrnehmungs- und Erlebnisrelevanz hat, konterkariert auch die objektivsten und mathematisch stichhaltigsten Berechnungen und Vorsorgen.

Dies Phänomen wird teilweise im Begriff der Risikobereitschaft mitgemeint, wenigstens insoweit, als das Eingehen inakzeptabler Risiken oft von einer mangelnden Wahrnehmungsschärfe und Erlebnispräsenz herrührt.

Die Veränderung im Umgang mit sicherheitssensiblen Technologien im Laufe der Zeit dimensioniert ein weiteres Feld, welches durch den Begriff der Routinisierung nur unzulänglich erfaßbar ist. In den Fragen, die das Individuum direkt betreffen und in deren Zentrum der kognitive und emotionale Umgang mit der Sicherheit als einer idée directrice (Kaufmann, 1973) steht, schlagen wir vor, das übliche Forschungsinventar kritisch zu sichten und erhebliche theoretische und methodische Erweiterungen vorzunehmen. Wir sprachen gelegentlich davon, daß wir von einer neuen Methodologie des Fragen-Stellens ausgehen wollen. Diese Fragen sollen - wenn möglich - nicht theoriegeleitet, sondern von der widersprüchlichen Phänomenologie der Problemfelder abgeleitet sein. Das hat zwei Vorteile: 1. bleibt im Bereich der Sicherheit als einem dem Menschen erstrebenswerten Zustand (oder Prozeß!) genug an Fragen offen, die sich der technologischen oder ingenieursmäßigen Bearbeitungen entziehen (sie betreffen vor allem die Erlebens-, die Aneignungs- und damit die Handlungsdimensionen) und 2. hüten wir uns durch die Zentrierung der in ihren Erscheinungen erfaßten Problembereiche vor den in jeder

Theoriebindung unvermeidlich verborgenen Frageverboten. Indem die Fragen da sind, gilt es erst nach den *adäquaten* Antwortstrategien zu suchen. Und zwar nicht mit Biegen und Brechen, sondern mit dem Mut zur unbeantworteten Frage. Von den Antworten, die unterm Diktat der praktischen Anforderung nur gefunden wurden und werden, ist gar zu viel über kurz oder lang auf dem Müllhaufen der Erkenntnisgeschichte gelandet, oft genug nachdem der Unsinn durch zahlreiche Ränke und Manipulation über seine Zeit hinaus künstlich am Leben gehalten worden ist.

Das ist kein Argument gegen die physikalische oder Ingenieurs-Wissenschaft. Im Gegenteil: von wem sollten die konkret die Technik betreffenden Sicherheitsprobleme gelöst werden, wenn nicht von denen, deren Kompetenz die Handhabung und Konstruktion der Technik ist? Aber damit ist es im Feld der praktizierten und theoretisch begründeten Sicherheit bekanntlich nicht getan. Das Auftauchen des Menschen in diesem Zusammenhang stellt neue Fragen. Wir schlagen nun vor, die Neuheit dieser Fragen ernst zu nehmen und uns aller Verlockungen zu enthalten, die aus dem vermeintlichen Vorhandensein eines schon (im ingenieurswissenschaftlichen Feld) erprobten Untersuchungsinstrumentariums stammen. Das Gesamtsystem Mensch-Maschine-Umwelt (um so mit Kuhlmann zu sprechen) hat spezifisch andere Eigenschaften als sie technische Systeme für sich genommen haben. An dieser Stelle sei selbst an den ubiquitären Irrtum, technische Systeme verhielten sich nach den Gesetzen der idealen Mechanik, nur einmal wieder erinnert. Wir wissen allerdings zu wenig von der Diskussion. Die "eindringenden und sachhaltigen Kategorien der spekulativen Systeme" (Adorno, 1980, S. 498) wurden in der Entwicklung der psychologischen Forschung oft mißachtet und gerieten in Verruf, und damit verlor sich aus dem Blickfeld, was menschlich an der Psychologie war. Diese Menschlichkeit ist immer vergegenständlicht im *Subjektiven*, nicht in Mittelwert und Varianz. Feiner und raffinierter hingegen wurde die selbstgenügsame Methodologie, deren Herkunft aus den "exakten" Wissenschaften das Selbstbewußtsein des Psychologen überhaupt erst bewirkte. Kennzeichnend für dieses Treiben war, daß die - naive - Wahrnehmung der psychologischen Sachverhalte zunehmend verschwand. Es fiel nicht mehr auf, daß die Erklärungsmodelle und Theorien, so sehr sie auch methodologisch stimmen mochten, vom Eigentlichen menschlicher Existenz nichts mehr zu sagen hatten. Dies "Eigentliche" war nun keine metaphysische Kategorie, sondern erschloß sich der Kritik, die beispielsweise aus einfacher Alltagserfahrung über Sinn oder Unsinn einer psychologischen Theorie hätte entscheiden können. Der Behaviorismus, der nicht zum wenigsten Pate gestanden hat bei der Vorstellung, Menschen seien Maschinen, ist eine solche Theorie ohne Sinn. Die zahlreichen Irrtümer der Psychologie sind zumeist als Wahrnehmungsstörungen zu betrachten: die Netzhautbilder und ihre neuronale und kognitive Verarbeitungen stimmten gleichsam aus dem einen oder anderen Grund nicht mit der Wirklichkeit überein. Daß aus der Täuschung eine Theorie wurde (unter strenger Einhaltung der für eine Theorie logischerweise vorgesehenen Regeln), hängt mit den Gestaltschließungsgesetzen zusammen, die nicht unbedingt nach Richtigkeit, sondern nach Prägnanz fragen. Wir können uns also beruhigt dem Argumentationsgang Hans Jonas' (1985) anschließen, der aus dem *Dasein* allein die nötigen und ethischen Forderungen ableitet (so gesehen ist eine inadäquate Theorie natürlich ethisches Versagen):

> Ich meine wirklich strikt, daß hier das Sein eines einfach ontisch Daseienden ein Sollen für Andere immanent und ersichtlich beinhaltet, und es auch dann täte, wenn nicht die Natur durch mächtige Instinkte und Gefühle diesem Sollen zuhilfe käme, ja meist das Geschäft ganz abnähme. (S. 235)

Blicken wir wieder auf das Problem der Sicherheit: hier wird es zu einer sehr leibnahen, höchst existentiellen Frage, ob die richtigen Entscheidungen getroffen werden. Die nomothetische Wissenschaft hat da schnell eine Antwort zur Hand: die "richtige Entscheidung" ist ihr die "objektive" Entscheidung. Und objektiv ist allemal das durch objektivierende Methodologie sichtbar Gemachte. Kein Gedanke wird daran verschwendet, welches Schicksal die Methodologie in diesem Erkenntisprozeß nimmt. Zwei Tendenzen erwähnten wir schon: 1. entfernt sich die Methodologie mehr und mehr vom Gegenstand und 2. neigt sie wegen ihrer eigentümlichen Gestaltschließungstendenzen zu Ausgrenzungen und vorzeitigen Schlüssen. Beide Tendenzen sind miteinander verwoben. Fest steht, daß die naturwissenschaftliche Behandlung des Problems Sicherheit einen Weg eingeschlagen hat, der wesentlich Hans Jonas' (1985) Forderung nach Objektivität nicht mehr entspricht. Dieses Diktum lautet schlicht: "Der Begriff der Verantwortung impliziert den des Sollens, zuerst des Seinsollens von etwas, dann des Tunsollens von jemand in Respons zu jenem Seinsollen. Das innere Recht des Gegenstands geht also voran .... Die Objektivität muß wirklich vom Objekt kommen" (S. 234).

Bezogen auf die Sicherheit heißt das die Problematisierung einer scheinbaren Selbstverständlichkeit: Soll Sicherheit sein? Die Ungelöstheit dieser Frage weist auf ihre interessen- und machtgestützte Auslegbarkeit. Vom grundsätzlichen Seinsollen ist dann nicht mehr die Rede. Das Seinsollen, bei Jonas noch eine ontologische Kategorie, die aus einem Recht herleitbar ist, das der Vermarktung entzogen ist, wird unter der Hand zur Funktion zumeist der Ökonomie.

Unterstellen wir einmal, daß auch der zweite Teil des Jonas'schen Satzes stimmt, daß das Tunsollen im Respons zum Seinsollen steht, ahnen wir auch schon, wie es dann um solches Tun bestellt ist. Der Blick auf die Wirklichkeit bestätigt unsere schlimmsten Befürchtungen (und die Gültigkeit des Jonas'schen Satzes): der Beliebigkeit des Seinsollens entspricht die des Tunsollens. Ihre jeweilige Übereinstimmung muß jedoch strikt eingehalten werden. Der Konnex ist unaufhebbar, während außersystemische Begründung beliebig bleibt. Man sieht dies an den im systemischen Gleichschritt bleibenden Sicherheitsstrategien. Ihre erste Pflicht ist, die vorgegebenen Maßstäbe nicht zu stören. Tut dies doch jemand (etwa ein kritischer Ministerialrat in den mit Genehmigungsverfahren betrauten Ministerien, oder ein bedenklicher - im transitiven wie intransitiven Sinn - TÜV-Mitarbeiter, oder gar ein abtrünniger Industrie-Angestellter), so muß er um der Gestaltgeschlossenheit willen entfernt werden. Ähnlich mag es in den axiomatischen Begründungen der Sicherheitswissenschaft zugehen.

Unser Ausrufezeichen setzen wir deshalb hinter den letzten Teil des Zitats von Hans Jonas. In ihm ist lapidar die Umwertung des Begriffs Objektivität enthalten. Diese Umwertung kritisiert unnachsichtig die Verlotterung der Objektivität als eine metrische Dimension. Sie setzt wieder in ihre Rechte, was wir die Phänomenologie der Anschaulichkeit nennen können. Diese Phänomenologie hat allerdings nur wenig oder fast nichts mit der Phänomenologie als philosophisch-akademischer Disziplin im Gefolge Husserls und seiner Nachfahren (vor allem letzterer) zu tun. Die vom Objekt herrührende Objektivität ist keineswegs mit subjektiven Willkürlichkeiten behaftet. Auf keinen Fall sind diese Willkürlichkeiten größer als die schon bekannten im Umgang mit "objektiven" Daten. Die Notwendigkeit, das Wirkliche (im Sinne des Wirkenden) als Modell sich vorzustellen ist jedoch unbestreitbar. Kein menschliches Wahrnehmungsvermögen kann die unverkürzte Komplexität ständig berücksichtigen. Zu warnen ist aber eindringlich vor der Verselbständigung der Modelle. Da nur sie Gegenstand der wissenschaftlichen und experimentellen Manipulation sind, müssen wir für sie erwarten, was wir für die Gestaltprägnanz jedes Handelns oder kognitiven Prozesses zugrundelegen: Sie werden *für sich* schön, geschlossen, prägnant oder befriedigend sein und nach dem, *wofür* sie einstmals standen, fragt bald keiner mehr. Hier hilft *neues Hinsehen*. Es ist anzugehen gegen die mächtigen Traditionen und gegen die an der Wahrnehmungsverkürzung interessierten Kreise. (Denn auch der Unsinn hat Geschichte.) Die Anstrengungen sind also erheblich und führen doch nur zu neuen Fragen. Hans Jonas (1985) sieht das trefflicherweise so:

> Und selbstverständlich verlangt noch die hellste Sichtbarkeit den Gebrauch des Sehvermögens, für das sie da ist. An dieses richtet sich unser "Sieh hin und du weißt". Daß dies Sehen der vollen Sache weniger Wahrheitswert besitzt als das ihres letzten Überrestes im Filter der Reduktion, ist ein Aberglaube, der nur vom Erfolgsprestige der Naturwissenschaft jenseits ihres selbstgesteckten Erkenntnisfeldes lebt. (S. 236)

Das "Erfolgsprestige der Naturwissenschaft" ist ein zentraler Begriff bei der Erklärung der Verbreitetheit methodologischer Unzulänglichkeit. Wir können erneut die Gestalttheorie zur Hilfe nehmen. Wie kommt solches Erfolgsprestige zustande, das auch noch "das selbstgesteckte Erkenntnisfeld" transzendiert? Es hängt ohne Zweifel a) von der Dringlichkeit der Frage, die zu beantworten ist, ab und b) von der Gestaltprägnanz der gefundenen Antwort. In puncto a) hat die Naturwissenschaft es gut, sie eignet sich cum grano salis in besonderer Weise für die Problemlösung *direkter* und die *Existenz betreffender* Mißstände. Ihre Aura war ein für allemal im späten 19. Jahrhundert durch die experimentelle Medizin und die Entschlüsselung verheerender Seuchen, die dadurch erst mögliche Vorbeugung und Therapie sowie die daraus folgende, naturwissenschaftlich begründete Hygiene (R. Koch, J. Semmelweis, L. Pasteur) installiert.

Der Dringlichkeit solcher Bedrängnis des Lebens, jedem direkt vor Augen geführt und leibnah, entsprach die Schönheit und Prägnanz der wissenschaftlichen Antwort. Schier alle Kriterien, die an eine wissenschaftliche Erkenntnis zu stellen waren, wie Logik und Einfachheit, auch Falsifikationsfestigkeit, waren erfüllt. Instrument solcher beeindruckender Taten war die partikularistische und mechanistische Naturforschung.

Was vermochten ganzheitliche und spekulative Entwürfe der Lebensprobleme dagegen! Die Nachrangigkeit der Qualität der Quantität gegenüber schien ein für allemal geklärt. Daß es aufs Ganze ankäme und daß die Vernetztheit der Elemente und ihr Verhalten in der Zeit zu studieren seien, daß Analyse und Intuition zwei verschiedene Dinge seien und doch zusammengehörten, darauf wies Bergson oft hin; ihm wie auch anderen blieb das Reservat der Philosophie zugeordnet, wo sie - hochberühmt vielleicht - ohne erkennbare Wirkung auf die Lebensganzheit denken durften. Bezogen auf unsere oben genannten beiden Punkte der Faszination naturwissenschaftlicher Laborerkenntnisse ist der Nachteil der Philosophie ihre Grundsätzlichkeit. Was einst in hohem Ansehen stand, muß heute auf die Büßerbank: Wozu ist es nutze? fragt der Pragmatiker. Wo bleiben die konkreten Ergebnisse? Wo die Beweise? Alles Spielerei!

Die Rolle der Philosophie als Führerin der Wissenschaften war bei diesen Triumphzügen der Naturwissenschaft denn auch nicht nur bestritten, sondern auch beendet. Mit der Suche einer neuen Erfüllung ist sie bis heute beschäftigt und versucht es nun nicht zuletzt als Dienerin der Naturwissenschaften (s. Türcke, 1989 passim). Den Konflikt zwischen den Spielarten der Lebensphilosophien (Dilthey, Driesch, auch Bergson u.a.) und den Naturwissenschaften erkennen wir in der aktuellen Paradigmendiskussion wieder.

Das Verhältnis von Intuition und Analyse (die zur "gesättigten Materialerkenntnis" im folgenden Zitat führt) ist ganz anders beschaffen:

> Aber wenn man auch nur durch gesättigte Materialerkenntnis zur metaphysischen Intuition vordringen kann, so ist sie doch etwas ganz andersartiges als das Resumé [sic] oder die Synthese dieser Erkenntnisse. Sie unterscheidet sich davon, wie der Bewegungsantrieb sich von dem Weg unterscheidet, den das bewegte Ding durchläuft, wie die Spannung der Felder sich unterscheidet von den sichtbaren Bewegungen des Pendels. In diesem Sinn hat die Metaphysik nichts gemein mit einer Verallgemeinerung der Erfahrungen, und nichtsdestoweniger könnte sie doch als die integrale Erfahrung definiert werden. (Bergson, 1946/1985, S. 225)

Wir können nun den Begriff der neuen Qualität schärfer fassen: Er behandelt die Intuition, der wir schon als Stufe der Meisterschaft bei Dreyfus und Dreyfus (1986/1987) begegnet sind, sowie die nichtlinearen, autopoietischen und offenen Kreativitätsstrukturen, deren Angewiesenheit auf die sinnliche Wahrnehmung unabweisbar ist. Es ist das Konkrete subjektiver menschlicher Erfahrung und Weltorientiertheit. Erstaunlicherweise ist das Jonas'sche "Sieh hin und du weißt" in seiner Größe und scheinbaren Naivität das Vehikel des Paradigmenwechsels selbst in hoch abstrakten Modellkalkülen. Gleick (1987/1988) berichtet immer wieder, daß in der mathematischen Chaosforschung gerade (oder erst) die Verbildlichung beispielsweise des Prozesses der Iteration von Gleichungen wie auch die Sinnfälligkeit fraktaler Strukturen auf den Computerbildschirmen und in graphischen Ausdrucken die Kreativität und Intuition der Forscher inspirierte. Ohne die Verbildlichung, so weist er nach, wäre das komplizierte Wechselspiel von Ordnung und Unordnung, das erstaunliche Auftauchen von Ordnungsstrukturen in chaotischen Zuständen weder erkannt noch verstanden worden, die quantitative Aufbereitung ist nur Voraussetzung (Bergson nannte es oben die "gesättigte Materialerkenntnis"). In Bewegung gerät der Prozeß des Umdenkens erst durch die sinnliche Erfahrung, durch ein ganzheitliches "Eintauchen", an dem die rationalen Kompetenzen nicht einmal den entscheidenden Anteil haben. Dies ist keine neue, nur eine vergessene Erkenntnis. Ein Blick in Biographien oder Selbstzeugnisse bedeutender Wissenschaftler oder Künstler belehrt uns über das Beteiligtsein emotionaler und sinnlich vermittelter Erregungszustände im (scheinbar) rationalen und/oder abstrakten Handeln und Denken. Gleick legt auf die Erwähnung solcher, sonst schamhaft verschwiegener "Begleiterscheinungen" des Forschens einigen erzählerischen Wert.

Wir haben, so denken wir, Material darüber ausgebreitet, daß der Versuch, Sicherheit als einen Gegenstand rationalistischer Forschung "in den Griff zu bekommen" aus den verschiedensten Gründen ein untauglicher bleiben muß. Wir fügen dem hier die Dimensionen der Subjektivität und der Qualität hinzu. Wir halten nun sehr dafür, daß zwischen intuitivem und ganzheitlichem Denken und detailreicher experimenteller Arbeit kein Gegensatz sein müßte. Er wird von den unzulänglichen Vertretern beider Richtung konstruiert. In der Frühzeit naturwissenschaftlichen Forschens war diese Dichotomie unbekannt. Goethe vermochte metaphysische Spekulationen mit experimenteller Neugier zu verbinden und nicht zuletzt Wundt, dem wir die atomistische Zerlegung unseres Forschungs-"Gegenstandes" verdanken, sah sich in der Lage, in seiner "Völkerpsychologie" einen größeren Bogen zu schlagen. Auch eine dem Pragmatismus verpflichtete Psychologie wie die William James' wußte noch von der "mystischen Seele" (Bergson In: "Über den Pragmatismus von William James . Wahrheit und Wirklichkeit" 1946/1985, S. 234 ff). Bergson (1946/1985) erinnert uns:

> In Wahrheit gab sich James dem Studium der mystischen Seele hin, wie wir uns dem sanften Hauch der Frühlingsbrise hingeben, oder wie wenn wir am Ufer des Meeres das Kommen und Gehen der Barken überwachen und das Schwellen ihrer Segel, um zu erfahren, woher der Wind weht .... Die Wahrheiten, auf die es uns in erster Linie ankommt, sind für ihn Wahrheiten, die gefühlt und erlebt worden sind, bevor sie gedacht wurden. (S. 238)

An der gleichen Stelle verweist Bergson auf eine Bedeutung des englischen to experience, anhand der wir ermessen mögen, wieviel von einer qualitativen Grunddimension uns abhanden gekommen ist:

> In der schönen Studie, die er William James gewidmet hat (Revue de métaphysique et de morale, November 1910), hat Dr. Emile Boutroux den eigentlichen Sinn des englischen Verbums to experience herausgearbeitet, das nicht die kalte Feststellung einer Sache bedeutet, die außerhalb von uns

vor sich geht, sondern empfinden, im Inneren fühlen, in sich die oder jene Art des Seins erleben bezeichnet. (S. 238)

Dies alles weist nur zu deutlich in eine Richtung, die der etablierten Sicherheitswissenschaft wie eine verkehrte Welt vorkommen mag: auf einmal ist die - wohlverstandene - Qualität nicht mehr der schwächliche Vorläufer der Quantifizierbarkeit, nicht mehr das Beliebige, das eine ernst zu nehmende Wissenschaft schleunigst durch Daten zu objektivieren hat, sondern die Quantität wird zu einer Vorstufe der Qualität.

Die quantifizierende Forschung kommt in die vorbereitende Rolle, die der Metriker der - nach seiner Meinung spekulativen, wenn nicht ins logische Korsett eingezwängten - qualitativen Analyse zumessen wollte (vgl. Kuhlmann, 1981).

II. 3. Eigenschaften von Systemen, an denen lebendige Strukturen beteiligt sind

Bezeichnenderweise ist die Entdeckung der dissipativen Strukturen, die Nicht-Linearität und die Ungleichgewichts-Thermodynamik nicht einmal angewiesen auf die von uns oben diskutierte neue Phänomenologie des Lebendigen. Es wurden allerdings Phänomene ernst genommen, die in langer naturwissenschaftlicher Tradition in Acht und Bann waren als ärgerliche Störungen der klaren Berechenbarkeit. Ein neues Hinsehen also auch hier, aber bemerkenswerterweise zumeist ohne die irregulären Überraschungen aus der Welt des Lebendigen bemühen zu müssen. Irregularität, Chaos und die Verknüpftheit von Ordnung und Unordnung offenbaren sich, wenn man's denn sehen wollte, schon in der Welt der Dinge. Wie nah das Regelmäßige dem Unregelmäßigen benachbart ist, läßt sich jederzeit am Paradigma der Regelhaftigkeit, dem Pendel, demonstrieren (wobei man sich durchaus das ideale, nicht von seiner Tatsächlichkeit in der Mechanik "beschmutzte" Pendel denken mag). Es genügt vollkommen, im Schwerpunkt dieses Pendels ein zweites anzubringen und seinen Bewegungen zuzuschauen. Es herrscht, was die Vorausschaubarkeit der nächsten Punkte auf der Trajektorie dieses "unordentlichen" Gegenstandes betrifft, absolute Unklarheit. Und so ist die Voraussagbarkeit und die Regelmäßigkeit der Trajektorien schon der meisten mechanischen Systeme nur ein Artefakt eines zu klein gewählten Zeitraums. Das wäre nun an sich noch keine so schlimme Aporie, man könnte sich mit Ausschnitten helfen, die die Zeit voraussichtlicher Stabilität eingrenzen und im übrigen Wahrscheinlichkeitsaussagen bemühen, um sich Klarheit über die Zukunft zu verschaffen. So geschieht es auch, es werden dabei allerdings zwei nicht unwesentliche "Störvariablen" übersehen: Die 1. ist eine systemimmanente und weist darauf hin, daß Wahrscheinlichkeitskalkülen immer noch eine gewisse Regelhaftigkeit des untersuchten Systems zugrunde liegen muß, was bei zwischen "ordentlichen" und chaotischen Zuständen oszillierenden Systemen nicht gewährleistet ist, und die 2. betrifft die psychologische Problematik, die generell mit der Wahrnehmung von

Wahrscheinlichkeitswerten verbunden ist. Hier wäre erneut darauf hinzuweisen, daß es anscheinend eine das vernünftige Maß überschreitende Angewiesenheit des Menschen auf Eindeutigkeit und Klarheit zu geben scheint. Das Ertragen von Unbestimmtheit ist eine wenig verbreitete Kunst, sie genügte jedoch selbst nicht einmal, um den *wirklichen* Systemeigenschaften dissipativer und offener Strukturen psychisch (d.h. kognitiv, emotional und handelnd) adäquat zu entsprechen. So begegnen wir allenthalben in der Sicherheitswissenschaft der vermuteten und eigentlich doch nur erhofften Linearität und berechenbaren Voraussagbarkeit: "Jede zivilisatorische Gefahr kann grundsätzlich unbegrenzt vermindert werden, ohne jedoch je einen absolut sicheren Zustand zu erreichen", so Fritzsche (1986, S. 556).

Weniger beeindruckend als der (überflüssige) Vermerk, daß ein "absolut sicherer Zustand" nicht erreichbar ist, ist die Behauptung, "grundsätzlich unbegrenzt" seien "zivilisatorische Gefahren" verminderbar. Hier schwingt im Hintergrund die Vermutung mit, die Menschheit habe solche Gefahren, als zivilisatorische ausweislich selbstgemachte, "grundsätzlich" noch in ihrer Verfügungsgewalt. Diese Verfügungsgewalt bewirke zu allem Überfluß auch noch eine Verminderung der Gefahren, wenn auch nur asymptotisch dem gefahrlosen Zustand angenähert. Von den in Forschungen an offenen und dissipativen Systemen entdeckten Unregelmäßigkeiten und Symmetriebrüchen ist vorsichtshalber nicht die Rede. Die unabweisliche Erkenntnis, daß die Kategorie der Verfügungsgewalt die Wirklichkeit (wieder im Sinne des Wirkenden) weit verfehlt, hinterläßt keine Spuren. Erschwerend kommt hinzu, daß es meist gerade die Optimierung der Sicherheitsmaßnahmen, jene grundsätzlich unbegrenzte "Verminderbarkeit zivilisatorischer Gefahren" (vgl. Fritzsche) ist, die das Umschlagen des Systems, den Symmetriebruch bewirken. Der Zeitforscher A. M. Klaus Müller (in Rossnagel, 1983, als zusammengefaßte Stellungnahme) sieht das so:

> Durch eine Maximierung aller Maßnahmen, welche der apparativen Zuverlässigkeit dienen, und durch eine konsequente Übertragung der dabei benutzten Begrifflichkeit auf den sozialen und psychischen Kontext im Sicherheitssektor kann eine verhängnisvolle Entwicklung in Gang gesetzt werden, die schließlich auf höchstem technischen Sicherheitsniveau ungewollt entscheidend dazu beiträgt, jene gesellschaftlichen Rahmenbedingungen ins Wanken zu bringen oder gar zu zerstören, ohne welche dieses Niveau nicht gehalten werden kann. Ließe sich solche Entwicklung wieder durch zusätzliche Sicherungsmaßnahmen verhindern? (S. 237)

Wird auch hier die Gesamtheit des sozialen Bedingungsgefüges ins Auge gefaßt, die Zerstörung eines Gemeinwesens durch die beabsichtigte Sicherung desselben, so gilt dieses kontradiktorische Prinzip auf allen "Vergrößerungsebenen" eines offenen und dynamischen Systems. (Als Metapher sei herangezogen die fraktale Struktur etwa der Mandelbrot-Menge, wo stets einander ähnliche Strukturen sichtbar werden, einerlei ob man Details aus dieser Menge im Maßstab 1, 10^{-10}, 10^{-20} etc. heraushebt, es handelt sich also um ein treffliches Beispiel der "Selbstähnlichkeit", vgl. Peitgen & Richter, 1986). Eine solche strukturale Selbstähnlichkeit verbietet alle Hoffnung auf eine Eingrenzung des Ungenauigkeitsrisikos, weder durch Vermehrung noch durch Verminderung der Komponenten wäre da ein Gewinn geschaffen. Möglicherweise wäre es nicht einmal erforderlich zu postulieren, daß durch die Systembeteiligung lebendiger Strukturen die Dissipation des Gesamtsystems erst recht begründet sei. Die Zukunftsoffenheit des lebendigen Verhaltens trägt nichts entscheidend Neues zur Zukunftsoffenheit des Gesamtsystems bei. So gesehen gebührt der psychologischen Betrachtungsebene keine Sonderstellung. Sie kann auch nur Teil sein einer umfassenderen und damit ökologischen Sichtweise, die dem Axiom der Ganzheitlichkeit alle Reverenz erweist. Von Belang dabei ist neben dem geistes- und naturwissenschaftlichen Instrumentarium die neue Frage nach der Ethik, die nichts gemein haben darf mit den scholastizistischen Disputationen, die im Namen der Ethik als philosophische Disziplin getrieben werden. Skepsis ist hier wie immer angebracht, wenn das Nötige, statt in selbstregulativer Emanzipation sich bemerkbar zu machen, als wohlgeordnete Institution zugeordnet und damit vermutlich einverleibt wird (man denkt an die Ethikkommission des Verbandes Deutscher Ingenieure, VDI). Es besteht die Gefahr zu früher Ordnungsbildung. Zu frühe Ordnungsbildung war ja schon (und ist weiter) das Dilemma ingenieurwissenschaftlicher "Klarheit" und "Praxisbezogenheit". Sie gewährt natürlich auf der funktionalen Ebene, der Werkebene, prima vista die erwünschteste Eindeutigkeit. Es ist jedoch ein beachtlicher Preis zu zahlen. Earl Mac Cormac (1987) meint dazu: "Ingenieure, die die Sicherheit der Kernenergie ohne Rückgriff auf den kulturellen Zusammenhang abschätzen, untergraben nicht nur ihre eigene Glaubwürdigkeit in der Öffentlichkeit, sondern degradieren sich selbst zur beschränkten Rolle eines bloßen Werkzeugs" (S. 234).

Die ganzheitliche Sehweise ist natürlich ein Methodenproblem: der Dilettantismus steht nicht fern. Wir haben im vorigen Kapitel physikalische, chemische wie auch mathematische Modelle bemüht, haben diese Wissenschaften als Urheber empirisch begründeten Umdenkens aufgerufen und können uns doch nicht oder nur unzulänglich an der vertikalen Diskussion der spezifischen Fachprobleme beteiligen. Vorsorglich haben wir unser Fach und seine obsoleten wie gültigen Modelle nicht unerwähnt gelassen: es ginge nun darum, den "Paradigmenwechsel" in seiner spezifisch psychologischen Dimension zu verwirklichen. Dabei kann ein neues Anlehnen an die "objektiven Naturwissenschaften" nur schaden.

Statt einer Psychologie im Geiste Newton's und Descartes' hätten wir dann eine im Geist (vielleicht) Prigogines. Eine Ableitung der Aufgaben der Psychologie aus den Erkenntnissen der Ungleichgewichts-Thermodynamik wäre so fragwürdig wie die gehabte aus dem Geist der idealen Mechanik. Man hat gute Chancen, sich als Sozial- und Geisteswissenschaftler beim allzu unbekümmerten Gebrauch physikalischer Modelle einer gewissen Heiterkeit auszusetzen (worauf Manfred Eigen anläßlich eines Vortrags über die Notwendigkeit der Grundlagenforschung am 22. Mai 1988 in Hannover hinwies). Gleick (1987/1988) diskutiert das bezüglich des sehr beliebten Zweiten Hauptsatzes der Thermodynamik:

> Wie man den zweiten Hauptsatz auch formulieren mag, er bringt ein Gesetz zum Ausdruck, gegen das keine Berufung möglich scheint. In der Thermodynamik trifft dies auch zu. Doch begann der zweite Hauptsatz ein Eigenleben in Bereichen des Geistes zu entwickeln, die weit von den Naturwissenschaften entfernt waren; man gab ihm die Schuld für den Zerfall von Gesellschaften, für wirtschaftlichen Niedergang, für das Dahinschwinden der guten Sitten und viele andere Beispiele aus dem Katalog der Dekadenz. Diese sekundären, metaphorischen Inkarnationen des zweiten Hauptsatzes scheinen heute völlig in die Irre zu führen. In unserer Welt blüht gerade Komplexität, und wer auf der Suche nach einem allgemeinen Verständnis der Natur und ihrer Gewohnheiten die Wissenschaft um Rat angeht, dem wird mit den Gesetzen von Chaos besser gedient sein. (S. 425)

Nun sind die Modelle und Evidenzen der Chaosforschung auch keine Früchte der Psychologie: Mathematik, Physik, Chemie auch und die Meteorologie haben Pate gestanden, so daß wir uns bei solchen Metaphern nicht besser stünden als bei der altehrwürdigen Thermodynamik.

Es ist etwas anderes zu tun: Wir sollten ausgehen von einer spezifischen Empirie in der Psychologie, deren Basis nicht die bekannte Theorienlandschaft ist, sondern das neue Hinsehen, von dem wir sprachen. Auf diese Weise gerät man gleichsam aus der beschreibenden Tätigkeit wie von selbst zu einer Nomenklatur, deren *Homologie* (im Sinne Jantschs) mit der des naturwissenschaftlichen Paradigmenwechsels unübersehbar ist. Dann erst kann die Psychologie etwa von Entropie reden und die Diskussion über das Verhältnis von Entropie und Temperatur den Physikern überlassen, ist doch kein Einbruch in fremde Kompetenzen geplant, sondern über ein Grundsätzliches der Bedeutung (vermittelbar durch Homologie und nicht zuletzt durch kreative Intuition) nur ein neues Feld der Kommunikation zu erschließen.

Die Erfüllung dieser neuen Begriffswelt ist aber selbst ein dynamischer Prozeß, der von Beteiligten und Zuschauern zuwartende Geduld verlangt und den Verzicht auf pragmatische und eilfertige Verkürzungen.

II. 4. Postmoderne Aspekte in dynamischen Konzepten

Die oben von Earl Mac Cormac geforderte Sicht des Zusammenhangs von Sicherheit und kulturellem Hintergrund macht einen Exkurs nötig, sich Rechenschaft abzulegen, was - auch im Windschatten des Paradigmenwechsels - an neuem (oder altem) Denken zu berücksichtigen ist. Erst auf dieser Reflexionsebene können Chancen oder Gefahren eines wissenschaftlichen Konzepts von Sicherheit eingeschätzt werden.

Nachdem die Moderne wiederholt und an verschiedenen Orten zu Grabe getragen worden ist (und mit ihr manches, was man ihr zurechnet, so Koslowski (1987) wie den Szientizismus, die Freiheit von Metaphysik, den Rationalismus und den Funktionalismus), tritt allenthalben eine Art von Holismus hervor, dem auch wir in seinen ganzheitstheoretischen Aspekten auf weite Strecken das Wort geredet haben. Vor allem da, wo uns im holistischen Denken ein neuer Humanismus sichtbar zu werden schien. Bemerkenswerterweise mußten wir uns jedoch nicht auf "postmodernes" Denken stützen, sondern konnten leicht in Dingen der Ganzheitlichkeit zum Beweis auf "moderne", noch ganz und gar im Geist der Aufklärung und rationalen Kritik beschriebene und erarbeitete Paradigmen verweisen. So ist die Gestaltpsychologie der Berliner Schule eine Art von Wissenschaft, die szientistische Kriterien durchaus hochhält (ohne ihnen in unkritischer Monomanie verfallen zu sein, das gleiche gilt für die ökologische Psychologie Kurt Lewins). Versteht man die "Postmoderne" als Überwindung von Funktionalismus, als Wiederzulassung von Metaphysik und Mystizismus, "den metaphysischen Kern von Wissenschaft anerkennend" (S. 37), so Koslowski (1987), so liegt darin gewiß erstens die Kritik und zweitens freilich auch eine Vermehrung von Humanität schon dadurch, daß menschliche Erfahrungsformen jenseits der Rationalität wieder ernst genommen werden.

Grundsätzlich lautet aber die Frage bei einer Stilwandlungsdiagnose, so wie sie hier gestellt ist: was wendet sich zum besseren und was sollte ohne Not nicht aufgegeben werden? Der Rationalität, die wir bisher recht kritisch beleuchtet haben (darin sind wir womöglich Parteigänger der Postmoderne), wohnt etwas Puritanisches inne, worin Koslowski durchaus zuzustimmen ist. Die experimentalistische Psychologie (auch natürlich die Gestaltpsychologie, man lese Metzger: *Das Experiment in der Psychologie*, Metzger, 1986a) hat in ihrem freiwilligen oder auch zwanghaften Puritanismus sich manche Unflexibilität und Enge des Denkens geleistet, die einem umfassenderen Humanismus nicht gut anstünden. Dies betrifft vor allem den abgründigen Skeptizismus, den diese Wissenschaftsform gegen jede *subjektive* Erfahrung hegt. Dieser Skeptizismus steigert sich bekanntlich in anderen psychologischen Stilrichtungen zu einer Manie der quantitativen Forschung, die zu Recht vom Postmodernismus aus der Welt geschafft wurde (oder hoffentlich wird).

Die Gestalttheorie, der wir Reverenz erweisen, hat nun der Objektivität der großen Zahl nie geglaubt, vielmehr war ihren Begründern eine gewisse subjektive Phänomenologie durchaus hinreichend. Genau diese ist jedoch nicht zu verwechseln mit subjektiver Erfahrung beliebiger Methodologie, womit wir wieder bei postmodernen Phänomenen angelangt wären. Der Puritanismus numerischer Verobjektivierung dehumanisiert alles menschliche Erkennen. Seine selbstorganisierte Verwirklichung hat zu allen unkontrollierbaren und perniziösen Zuständen in Technik und Wissenschaft geführt, auf die die Postmoderne eine *partiell* begrüßenswerte Antwort ist. Wir glauben nicht an eine lineare Dialektik in der Geschichte der Erkenntnis, meinen auch nicht Aktion und Reaktion und wollen deshalb auch nicht das Bild eines zu weit ausgeschlagenen Pendels bemühen. Dennoch weisen einige Zeichen heutigen Denkens auf eine unverhältnismäßige Reaktion auf frühere Denkformen hin, deren *historische* Dimension noch gar nicht festzustellen ist. Die Gesellschaftskritik, fußend auf der Kritik der politischen Ökonomie, oder auch der Kritische Rationalismus waren noch vor zwanzig Jahren Instrumente der Avantgarde. Schon zu dieser Zeit warf Feyerabend sein postmodern anmutendes "anything goes" in die Debatte. Der aufklärerische Impuls der Frankfurter Schule und die auf der Psychoanalyse basierende Gesellschaftskritik Mitscherlichs waren die willkommenen und bitter benötigten Beförderer der Emanzipation von der Verdrängung spezifisch deutscher Vergangenheit.

Wo nun bleibt die postmoderne Philosophie der Sicherheit? Zur Klarstellung vorweg: indem wir Autoren im Themenbereich der Postmoderne erwähnen und diskutieren, meinen wir keine philosophisch haltbare Stilzuweisung, wenn überhaupt von der Postmoderne als einem identifizierbaren Stil zu reden wäre. Ungefährlich ist das da, wo die Autoren selbst sich mit dem Begriff auseinandersetzen, ihn zum Thema ihrer Betrachtungen machen und sich als Parteigänger der neuen Sehweise zu erkennen geben (beispielsweise Peter Koslowski). Da aber der auch von uns favorisierte Paradigmenwechsel cum grano salis zum Bestandteil der Postmoderne zu rechnen wäre, tun wir nicht denen Unrecht, sie dazuzuzählen, wenn sie ihn im Panier führen. Die Neubewertung der Fehlerhaftigkeit und des Irrtums ist da ein zentrales Thema. Hören wir, wie Bernd Guggenberger (1987) seine Gedanken zum "Menschenrecht auf Irrtum" einleitet:

> Weh' Euch, wenn Ihr nicht werdet wie die Kinder: spielfreudig und irrtumsfroh! Weh` Euch, wenn es Euch an Mut zur Unvollkommenheit mangelt! Weh` Euch, wenn Ihr die Selbstgewißheit nicht aufbringt, mit der Ungewißheit zu leben! Weh` Euch, wenn Ihr den Irrtum verschmäht um des Linsengerichts einer falschen Sicherheit willen, die Euch nicht nur die Freiheit nimmt, sondern auch Euer und Eurer Kinder Leben bedroht! (S. 10)

Es ist ein alttestamentarisches (mehr als dreifaches) Wehe, das den Ungläubigen entgegengeschleudert wird. Der Wucht der Verkündigung gemäß heißt das Vorwort auch Vorspruch. Wir zweifeln keinen Moment an der augenzwinkernden Adaptation des Autors, zumal wir seine Botschaft Wort für Wort tragen wollten. Aber es ist natürlich kein Zufall ausweislich der Ausführungen Hamanns und Hermands (1971, 1975), daß das Pathos der Lutherschen Bibelübersetzung und des Nietzscheschen Verkündigungsstils (letzterer ja schon eine Anverwandlung Luthers) hier neue Belebung erfährt. Wenigstens im "Vorspruch", denn bei aller ironischen Brechung wäre ein ganzer Text von 150 Seiten in diesem Ton nicht auszuhalten gewesen, weder für den Autor noch für die Leserschaft.

Ist es aber nur die reine Sprache, das Sprachspiel, welches Verfügung, Ironie und Virtuosität des Autors ausweisen soll? Wir meinen, nein. Und forschen nach dem, was von jeher mit solcher Sprache vermittelt wird, nach der Teleologie. (Der Nihilismus spricht so nicht, es sei denn, er wäre eine verkappte theologische Teleologie, was wiederum die Brauchbarkeit unseres oben behaupteten sprachdiagnostischen Vorgehens bestätigte.)

Dem womöglichen Scherz, auch der Satire und der Ironie gesellt sich die tiefere Bedeutung bei (man sehe uns die Spielerei mit dem Schauspieltitel Grabbes nach). Sie entfaltet sich scheinbar nebenbei: "Wirklichkeit ist Werden, und Werden ist Irren: `Emporirren`. Keiner der nicht Suchender wäre; keiner, der findet, ohne Irrender zu sein" (S. 46), so Guggenberger (1987). Auch das unterschreiben wir, vor allem den zweiten Satz. Beim zweiten Lesen fällt jedoch eine eigenwillige Begriffsvariante im ersten Satz auf: "Irren" wird als "Emporirren" apodiktisch klassifiziert. Wieso sind "Irren" und "Werden" "Emporirren"? Warum sind sie nicht einfach "Irren" und "Werden"? Wohin geht dieses "Emporirren"? Eine Richtung ist wenigstens schon mal da: es geht empor, nicht geradeaus (eben), auch nicht zurück und schon gar nicht hinab. Was gibt es aber oben, daß sich Werden und Irren hinaufbemühen müßten? Was ist in unserer abendländischen Vorstellungswelt gewöhnlicherweise oben zu vermuten? Man sieht: die Fragen lassen sich in scheinbar naiver Konkretheit so weit verdichten, daß die Antworten in ihnen selbst enthalten zu sein scheinen. Jene kleine Vorsilbe offenbart die ganze Verpflichtetheit des Autors der abendländischen Teleologie gegenüber. Das Empor ist hier sittliche Pflicht, es ist die Überwindung der Niedrigkeit, das Besser- und Besserwerden, die Annäherung an ein Ziel, welches "oben" zu finden sein wird. Oben ist aber letztlich das Gute schlechthin, Gott genannt. Ihm sich zu nähern wird über den Weg des Irrtums beschrieben und, zur Verdeutlichung der unabdingbaren organismischen Variante, über den Weg des Werdens. Das ist nun nicht neu. Und wenn es postmodernem Denken entspricht, den Fehler/Irrtum als etwas Unvermeidliches zu thematisieren, so ist noch genau zu prüfen, ob es sich bei dieser Diskussion um die altbekannte Resignation handelt oder gar um eine anthropologisch-theologische Diagnose oder um die Erkenntnis, daß dem Leben fernab von Gleichgewichtszuständen alle Sicherheit und Fehlerlosigkeit fremd sein muß, da letztere nur als Kennzeichen gleichgewichtiger oder gleichgewichtsnaher Zustände denkbar sind. Letzterer Auffassung gilt eindeutig unser Vorzug. Interessant unterm Thema der Postmoderne ist zweifellos die anthropologisch-theologische Lösung. Sie kann auf die Dimension der *Erlösung* nicht verzichten. Dies ist der Tenor der ökologischen und holistischen Philosophie bei Robert Spaemann und Peter Koslowski. Der unüberbrückbare Widerspruch, der zwischen einer mit dem Gottesbegriff operierenden Teleologie und der hier vertretenen Systemtheorie des Lebendigen besteht, wird von Christoph Türcke (1987) in seiner Kritik der restaurativen Teleologie Spaemanns prägnant formuliert:

> Teleologie soll zur geschlossenen Lehre restauriert werden, die in der Natur ihr Fundament, in Gott ihren Bürgen hat und die bruchlose Plattform darstellt, von der aus politisches Handeln moralisch zu verantworten, d.h. mit gutem Gewissen zu versehen ist. Solche Teleologie gibt eine ziellos organisierte Welt als zielgerichtet aus, legt ihr den höheren Sinn unter, den ihre szientistischen Kategorien vermissen lassen, und betreibt eine Kritik des Szientismus, die mit dessen gesellschaftlichem Fundament vorab den Pakt geschlossen hat. (S. 706)

Sieht man den Menschen als "ein ausdrücklich als dieses gewolltes Geschöpf Gottes", so Spaemann nach Türcke (1987, S. 703) und leitet aus einer "unzerstörbaren" Würde der Person sittliche Verhältnisse ab, so geraten leicht unerträgliche gesellschaftliche Mißstände aus den Augen. Der Grenzziehung Spaemanns: "Sittliche Verhältnisse sind: Freundschaft, Ehe, das Verhältnis zwischen Eltern und Kindern, zwischen Arzt und Patient, zwischen Lehrern und Schülern, zwischen Berufskollegen usw., usw." (Türcke, 1987, S. 704) stellt Türcke eine andere gegenüber: "Und wie steht es mit Arbeitgebern und Arbeitnehmern, Arbeitenden und Arbeitslosen, Reichen und Armen, Satten und Hungernden, Befehlenden und Befehlsempfängern, Sendestationen und Publikum, Atomproduzenten und Atomgegnern? Alles sittliche Verhältnisse? Spaemanns Antwort: 'usw., usw.'" (S. 704).

In der Versprachlichung restaurativer Philosophie entspricht die unbeschwerte Unbestimmtheit der Verhältnisschilderung ("Arzt und Patient") der Betonung numinoser Innerlichkeit. Es ist unter diesen Prämissen undenkbar zu bemerken, daß es die Offenheit (und damit die nicht nähere Beschreibbarkeit der sittlichen Verhältnisse) überhaupt nicht gibt: sie sind immer schon in einer bestimmten und meist skandalösen Verwirklichung existent. Türckes Aufreihung weist schon darauf hin. Das Nichtansprechen der Struktur der bereits verwirklichten sittlichen Verhältnisse verrät die Interessenrichtung; es soll so bleiben. Die gleiche Funktion hat der Verweis auf die Innerlichkeit: da Gott hinter allem steht und wir in ihm sind, gibt es auch hier wenig zu ändern. Wieder Christoph Türcke (1987):

> Als gäbe es weder Psychopharmaka noch Folter und ihren Beweis, wie leicht Subjektivität zu brechen, wie weit es mit der Unbedingtheit menschlicher Würde her ist: daß sie nur ein Moment, nichts Autarkes ist, etwas, das mehr ist als seine Entstehungsbedingungen, aber nie ganz unabhängig von ihnen. (S. 704)

und schließlich: "Ist die Nötigung von Arbeitslosen, sich einen Job zu suchen, äußerlich oder innerlich, Marktgesetz oder Herzensbedürfnis, heteronom oder eigenster sittlicher Antrieb?" (S. 704). Es ist unverkennbar die Stimme der Restauration, des Machterhalts, die uns Teleologie und Normierung vorschlägt. Die Funktion ersterer wird am deutlichsten in den Worten Hans Blumenbergs (1987):

> Doch ist die Annahme, in einer sinngesteuerten Welt zu leben, in der jedes Ereignis im Prinzip auf sein Warum und Wohin befragbar - wenn auch nicht immer auskunftswillig - sein muß, nicht ohne Risiken. In einer solchen Welt wird man schwerlich von einem sichtbaren Leiden betroffen, ohne nicht selbst und mehr noch vor den anderen der Überlegung ausgesetzt zu sein, für welche geheime Verwerflichkeit man dies nun als Strafe zugewiesen erhalten habe. Die Unglücklichen sind nicht nur unglücklich, sie sind dazu noch als Schuldige an ihrem Unglück gezeichnet, wenn die Welt durch und durch sinnvoll geordnet ist (S. 79).

Das Wesentliche ist allerdings bereits zu *sehen*:

> In der Natur scheint gerade der "Irrtum": das Unrunde, Ungerade, Unglatte, Irreguläre das Regelmaß zu begründen. Die kleine Abweichung erscheint als das, was Maß, Kontinuität und Wiederholbarkeit im Großen sicherstellt. In milliardenfach variierter Wiederkehr scheinen die kleinen "Unregelmäßigkeiten" so etwas wie Pufferzonen und dilatorische Hemmschwellen wider die plötzliche Irrtumskatastrophe des Ganzen zu bilden. Abweichungen und Vielfalt, die innerhalb von bestimmten Schwankungsbandbreiten verbleiben, richten in der Natur offenbar kein "Chaos" an, sondern stimulieren ein dynamisches Ordnungsgefüge. (so Guggenberger, 1987, S. 148)

Diese Formulierung steht noch, so sehr wir sie stützen wollen, in der gedanklichen Tradition der Kybernetik, des Fließgleichgewichts nach L.v. Bertalanffy; wir meinen, daß es nicht unbedingt der Rahmensetzung bedarf, im tatsächlichen Chaos selbst bilden sich ausweislich der schon zitierten Chaos-Forschung die unerwartetsten Ordnungsstrukturen. Wenn auch die sinnliche Evidenz dieses Geschehens hier oft an die Leistungsfähigkeit von Computern gebunden ist, so besteht viel Anlaß, "überraschende" Ergebnisse der Natur mit diesem Paradigma zu erklären, aber auch das setzte einen Bewertungswandel schon in den Forschungsfragen voraus (s.o.). Womit wir wieder bei der eigentlichen Schaltstelle der Entscheidung: wonach forsche ich und wie frage ich? angekommen wären. Während in einem Teil der Postmoderne diese Frage im Nebel der Mystik zu versinken droht, erinnert sich ein anderer durchaus der kritischen Potenz der Moderne (die ja vergangen sein soll) und vergewissert sich der Bedingungen von erlaubtem und unerlaubtem Fragen. Zu letzterem möchten wir Bernd Guggenberger zählen und damit unsere Sprachkritik vom Beginn des Abschnitts insofern relativieren, als daß sie den Blick auf das gesellschaftskritische Potential seiner Schrift nicht verstellen möge, der machtgestützten Restauration ist sie nicht zuzurechnen. Die gesellschaftliche Kritik der Rationalität unterbleibt nicht zugunsten einer von den gesellschaftlichen Bedingungen abgehobenen Ontologie und Teleologie. Guggenberger (1987) liefert in seiner Analyse der verborgenen und richtungsgebundenen Emotionalität eine deutliche Kritik der bestehenden Machtverhältnisse. Indem wir ihn auch in dieser Dimension zu Wort kommen lassen, stellen wir wieder die Verbindung zur Sicherheitsthematik her:

> Unsere Urteile heften sich stets an unsere Emotionen. Und wer die Emotionen so verteufelt, wie manche Politiker und Kernkraftbefürworter, verteufelt *ganz bestimmte* Emotionen, weil er ein *ganz bestimmtes* Urteil fürchtet: eine Einstellung zu Fortschritt und Großtechnologien, welche die Durchsetzung der von ihm selbst vertretenen Interessen erschwert oder verhindert. Denn es ist ja nicht wahr, daß nur "bei den anderen" Emotionen im Spiel sind, während man selbst allein der Rationalität verpflichtet ist. Auch wer mit gewiß erwägenswerten Argumenten für die Kernenergie streitet, tut dies natürlich vor einem emotionalen Hintergrund: Er bejaht im großen und ganzen die Welt, wie sie ist, ist mit der aktuellen Verteilung von Macht, Prestige und Reichtum im wesentlichen einverstanden (nicht zuletzt wohl deshalb, weil er sich selbst nicht entscheidend benachteiligt fühlt!) und leidet auch nicht an einem grundsätzlichen Unbehagen angesichts der Entwicklung zu einer immer ausschließlicher aus ihrer technischen Dimension bestimmten sozialen Realität. (S. 131)

In diesem Satz vereinigen sich zwei Kritikdimensionen, deren Aufeinanderbezogenheit wir ausdrücklich betonen möchten, und deren Auseinanderfallen den kritisierbarsten Teil der Postmoderne ausmacht: Zum einen die Fortführung der aus der Moderne stammenden Gesellschaftskritik als einer Kritik der Macht und Geldverhältnisse und auf der anderen Seite die Kritik der Technik, die in allen Schattierungen das durchgängigste Element der Postmoderne zu sein scheint. Erstere verfällt im restaurativen Zweig der Postmoderne dem schlichten Vergessen und letztere läßt im Neuaufleben des Vitalismus und einer mißverstandenen Ganzheitlichkeit (die schon vor 50 Jahren Philipp Frank (1988) kritisierte) mitunter eine Diskussion der Chancen, die in den Neuen Technologien liegen, vermissen.

> Vielleicht scheint Ihnen Ihr Know-how so selbst verständlich, daß Sie das Ausmaß, in dem es
> alle Ihre Tätigkeiten durchdringt, nicht richtig einzuschätzen wissen - außer in Situationen, in
> denen es Sie verlassen hat.
>
> Dreyfus und Dreyfus (1986/1987, S. 38).

> *Du aber machst so weiter, wie du's bisher gemacht hast, nämlich falsch.*
>
> Hermann Lenz: Seltsamer Abschied (1988).

II. 5. Zu Struktur und Dynamik der Fehlerhaftigkeit

Haben wir bisher uns vornehmlich der Sicherheit als eines für die Menschen hochbedeutenden Begriffs gewidmet, wäre nun der Blick auf das Fehlermachen zu werfen. Es würde nicht überraschen, wenn seine Bedeutsamkeit und der wissenschaftliche und alltägliche Umgang mit ihm den in der Sicherheitsdiskussion vorgefundenen Fakten spiegelbildlich entspräche. So scheint es auch zu sein: Man wechsle die Vorzeichen aus und die Behandlung des Gegenstands ist schon strukturiert. Dies betrifft in Sonderheit die Dichotomie zwischen der rationalistisch-funktionalistischen Auffassung einerseits und der ganzheitlichen und dynamischen Sichtweise andererseits. Unter einem Verständnis von Wissenschaft und Praxis (die Ingenieurskunst verwirklicht letztere) als rational begründetem Prozeß zur Verwirklichung des funktional Richtigen ergibt sich eine unzweifelhafte Frontstellung: Wissenschaft und Praxis haben zum Feind das Falsche und das ist das Fehlerhafte. Diesem ist der Krieg erklärt und alle Kunst ist aufgeboten, dem Feind den Garaus zu machen. Wir sahen, daß der Anspruch an Rationalität und Präzision beträchtlich ist und wollen hier fragen: Vermag er zur Fehlerausmerzung einen brauchbaren Beitrag zu liefern?

Die Antwort steht eigentlich schon im Vorigen, sie ist aus der Diskussion um die Sicherheit abzuleiten. Deswegen mag vielleicht überraschen, daß wir die eben gestellte Frage durchaus erst einmal bejahen wollen. Selbstverständlich tragen Rationalität und Genauigkeit zur Fehlervermeidung bei. Seit uns die organismischen Sicherheitsstrategien nicht mehr hinreichend zuverlässig durch die technisierte Welt leiten können, ist es mit der Intuition, die wir im Gefolge von Dreyfus und Dreyfus (1986/1987) dem "Know-how" gleichsetzen wollen, nicht mehr getan. Die im rationalen Kalkül geschaffenen Umweltbedingungen bedürfen des rational gesteuerten Umgangs mit ihnen. Fehler im Umgang mit technischen Aggregaten sind zunächst einmal durch eine profunde Kenntnis der technischen Rationalität dieser Aggregate zu vermeiden. Einfühlung nutzt wenig, gefordert ist ein angemessenes "Know-that". Ist man soweit, ist schon viel Unheil vermieden. Deshalb setzen konventionelle Sicherheitsstrategien (man kann sie auch "generalisierende" Sicherheitsstrategien nennen, vgl. Dahmer & Wehner, in diesem Buch) auf das Prinzip der Unterweisung, die sie nach rationalen Kriterien op-

timieren, aber auch psychologische Faktoren der unbewußten und irrationalen Informationsverarbeitung berücksichtigen. Geschieht dies einigermaßen geschickt und umfassend, läßt sich die Fehler- und Unfallrate durchaus beeinflussen. (Welche spezifisch psychologischen Kriterien hierbei eine Rolle spielen, sei jetzt nicht erörtert, da es uns um eine grundsätzlichere Dimensionierung geht.)
Will also der handelnde Mensch Fehler vermeiden, so strengt er seine bewußten Fähigkeiten der Selbstkontrolle und der Ratio an und bedenkt möglicherweise noch Tendenzen unbewußter Fehlleistungen sensu Freud, wiewohl er dort am ehesten die frustrierende Erfahrung macht, daß ihm die Ratio und ihre Inanspruchnahme nichts genützt hat. Es bleibt ihm aber das Lernen aus Fehlern. Hierbei kommt nun eine weitere psychologische Dimension ins Spiel, die den rationalen Anteil der Kontrolle um die einübbaren Fertigkeiten erweitert. Die reine Sachkenntnis allein tut's noch nicht, es bedarf zusätzlich geübter Fertigkeiten und Geschicklichkeit. Hierbei durchdringen sich natürlich Ratio und Handlungskompetenz, wenngleich sich das Ganze auch vermutlich nicht adäquat durch ein Regelkreis-Modell abbilden lassen wird. Verstand und Geschicklichkeit zusammen minimieren die Fehlerwahrscheinlichkeit. Beide sind die Aufmerksamkeitsfelder der Unterweisungen in der Arbeitssicherheit.

Nun verhält es sich aber offenkundig so, daß, wenn vor allem die Geschicklichkeit ein gewisses Vollkommenheitsniveau erlangt hat, ein merkwürdig neuer Zustand eintritt bezüglich der bewußten Wahrnehmung dieser Fähigkeit: letztere räumt das Feld und der Handelnde führt seine Aktionen in gleichsam "schlafwandlerischer" Sicherheit aus. Zahlreiche Parameter des Arbeitshandelns überzeugen durch besondere Stimmigkeit: Der Bewegungsablauf ist den Arbeitsanforderungen und den physischen Gegebenheiten optimal angepaßt, was sich in Ausdauer und der Reduktion partikulärer Überanstrengungen zeigt. Subjektiv imponiert das Gefühl der Unangestrengtheit bis hin zur Leichtigkeit (was keineswegs mit den ergonomischen Daten in Übereinstimmung sein muß!) sowie die Sicherheit, die Arbeitstätigkeit zu beherrschen. Die Aufmerksamkeit ist nicht forciert aber auch nicht unstet. Ein Gefühl frei verfügbarer Konzentration durchsetzt die Tätigkeit, deren zeitliche Gliederung als angemessen erlebt wird. Dies ist ein Glücksfall menschlicher Arbeit in unserer Kultur. Er kennzeichnet künstlerische und handwerkliche Tätigkeit. Die Umstände der industriellen Produktion stehen einer solchen Gestaltprägnanz entgegen. (Wobei allerdings bemerkenswert ist, daß es auch innerhalb völlig durchrationalisierter Produktionsstrukturen "Reservate" zumindest zu einem Teil selbststeuerbarer Arbeit gibt, in denen einiges von den oben skizzierten Elementen "gekonnter" Arbeit verwirklicht wird. Dies betrifft beispielsweise den Instandhaltungsbereich eines Automobilwerks, das mit uns in der empirischen Forschung kooperiert, vgl. etwa Dahmer & Wehner, in diesem Buch. Selbst in der Fließbandtätigkeit findet sich dies Phänomen: Schobel (1981) berichtet von der Notwendigkeit, am Band möglichst schnell den "besonderen Kniff" herauszuhaben, "wenn nicht der ganze Tag eine einzige Schinderei werden wollte." (S. 17)

Selbst vom Standpunkt einer eher konventionellen Fehlervermeidungsstrategie wäre zu begrüßen, wenn ein möglichst großer Bereich der Produktion Arbeitsmöglichkeiten aufwiese, die eine Entwicklung der Fertigkeit bis hin zum Expertentum im Dreyfus und Dreyfusschen Sinn erlaubten. Denn um diese Stufe handelt es sich hier, um das Vorhandensein intuitionsgeleiteten Know-hows. In diesem Zusammenhang ist bemerkenswert, daß sich gerade durch das Vordringen mikroelektronisch gesteuerter Techniken in der Produktion ein Neubeleben ganzheitlich strukturierter Tätigkeiten denken läßt. Dies geschieht durch die Entlastung von der tayloristischen Partikularisierung. Die Übernahme dieser nicht zum Knowhow zu bringenden Teilarbeiten, die im bisherigen Produktionsprozeß nichtsdestoweniger die ganze Arbeitskraft eines Arbeiters erschöpfte, durch elektronisch gesteuerte Maschinen, läßt für die menschliche Arbeit aus der puren Zusammenfassung von Produktionsschritten ein ganzheitlicheres Feld der Arbeit entstehen, dessen Kontingenz zumindest eine Humanisierung im Sinne unseres Ansatzes wäre. Hier läge m.E. eine Aufgabe der Arbeitswissenschaft, die eine automatisierte Produktion nicht nach u.a. technologischen und ökonomischen Faktoren zentriert entwerfen sollte, sondern ausgehend von einer ganzheitstheoretisch begründeten Anthropologie, wie sie allenthalben diskutiert wird und mitunter recht konkret entworfen vorliegt (s. Koslowski, 1987), die mikroelektronischen Möglichkeiten ausdrücklich in den Dienst einer Arbeitsstruktur stellte, die also "Know-how" gestattet. Studien zur Automatisierung in der Produktion (Failmezger, Urban, Lauenstein & Pröll, 1986) sehen da allerdings noch einen weiten Weg vor uns liegen.

An dieser Stelle wäre der Punkt erreicht, wo eine statische Struktur der Arbeit in Dynamik übergehen würde. Das hätte weitreichende Folgen für die Fehlerproblematik. Ist die Arbeit als festumrissener, nicht änderbarer Plan entworfen, wie er im tayloristischen Konzept verwirklicht ist, folgt logischerweise daraus eine Fehlervermeidungsstrategie, die sich ebenfalls auf strukturelle und statische Planbarkeit beruft. Schon die Auffindung der Fehlerquellen in einem solchen Handlungssegment beweist den statischen Charakter des Konzepts. Die einmal kenntlich gemachte Fehlerquelle wird durch "geeignete" Schutzmaßnahmen und/oder Unterweisungen "ein für allemal" entschärft.

Das nützt schon etwas, wie wir oben in Verteidigung der "generalisierenden" Sicherheitsstrategien vorgetragen haben. Es hat nur nicht die erwünschte "Durchschlagskraft", denn es passiert doch immer wieder etwas, von einer Entschärfung der gefahrvollen Arbeitssituation "ein für allemal" kann nicht die Rede sein. Woran liegt das? Der konventionelle Arbeitsschutz weiß die Antwort: "Der Mensch ist das schwächste Glied in der Kette". Wir können an dieser Stelle zustimmen: So ist es. Aber was sagt die Diagnose über die Fehlervermeidungsstrategie? Sie ist ihre Bankrott-Erklärung aus zwei Gründen: erstens reflektiert sie nicht die anthropologischen Voraussetzungen der Arbeitsanforderungen, in denen sie mehr Sicherheit schaffen will. Sie übersieht, daß das tayloristische Handlungsfeld einen schwerwiegenden Irrtum enthält: es setzt voraus, daß menschliche Arbeit durch rationales und rationelles Kalkül in beliebig kleine Segmente unterteilbar ist, ohne Verlust an Zuverlässigkeit und "Funktionssicherheit". Schon Taylor seinerzeit hätte durch eine Phänomenologie vorhandener Arbeit leicht erkennen können, daß die "gekonnte" und damit "fehlersichere" Arbeit nie die artifiziell segmentierte ist, sondern daß alle Segmentierung und Partikularisierung sich aus einem gleichsam organismischen Dialog zwischen Werkstück, Werkzeug und Individuum *ergeben* muß. Ist dies nicht mehr möglich, sind überraschenden Fehlern Tür und Tor geöffnet und wir hielten dafür, daß die Strukturen dieser "Überraschungen" *nicht* vorhersagbar sind, sondern sich im besten Sinn nach den Gesetzen des Chaos organisieren. Während die Fehlerhaftigkeit in "ungestörter" lebendiger Struktur sich zumindest zeitweise nach gewissen Regelhaftigkeiten manifestiert - es hängt dies mit ihren Entfaltungs- und Organisationsmöglichkeiten zusammen - gilt für die zwangsweise ihrer natürlichen Handlungsorganisation entfremdete Arbeitshandlung, wenn überhaupt nur eine bisher nicht beschreibbare Regelhaftigkeit. Aus diesem logischen Grund bleibt der Sicherheitsverbesserung in solcher Produktion nur ein Ausbessern ex post, was aber zur Legitimation nicht selten als vorausschauende Weisheit ausgegeben wird.

Zweitens nun suggeriert die Legende vom Menschen als dem schwächsten Glied im technologischen Kontext die erwünschte oder prinzipielle Gleichrangigkeit des Menschen mit seinen maschinellen Nachbarn rechts und links. Nur dann kann er als "Glied einer Kette" apostrophiert werden, wenn im Zentrum der Aufmerksamkeit nicht mehr die anthropologische Dimension, sondern die funktionelle Ganzheit des technischen Prozesses steht. Auch hier erweist sich die Phänomenologie des Sprachgebrauchs als erkenntnisfördernde Technik: auf dem Hintergrund der eben vorgestellten Semantik zeigen viele Projekte der "Humanisierung der Arbeit" ihre wahre Bedeutung. Solange im begrifflichen Zentrum noch der Funktionalismus seine unangefochtene Position behaupten kann, geht es bei der "Humanisierung" nicht um die Wiedereinsetzung der Rechte des Menschlichen (etwa in Gestalt human-kompatibler Handlungsganzheiten), sondern um die Förderung eben der Funktionalität, u.a. dann durch Optimierung des Faktors Mensch.

Neudenken von Sicherheit und Fehlerhaftigkeit meint auch hier etwas Grundsätzliches: die Umzentrierung der forschenden Aufmerksamkeit, meint ein radikales Zentrieren des Menschen und seiner Möglichkeiten.

Sobald eine bestimmte Ebene Fehler zu machen verlassen wird, ist's mit dem Paradigma des Menschen als quasi maschinellem Teil vorbei: Wir wollen diese Ebene, auf der die messende und funktionalistische Arbeitsschutzergonomie ihr angestammtes und legitimes Feld hat, die Ebene der trivialen Fehler nennen. Dies sind all jene Fehler, denen man mit den Mitteln der empirischen Ergonomie ganz gut zu Leibe rücken kann, also alle Unzuträglichkeiten, die mit den meßbaren anatomischen oder physiologischen Gegebenheiten des Menschen kollidieren, auch solche, die von der Psychometrie und Psychotechnik beachtet werden. Dieser Quelle fehlerhaften Arbeitshandelns ist mit einem erprobten und auch notwendigen Instrumentarium ergonomisch gestützter Arbeitssicherheit beizukommen. Auch der heute mit ablehnender Skepsis gern attackierte Bereich der Normung tritt hier in seine Rechte (vgl. Sälzer, 1980). Normung ist als orientierungsstiftende Basis ein sehr wesentlicher Faktor zur Fehlervermeidung allein durch die Ausschaltung willkürlicher Inkompatibilitäten von Arbeitsplatzgestaltung, Werkzeug und Arbeitsorganisation. Solche Willkür mag aus Gedankenlosigkeit, ökonomischen Sonderinteressen oder experimenteller Neugier entstehen, umfassende Normung sorgt dafür, daß die Kosten für die letztlich Betroffenen, das sind die, die diesen Arbeitsplätzen ausgesetzt sind, sich im Rahmen halten. Diese Orientierungssicherheit ist nicht zu unterschätzen.

Nur bedürfte es nach unserer Auffassung nicht nur des Strebens nach technologischer Entwicklungs-Synchronizität, sondern gerade auch auf diesem Feld jener oben angedeuteten Umzentrierung. Wes Geistes Kind der "Arbeitsschutz durch Normung" ist und welche Fehlertheorie dahintersteckt, enthüllt sich schon beim Hinschauen auf einen solchen Text (etwa Sälzer, 1980). Dem pragmatischen Anspruch genügend werden die theoretischen Voraussetzungen in diesen Arbeiten nicht ausgebreitet. Das ist für den Theoretiker auch nicht erforderlich, er erkennt sie bei erwähntem Blick auf den Text sofort: die zugrundegelegte Anthropologie ist zur Anthropometrie zusammengeschnurrt, welches sich in den beeindruckenden Maßtabellen und Menschendarstellungen zeigt. Letztere weisen unmißverständlich auf die Rolle des arbeitenden Menschen in der technologisch determinierten Arbeitswelt hin: ihr Seinsziel ist zu werden wie die Roboter, von standardisiertem Maß und standardisierter Bewegungsfähigkeit (der Hauptsinn dieser Standardisierung ist natürlich die Berechenbarkeit).

Von den Fähigkeiten des Menschen, eine Arbeitssituation handelnd zu bewältigen, ist darüber hinaus nicht die Rede. Die Fehlervermeidung stellt sich bei Maschinen mit wenigen Freiheitsgraden, bedingt durch Konstruktion oder Organisationsvorgaben, natürlich als wesentlich unkomplizierter dar als bei solchen mit vielfältigeren Funktionsbereichen. Es liegt eine verhängnisvolle Eigenschaftsverkennung vor: der Mensch definiert sich als System nicht allein durch seine "Freiheitsgrade" und schon gar nicht sind diese situativ zu manipulieren.

Es bleibt dabei, selbst der rationalistischen Arbeitszerlegung und Zeitdimensionierung steht als Systemelement ein *lebendiges System* entgegen, das sich ausweislich seiner Eigenschaften (sie sind Thema unserer Ausführungen) *grundsätzlich* anders verhält als die maschinellen Systemelemente."Fehler" lebendiger Systeme sind strukturelle Andersartigkeiten gegenüber Fehlern technischer Systeme. Ihnen ist eine andere Potenz zuzumessen. Alle Versuche des positivistischen Szientismus, beide Fehlerkategorien für einander vergleichbar zu erklären, werden durch die puren phänomenalen Systemunterschiede für (wenn auch langwährenden und weiterverbreiteten) wissenschaftstheoretischen *und* pragmatischen Unfug erklärt.

Wir möchten betonen, daß nicht einmal auf der oben diskutierten Ebene der triviale Fehler eine solche Systemähnlichkeit zu vermuten ist.

Wir werden einerseits von einer grundlegenden Verschiedenheit des Fehlers in technischen und lebendigen Systemen sprechen, andererseits aber auch Ähnlichkeiten, was die Vorhersagbarkeit verschiedener Systemzustände betrifft, bei belebten und unbelebten Systemen festzustellen haben. Schon auf der Ebene der Zuverlässigkeit durchdringen beide Systemarten einander: die Funktion einer Maschine hängt nicht nur von der Planungsrationalität und den physikalischen Eigenschaften der hardware ab, sondern sie ist unauflöslich an die Zuverlässigkeit der Menschen gebunden, von denen sie gemacht wurde, in deren Dienst sie steht und die mit ihr umgehen. Das Zusammenfallen zweier Systemqualitäten macht die Vorhersagbarkeit eines fehlerfreien Verlaufs vollends zum Glaubensproblem. Leidet schon die probabilistische Genauigkeit bei zunehmender Komplexität technischer Anlagen, so gilt für die Vorhersagbarkeit menschlichen Verhaltens prinzipielle Offenheit. Erschwerend kommt hinzu, daß für beide Systemqualitäten die Nichtausschließbarkeit chaotischer Zustände gilt.

Wie verhält es sich jedoch mit der *Bedeutung* des Fehlers für die verschiedenen Systemelemente in der Mensch-Maschine-Ganzheit? (Es reizte uns an dieser Stelle, einige Polemiken bezüglich der ubiquitär gewordenen Termini "Mensch-Maschine-Schnittstelle" oder "Mensch-Maschine-Kommunikation" einzufügen, wir enthalten uns dessen jedoch zugunsten des Gedankenflusses.)

Für die Maschine hat ihr "Fehler" oder Versagen naturgemäß keine Bedeutung (dieser Hinweis ist alles andere als trivial, bedenkt man die um sich greifende Anthropomorphisierung gerade im Umgang mit computergesteuerter Technologie). Sie haben allenfalls Bedeutung für die Konstrukteure und /oder Bediener zum Zwecke einer rational begründeten Abhilfe des Systemmangels. (Auch hier wäre eine beiseite gesprochene Reflexion über die allgegenwärtigen *magischen* Fehlerbeseitigungsstrategien wie gutes Zureden, Rütteln, Beschwören, bis hin zu destruktiven Ritualen reizvoll und muß doch aus eben genannten Gründen unterbleiben.)

Die "Fehlerhaftigkeit" des Menschen hat nun zumindest zwei Aspekte, die durchaus unterschiedlich in der Arbeitswissenschaft und -organisation einerseits und in der Psychologie andererseits gesehen werden. Der gleichsam nach außen gerichtete Aspekt des Fehlers, das Funktionsversagen des Systems Mensch, hat in der funktionalistischen Arbeitsorganisation keinen anderen Stellenwert als das Maschineversagen. Es gilt, die Versagenshäufigkeit zu minimieren und unter dieser verbindenden Maxime sind lediglich die Techniken unterschiedliche, wobei auch in der Behandlung des Systems Mensch dem quasi maschinellen Paradigma der Vorzug gegeben wird, indem man behavioristische Lernmechanismen instrumentell einsetzt.

Von einer Beachtung der systemischen Bedeutung des Fehlers für ein lebendiges Ganzes ist in diesem Zusammenhang natürlich nicht die Rede. Teil dieser Bedeutung ist die Fähigkeit des "Versagers", Bewußtsein seiner Fehlerhaftigkeit zu entwickeln. Folglich teilt sich der systemische Aspekt selbst noch einmal in einen grundsätzlichen und einen gewissermaßen subjektiv-psychologischen. Beide Bereiche haben miteinander zu tun, nicht zuletzt, indem wünschenswert wäre, daß der letztere durch den ersteren in seinen Inhalten wesentlich bestimmt wäre.

Auf den überlebenswichtigen Vorteil der "Fehlerfreundlichkeit" evolutiver und lebendiger Systeme immer wieder hingewiesen zu haben, ist Christine und Ernst Ulrich von Weizsäckers Verdienst (so 1984, 1987). Sie sehen die Befremdlichkeit, die ein solches Paradigma in einem rigiden Funktionalismus mit immer weniger Freiheitsgraden auslösen muß:

> Das Wort ist ein Skandal. Fehlerfreundlichkeit heißt Fehler akzeptieren und sie geradezu provozieren. Große und kleine Fehler, boshafte und harmlose. Jahrhundertelang hieß die Devise "Fehler erkennen und vermeiden". Das war das Ziel der Moral und Philosophie, der Wissenschaft und der Technik. Und jetzt soll man auf einmal fehlerfreundlich werden? (v. Weizsäcker & v. Weizsäcker, 1987, S. 97)

Wir würden das Imperfekt in der "jahrhundertlangen Devise" nur mit Vorbehalten unterstützen. Wie die Autoren in der anschließenden skeptischen Diskussion des Begriffs "Fehlertoleranz" vs. "Fehlerfreundlichkeit" zurecht anmerken, handelt es sich bei ersterer, die die Unterstützung auch der industriellen Konzeptionen erfährt, um eine Untermenge der letzteren:

> Wie verhält sich nun Fehlerfreundlichkeit zu Fehlertoleranz, zur "fehlverzeihenden" Organisation und Technik? Fehlerfreundlichkeit *umfaßt* die Fehlertoleranz als eine Komponente. Als gleichgewichtige Komponente umfaßt sie aber auch die Fehlerproduktion. Die beiden Komponenten stehen in wechselseitiger "fehlerfreundlicher" Kooperation. In dieser Kooperation geschieht die *Nutzung* der Fehler, die überall in der lebenden Natur anzutreffen ist. (v. Weizsäcker & v. Weizsäcker, 1987, S. 100)

Fehlertoleranz ist nicht nur - wie die Autoren weiter betonen - schließlich unauflösbarer Bestandteil der Fehlerfreundlichkeit, sondern in seiner Entstehungsgeschichte, so scheint uns, zunächst einmal ein resignatives Paradigma. Denn der starren Ausrichtung auf die Fehlerausmerzung gebührt durchaus nicht eine imperfektische Darstellung, sie ist verpflichtender denn je. Dies hängt mit der Kapitalverdichtung im technologischen Raum zusammen. Heute ist es Einem ein leichtes, Vermögenswerte von Hunderten von Millionen durch eine banale Fehlhandlung aus der Welt zu schaffen, man denke an die Luftfahrt, Raumfahrt oder die Tankschiffahrt.

Fehlertoleranz ist dann ein ergonomisches Muß, dem nicht mal ein grundsätzlicher Paradigmenwechsel vorangegangen sein muß. *Innerhalb* des funktionalistischen Rahmens der Technologieplanung und Anwendung ist Fehlertoleranz eine leichte Übung (etwa durch Redundanzen oder Korrektur ermöglichende Rückmeldesysteme). Von solchen Installationen bis zur Verwirklichung eines tragfähigen Konzepts der "Fehlerfreundlichkeit" scheint uns ein weiter Weg zurückzulegen zu sein, dessen Gangbarkeit nicht dadurch erleichtert wird, daß das Konzept "Fehlerfreundlichkeit" einen Paradigmenwechsel im hier in Rede stehenden Sinn meint (und also auch erfordert), das Konzept "Fehlertoleranz" aber mitnichten. Fehlerfreundlichkeit in aller im ersten Zitat angedeuteten Konsequenz gehört natürlich in besonderem Maß zur lebendigen Struktur. Der Begriff umfaßt den oben erwähnten allgemein-systemischen Aspekt des Lebendigen. Es kennzeichnet den zutiefst inhumanen (weil *strukturell* inhumanen) Anspruch an menschliches Handeln, möglichst "fehlerfrei" zu sein. Den dennoch auftretenden Fehlern gebührt bei ernsthafter Anwendung dieses Paradigmas keinerlei resignative Bewertung ("der Mensch ist halt ein fehlbares Wesen" oder "Fehler sind menschlich"), sondern die Erkenntnis, daß andersherum ein Schuh draus wird: ohne Fehler ist Leben nicht möglich.

Fehlereliminierung, nicht Fehlerfreundlichkeit ist das Gesetz unseres Handelns mit zwar einigen Reservaten größeren Spielraums, aber dafür umso rigideren Verdikten, wo`s um Geld geht. Fehlertoleranz ist dann zunächst eine Untermenge der Fehlertabuierung und es ist nicht zu sehen, wie erstere sich eine neue Heimat bei der Fehlerfreundlichkeit suchen soll, da der Umstrukturierung des Bewußtseins ein schwerwiegendes Hindernis entgegensteht: Zu jedem Paradigmenwechsel bedarf es eines transzendierenden Denkens, welches seinerseits Bewußtheit voraussetzt. Schon Kafka (1970, *In der Strafkolonie*) erkannte, daß unter der Dominanz der Technik (nur sie schreibt heute noch die Bedeutungen) eine Durchdringung der ontologischen Grunddimension (wie etwa der Schuld) ausgeschlossen ist. Erkennen erübrigt sich angesichts des Funktionierens der Maschine. Die moderne Produktionstechnik in ihren partikularistischen Aspekten legt es auf eine solche Erkenntnisminimierung an. Damit kommen wir zum subjektiv-psychologischen Bereich des Systems Mensch, von dem oben schon die Rede war. Im Zentrum unserer Aufmerksamkeit steht auch hier der Fehler. Was bewirkt er im Bewußtsein des Handelnden, wie geht er damit um, wie verhalten sich Handlungs"gestalten" also Handlungs-Ganzheiten und Fehler zueinander? Zu diesem Themenkomplex liegen empirische Befunde vor, die im einzelnen hier zu referieren nicht unser Anliegen ist (so etwa Wehner, Stadler & Mehl, 1983; Wehner, 1984; Wehner, Stadler, Mehl & Kruse, 1985).

Schon in den Fragestellungen wird die Bedeutung der gestalttheoretischen Sicht klar: wir sehen das Fehlergeschehen eingebettet in ein situatives Feld, in dem es keine klar abgrenzbaren Kausalitätsstrukturen gibt. Erst in der Überwindung einer kausalen Fehlerentstehungs-Theorie kann von einer "potentiellen Vitalität fehlerhaften Handelns" (Wehner & Reuter, 1986) gesprochen werden. Der Fehler verweist dann auf eine strukturelle Eigenart des Handlungsfelds und auf darin manifeste Möglichkeiten des Dialogs (einer Antwort im Sinne einer Handlung), die, gemessen am Gesollten oder Erstrebten, unvollkommen war. Dieses Geschehen ist *nicht* im Sinne eines Ursache-Wirkungs-Mechanismus'zu verstehen. Aus den empirischen Befunden ergibt sich eine grundlegend neue Bewertung des Fehlers: aus seinem Hinweischarakter sind Schlüsse auf die Kompatibilität des gesamten Handlungsfelds zu ziehen. Korrekturen im Sinne einer Fehlerverminderung haben diese Ganzheit unbedingt in Rechnung zu stellen.

Alle Strategien, die aus der Feldganzheit einzelne Elemente zum Zwecke der Optimierung isolieren möchten, sind zum Scheitern verurteilt. Solche Strategien sind heutzutage noch die Methoden der Wahl: je nach theoretischer Ausrichtung oder ökonomischem Interesse überwiegen mal jene, mal diese Focussierungen. Im

Sinne unseres Paradigmas ist es jedoch vollständig gleichgültig, ob der Arbeitsschutz mal den verunfallten Arbeiter ins Gebet nimmt, mal die Arbeitsstätte abpolstert und einzäunt oder zur Abwechslung von Design-Profis hergestellte Warnschilder und -plakate aufhängt. Forschrittlicherweise macht man vielleicht alles drei (und manches mehr), hat vielleicht auch Spezialisten jeweils, schafft selbst in jedem Gebiet ein meßbares Optimum und wundert sich über die Fortdauer des gefahrenvollen Zustands, immer mal wieder manifest werdend durch "unerklärliche Unfälle". Es ist ein Problem der Dynamik. Der Fehler bei der Überraschung über die immer noch auftretenden Fehler ist nun weniger die mathematische Unzulänglichkeit in seiner Vorhersagbarkeit als die durch die positivistische Methodologie diktierte Gradlinigkeit des Denkens.

Wir kehren zum Beginn des Abschnitts zurück: für den Fehler gilt dasselbe wie für die Sicherheit. Der Umgang mit ihm erfordert das konsequente Ernstnehmen seiner *dynamischen* Eigenschaften. Er ist, und wenn es die wissenschaftliche und pragmatische Methodologie noch so sehr erfordert, *nicht* als statische Struktur mißzuverstehen. Die Angelegenheit wird zugestandenermaßen nicht dadurch "übersichtlicher", daß die grundlegende Dynamik sowohl die allgemein systemischen Bedingungen des handelnden Menschen als auch seine kognitive und emotionale Dimension umfaßt. Zu diesen kognitiven und emotionalen Bereichen gehören schließlich noch Aspekte, die sich in den psychologischen Experimenten zur Fehlerforschung (s. o.) nicht offenbaren, die aber die ideologische Bedeutung des Fehlergeschehens maßgeblich ausmachen und somit zur Weichenstellung in der Fehlerbewertung beitragen. Auch hier bahnt sich ein Umbruch des Denkens an, der die positivistische Funktionalität verläßt und eine Ganzheitlichkeit in ihre Rechte setzt, die uns prima vista vertraut erscheint. Es geht um die Frage nach dem zweiten Blick: was meint dieses neue Denken, welche möglicherweise hintergründige Ideologie ist mitgemeint, welches Weltbild als Orientierungsparadigma wird vorgeschlagen?

Wir meinen nun, daß angemessene und sinnvolle Modellierungen in ihrem ganzen semantischen Reichtum für die Beschreibung des Lebendigen zu finden sind. Bei diesem durchaus schöpferischen Prozeß ist die Suche in benachbarten Gefilden nichts Unerlaubtes. Erste Arbeiten, die Theorie offener und autopoietischer Systeme in der psychologischen Forschung experimentell nutzbar zu machen, sind die Studien von Stadler, Kruse, Vogt und Kobs (1988) und Vogt, Stadler und Kruse (1988).

Gerade die subjektiven Wahrnehmungen bedeuten Praxisrelevanz und verhindern durch Betroffenheit die Isolierung der Forschung.

Es ist darüber nachzudenken, und unsere Arbeit umfaßt auch einen solchen Dialog mit den Forschungspartnern, wie die theoretischen und empirischen Befunde praxiswirksam werden können; die hier geschilderten Dimensionen verweisen auf die Notwendigkeit solcher Änderungen, ihr konkretes Wirklichwerden ist ein weiterer Schritt. Grundlage dafür muß sein, nachdem der funktionalistische Szientismus die Fehlerhaftigkeit der Menschen nicht abschaffen konnte, was schon

Platon wußte:

> Wundere dich also nicht, o Sokrates, wenn wir in vielen Dingen über vieles .... nicht imstande sind, durchaus und durchgängig mit sich selbst übereinstimmende und genau bestimmte Aussagen aufzustellen. Ihr müßt vielmehr zufrieden sein, wenn wir sie so wahrscheinlich wie irgendein anderer geben, wohl eingedenk, daß mir, dem Aussagenden, und euch, meinen Richtern, eine menschliche Natur zuteil ward, so daß es uns geziemt, indem wir die wahrscheinliche Rede über diese Gegenstände annehmen, bei unseren Untersuchungen diese Grenze nicht zu überschreiten. (*Timaios*, 29c-d)

Literatur

Adorno, T.W. (1980). Ästhetische Theorie (4. Aufl.). Frankfurt: Suhrkamp.
Altner, G. (Hrsg.). (1986). Die Welt als offenes System. Eine Kontroverse um das Werk von Ilya Prigogine. Frankfurt: Fischer.
Arnheim, R. (1977). Zur Psychologie der Kunst. Köln: Kiepenheuer & Witsch. (Original erschienen 1966: Toward a Psychology of Art, Collected Essays)
Arnheim, R. (1979). Entropie und Kunst. Ein Versuch über Unordnung und Ordnung. Köln: DuMont. (Original erschienen 1971: Entropy and Art. An Essay on Disorder and Order)
Bammé, A., Feuerstein, G., Genth, R., Holling, E., Kahle,R. & Kempin, P. (1986). Maschinen - Menschen, Mensch - Maschinen. Grundrisse einer sozialen Beziehung. Reinbek: Rowohlt.
Beck, U. (1986). Risikogesellschaft. Auf dem Weg in eine andere Moderne. Frankfurt: Suhrkamp.
Beck, U. (1988). Wissenschaft und Sicherheit. Der Spiegel, 9/88, S. 200-201.
Bergson, H. (1985). Denken und schöpferisches Werden. Frankfurt: Syndikat. (Original erschienen 1946: La Pensée et le Mouvant)
Bierce, A. (1987). Des Teufels Wörterbuch (2. verb. Auflage). Zürich: Haffmanns. (Original erschienen 1911: The Devil's Dictionnary)
Blumenberg, H.(1987). Die Sorge geht über den Fluß. Frankfurt: Suhrkamp.
Dorsch, F. (1982). Psychologisches Wörterbuch. (10. neubearb. Aufl.). Bern: Huber.
Dreyfus, H.L. & Dreyfus, S.E. (1987). Künstliche Intelligenz. Von den Grenzen der Denkmaschine und dem Wert der Intuition. Reinbek: Rowohlt. (Original erschienen 1986: Mind over Machine)
Failmezger, R., Urban, G., Lauenstein, T. & Pröll, U. (1986). Arbeitsschutzrelevante Aspekte des Einsatzes von Industrierobotern. (Werkstattbericht Nr. 22). Dortmund: Gesellschaft für Arbeitsschutz und Humanisierungsforschung.
Feyerabend, P. (1980). Erkenntnis für freie Menschen (veränderte Aufl.). Frankfurt: Suhrkamp.
Fölsing, A. (1980). Gefahren in Ziffern und Zahlen. Über das Problem der Risikobewältigung in der Technik. In Kursbuch 61, Sicher in die 80er Jahre (S. 178-188). Berlin: Kursbuch Verlag.
Frank, P.(1988). Das Kausalgesetz und seine Grenzen. Frankfurt: Suhrkamp.
Fritzsche, A.F. (1986). Wie sicher leben wir? Risikobeurteilung und -bewältigung in unserer Gesellschaft. Köln: Verlag TÜV Rheinland.
Gleick, J. (1988). Chaos - die Ordnung des Universums. Vorstoß in Grenzbereiche der modernen Physik. München: Droemer Knaur. (Original erschienen 1987: Chaos - Making a New Science)
Görnitz, T. (1987). Moderne Technik - veraltete Weltsicht. In: Das Ende der Geduld. Carl Friedrich von Weizsäckers 'Die Zeit drängt' in der Diskussion(S. 129-135). München: Hanser.
Goethe, J.W.v. (1982). Faust in ursprünglicher Gestalt (Urfaust) München: Beck.
Goethe, J.W.v. (1982). Faust. Der Tragödie erster Teil. München: Beck.
Guggenberger, B. (1987). Das Menschenrecht auf Irrtum. Anleitung zur Unvollkommenheit. München: Hanser.
Hamann, R. & Hermand, J. (1971). Epochen deutscher Kultur von 1870 bis zur Gegenwart. Gründerzeit (Bd. 1). München: Nymphenburger Verlagshandlung.
Hamann, R. & Hermand, J. (1975). Epochen deutscher Kultur von 1870 bis zur Gegenwart. Stilkunst um 1900 (Bd. 4, 2. Aufl.). München: Nymphenburger Verlagshandlung.

Jantsch, E. (1986). Die Selbstorganisation des Universums. Vom Urknall zum menschlichen Geist (3. Aufl.). München: Deutscher Taschenbuch Verlag.
Jonas, H. (1985). Das Prinzip Verantwortung. Versuch einer Ethik für die technologische Zivilisation (4. Aufl.). Frankfurt: Insel.
Kafka, F. (1970). In der Strafkolonie. In P.Raabe (Hrsg.), Franz Kafka. Sämtliche Erzählungen (S. 113-139). Frankfurt: Fischer.
Kaufmann, F.-X. (1973). Sicherheit als soziologisches und sozialpolitisches Problem (2. umgearb. Aufl.). Stuttgart: Enke.
Koslowski, P. (1987). Die postmoderne Kultur. Gesellschaftlich - kulturelle Konsequenzen der technischen Entwicklung. München: Beck.
Kuhbier, P. (1986). Vom nahezu sicheren Eintreten eines fast unmöglichen Ereignisses - oder warum wir Kernkraftwerkunfällen auch trotz ihrer geringen Wahrscheinlichkeit kaum entgehen werden. Leviathan. Zeitschrift für Sozialwissenschaft, 606-614.
Kuhlmann, A. (1981). Einführung in die Sicherheitswissenschaft. Köln: Verlag TÜV Rheinland.
Kursbuch 85. (1986). GAU - Die Havarie der Expertenkultur. Berlin: Kursbuch Verlag.
Lenk, H. & G. Ropohl (Hrsg.). (1987). Technik und Ethik. Stuttgart: Reclam.
Lenz, H. (1988). Seltsamer Abschied. Frankfurt: Insel.
Mac Cormac, E.R. (1987). Das Dilemma der Ingenieurethik. In H. Lenk & G. Ropohl (Hrsg.), Technik und Ethik (S. 222-244). Stuttgart: Reclam.
Metzger, W. (1986a). Das Experiment in der Psychologie. In M. Stadler & H. Crabus (Hrsg.), Wolfgang Metzger. Gestaltpsychologie. Ausgewählte Werke aus den Jahren 1950-1982 (S. 53-82). Frankfurt: Kramer.
Metzger, W. (1986b). Möglichkeiten der Verallgemeinerung des Prägnanzprinzips. In M. Stadler & H. Crabus (Hrsg.), Wolfgang Metzger. Gestaltpsychologie. Ausgewählte Werke aus den Jahren 1950-1982 (S. 182-198). Frankfurt: Kramer.
Musil, R. (1978). Der Mann ohne Eigenschaften (neu durchges. und verb. Ausgabe). Reinbek: Rowohlt.
Naschold, F. (1987). Technologiekontrolle durch Technologiefolgeabschätzung? Entwicklungen, Kontroversen, Perspektiven der Technologiefolgeabschätzung und -bewertung. Köln: Bund-Verlag.
Peitgen, H.O. & Richter, P.H. (1986). The Beauty of Fractals. Images of Complex Dynamical Systems. Berlin: Springer.
Perrow, C. (1987). Normale Katastrophen. Die unvermeidbaren Risiken der Großtechnik. Frankfurt: Campus. (Original erschienen 1984: Normal Accidents: Living with High-Risk Technologies)
Pilz, V. (1985). Sicherheitsanalysen zur systematischen Überprüfung von Verfahren und Anlagen - Methoden , Nutzen und Grenzen. Chem. - Ing. - Tech., 57 (4), 289-307.
Platon. (1959). Timaios. In E. Grassi (Hrsg.), Platon. Sämtliche Werke 5. Hamburg: Rowohlt Taschenbuch Verlag.
Prigogine, I. (1986). Ilya Prigogine äußert sich zu diesem Buch. In G. Altner (Hrsg), Die Welt als offenes System. Eine Kontroverse um das Werk von Ilya Prigogine (S. 188-190). Frankfurt: Fischer.
Radkau, J. (1986). Angstabwehr. Auch eine Geschichte der Atomtechnik. In Kursbuch 85. GAU - Die Havarie der Expertenkultur (S. 27-53). Berlin: Kursbuch Verlag.
Rausch, E. (1966). Das Eigenschaftsproblem in der Gestalttheorie der Wahrnehmung. In W. Metzger (Hrsg.), Handbuch der Psychologie, Bd. I.1. (S. 866-953). Göttingen: Hogrefe.
Röglin, H.-C. (1981).Sozialpsychologische Anmerkungen zur Sicherheitsproblematik des Mensch/Maschine - Verhältnisses. In H. Haase & W. Molt (Hrsg.), Handbuch der Angewandten Psychologie. Bd.3: Markt und Umwelt (S. 529-541). Landsberg am Lech.
Rossnagel, A. (1983). Bedroht die Kernenergie unsere Freiheit. Das künftige Sicherungssystem kerntechnischer Anlagen (2. durchges. Aufl.). München: Beck.
Sälzer, H.J. (1980). Arbeitsschutz durch Normung. In M.Klein, Einführung in die DIN-Normen (bearbeitet von K. G. Krieg, Hrsg. DIN Deutsches Institut für Normung e.V., 8. neubearb. und erweiterte Aufl.). (S. 1114-1160). Stuttgart: Teubner.
Schmidt, S.J. (Hrsg.). (1987). Der Diskurs des Radikalen Konstruktivismus. Frankfurt: Suhrkamp.
Schobel, P. (1981). Dem Fließband ausgeliefert. Ein Seelsorger erfährt die Arbeitswelt (2. Aufl.). München: Kaiser; Mainz: Grünwald.

Senghaas-Knobloch, E. & Volmerg, B. (1990). Technischer Fortschritt und Verantwortungsbewußtsein. Opladen: Westdeutscher Verlag.
Sieferle, R.P. (1984). Fortschrittsfeinde? Opposition gegen Technik und Industrie von der Romantik bis zur Gegenwart. München: Beck.
Der Spiegel. (11/1987). Tricks vom TÜV. S. 16-17.
Stadler, M., Kruse, P., Vogt, S. & Kobs, M. (1988). Kognitive Systeme als selbstorganisierende Systeme. In W. Schönpflug (Hrsg.), Bericht über den 36. Kongreß der Deutschen Gesellschaft für Psychologie in Berlin 1988. Bd.1 (S. 186-187). Göttingen: Hogrefe.
Stegmüller, W. (1986). Hauptströmungen der Gegenwartsphilosophie. Eine kritische Einführung. Band II (7. erw. Aufl.). Stuttgart: Kröner.
Türcke, C. (1987). Restauration der Teleologie. Robert Spaemanns praktische Philosophie. Merkur. Deutsche Zeitschrift für europäisches Denken, 41 (8), 701-706.
Türcke, C. (1989). Die neue Geschäftigkeit. Zum Ethik- und Geistbetrieb. Lüneburg: zu Klampen.
Vogt, S., Stadler, M. & Kruse, P. (1988). Aspects of self-organization in the temporal formation of movement Gestalts. Human Movement Science, 7, 365-406.
Volmerg, B. & Senghaas-Knobloch, E. (1988). Technikgestaltung und Verantwortung. Bausteine für eine neue Praxis. Bremen: Universität.
Volpert, W. (1986). Gestaltbildung im Handeln. Zur psychologischen Kritik des mechanistischen Weltbildes. Gestalt Theory, 8, 43-60.
Wehner, T. (1984). Im Schatten des Handlungsfehlers - Ein Erkenntnisraum motorischen Geschehens. Bremer Beiträge zur Psychologie (36). Bremen: Universität.
Wehner, T. & Mehl, K. (1987). Handlungsfehlerforschung und die Analyse von kritischen Ereignissen und industriellen Arbeitsunfällen. - Ein Integrationsversuch. In M. Amelang (Hrsg.), Bericht über den 35. Kongreß der Deutschen Gesellschaft für Psychologie in Heidelberg 1986 Bd. 2 (S. 581-593). Göttingen: Hogrefe.
Wehner, T. & Reuter, H. (1986). Über die potentielle Vitalität fehlerhaften Handelns im Erkenntnisinteresse einer humanen Gestaltung von Mensch-Maschine-Interaktion. In F. Nake (Hrsg.), Graphik in Dokumenten (S. 50-62). Berlin: Springer.
Wehner, T., Stadler, M. & Mehl, K. (1983). Handlungsfehler - Wiederaufnahme eines alten Paradigmas aus gestaltpsychologischer Sicht. Gestalt Theory, 5, 267-292.
Wehner, T., Stadler, M., Mehl, K. & Kruse, P. (1985). Action slips. In J.L.Mc Gaugh (Ed.), Contemporary psychology: Biological processes and theoretical issues (S. 475-487). Amsterdam: North-Holland
Weizenbaum, J. (1987). Kurs auf den Eisberg. Die Verantwortung des Einzelnen und die Diktatur der Technik. München: Piper.
Weizsäcker, C.v. & Weizsäcker, E.U.v. (1984) Fehlerfreundlichkeit. In K. Kornwachs (Hrsg.), Offenheit - Zeitlichkeit - Komplexität. Zur Theorie der Offenen Systeme (S. 167-201). Frankfurt: Campus.
Weizsäcker, C.v. & Weizsäcker, E.U.v. (1987). Warum Fehlerfreundlichkeit? In Das Ende der Geduld. Carl Friedrich von Weizsäckers 'Die Zeit drängt' in der Diskussion (S. 97-101). München: Campus.

Die Autoren des Bandes

Dahmer, Hans-Jürgen: Dipl.-Psych; geb. 1948. Lehre und Tätigkeit als Werkzeugmacher und Flugzeugmechaniker. Zweiter Bildungsweg und Studium der Psychologie in Marburg. Promovent an der Universität Bremen (Hans-Böckler-Stiftung). Beschäftigt im Betrieblichen Vorschlagswesen der Mercedes-Benz AG. Anschrift: Mercedes-Benz AG, Werk Kassel, BVW, 3500 Kassel.

Franko, Zora: Dipl.-Psych; geb. 1961. Studium der Psychologie und Betriebswirtschaft in Würzburg; seit 1988 Doktoranden-Stipendiatin an der Universität Bremen; Arbeitsgebiet: Arbeitssicherheit an Industrierobotern. Anschrift: Institut für Kognitionspsychologie, Universität Bremen, Postfach 33 04 40, 2800 Bremen 33.

Mehl, Klaus: Dipl.-Psych; geb. 1954. Psychologiestudium in Bremen; Forschungsassistent in Bremen und Braunschweig; seit 1990 wissenschaftlicher Angestellter in der Arbeitseinheit: Arbeits- und Organisationspsychologie der Universität Oldenburg. Arbeitsschwerpunkt: Grundlagenorientierte Fehlerforschung. Anschrift: Universität Oldenburg, FB 5, Birkenweg 3, 2900 Oldenburg.

Nowack, Jürgen: Dipl.-Psych; geb. 1952. Tischlerlehre; Zweiter Bildungsweg und Studium der Architektur. Nach einjähriger Tätigkeit Studium der Psychologie in Münster. Schwerpunkt der Arbeit seit 1981: Arbeits- und Organisationspsychologie; Forensische Psychologie. Seit 1989 tätig als Forensischer Psychologe. Anschrift: Wätjenstr. 23, 2800 Bremen.

Reuter, Helmut: Priv.-Doz., Dr. phil., Dipl.-Psych; geb. 1946. Studium der Kunstgeschichte, Psychologie und Philosophie in Bochum und Münster; Privatdozent an der Universität Bremen. Arbeitsschwerpunkte: Wissenschaftskritik, Kulturpsychologie und philosophische Grundlagen der Psychologie. Anschrift: Melchersstr. 14 a, 4400 Münster.

Richter, Norbert: Dipl.-Psych; geb. 1958. Studium der Rechtswissenschaften und Psychologie in Passau und Bremen; wissenschaftlicher Mitarbeiter an der Universität Bremen; Arbeitsgebiet: Arbeits- und Organisationspsychologie mit kognitiver Ausrichtung. Anschrift: Institut für Kognitionspsychologie, Universität Bremen, Postfach 33 04 40, 2800 Bremen 33.

Wehner, Theo: Prof., Dr. phil., Dipl.-Psych; geb. 1949. Lehrabschluß, Bankvolontariat und Ausbildung zum Operator; Zweiter Bildungsweg und Studium der Psychologie und Soziologie in Münster. Professor für Arbeitspsychologie und personenbezogenen Arbeitsschutz an der Technischen Universität Hamburg-Harburg. Veröffentlichungen im Bereich der experimentellen und Angewandten Psychologie. Anschrift: TU Hamburg-Harburg, AB: Arbeitswissenschaft, Eißendorferstraße 40, 2100 Hamburg 90